普通高等教育
物联网工程类规划教材

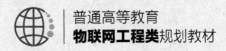

INTERNET OF
THINGS, IOT

物联网
技术导论与实践

陈赜◎主编

钟小磊 龚义建 瞿少成 陈皓宇◎编著

U0202798

人民邮电出版社

北京

图书在版编目（CIP）数据

物联网技术导论与实践 / 陈赜主编；钟小磊等编著
. -- 北京：人民邮电出版社，2017.3（2023.7重印）
普通高等教育物联网工程类规划教材
ISBN 978-7-115-43021-2

Ⅰ．①物… Ⅱ．①陈… ②钟… Ⅲ．①互联网络-应
用-高等学校-教材②智能技术-应用-高等学校-教材
Ⅳ．①TP393.409②TP18

中国版本图书馆CIP数据核字(2016)第213714号

内 容 提 要

本书首先介绍了物联网的定义、体系结构与应用领域，然后介绍了物联网开发的相关技术与应用、开发方法与资源，最后以实践的方式介绍了物联网的组网原理、开发环境搭建与项目开发实例。

全书主要内容有物联网概述、物联网体系结构、物联网识别技术、感知与无线传感技术、网络与通信技术、数据与管理技术、共性技术、物联网应用设计基础、物联网开发环境搭建、物联网组网实训、物联网设计实践等。本书的最大特点是理论联系实际，既介绍物联网大的格局，又介绍如何进行物联网产品设计，全书各章都配有思考与练习，供读者学习。

本书既可作为高等院校物联网、计算机类、电类、机电类或非电类专业的本科生教材，也可作为高职高专院校物联网专业学生教材，还可供从事物联网应用开发的工程技术人员学习参考。

◆ 主　编　陈赜
　　编　著　钟小磊　龚义建　瞿少成　陈皓宇
　　责任编辑　邹文波
　　责任印制　杨林杰
◆ 人民邮电出版社出版发行　　北京市丰台区成寿寺路 11 号
　　邮编　100164　　电子邮件　315@ptpress.com.cn
　　网址　http://www.ptpress.com.cn
　　固安县铭成印刷有限公司印刷
◆ 开本：787×1092　1/16
　　印张：15　　　　　　　　2017 年 3 月第 1 版
　　字数：374 千字　　　　　2023 年 7 月河北第 8 次印刷

定价：42.00 元

读者服务热线：(010)81055256　印装质量热线：(010)81055316
反盗版热线：(010)81055315
广告经营许可证：京东市监广登字20170147号

1．写作背景

随着互联网、移动互联网、各种短距离通信技术以及无线传感网技术的快速发展，物联网已成为一个热门的应用研究领域，受到各国政府的高度重视。这是因为物联网是化解当前人类与社会危机之戟，物联网的发展能大大促进以效率、节能、环保、安全、健康为核心诉求的全球信息化发展。

物联网应用包含 6 大核心技术，但这些技术主要是原有技术在物联网方面的应用，不是全新的物联网技术。尽管从国家层面或某一应用领域角度来看，物联网格局较大，需要的技术知识很多，好像无从下手，但从实现的角度看，初学者还是很容易进行物联网学习与设计的。例如，初学者利用一个开源的单片机实验板、一些无线传感模块和一个物联网开发平台就可以进行物联网应用的开发，通过物联网原型产品设计，逐步学习与积累经验。

2．本书主要内容

本书分为 11 章，主要内容如下。

第 1 章主要介绍了物联网的概念、意义、应用及未来发展的愿景。

第 2 章主要介绍了物联网的功能、体系结构、关键技术和产业结构。

第 3 章主要介绍了物联网识别技术的原理与应用。

第 4 章主要介绍了物联网常用传感技术与应用、无线传感技术。

第 5 章主要介绍了无线个域网（WPAN）中的蓝牙技术、ZigBee 技术、超宽带技术（UWB）、红外通信技术、近距离通信技术、家庭射频（HomeRF）等技术的原理与应用；同时还介绍了无线局域网（WLAN）的组成、拓扑结构以及组网方法；最后介绍了无线城域网（WiMAX）、移动通信网络、M2M 通信技术、Internet 技术等内容。

第 6 章主要介绍了数据库技术、物联网海量数据存储与搜索技术、数据挖掘、云计算技术以及物联网中间件技术等内容。

第 7 章主要介绍了物联网的标识和解析技术、安全和隐私技术、服务平台技术以及物联网标准等共性技术。

第 8 章主要介绍了物联网开发基本素质要求、开发流程、开发资源等内容。

第 9 章、第 10 章首先重点介绍了物联网开发环境搭建过程与方法，然后介绍了 ZigBee 组网实训、有线网络控制实训、Wi-Fi 控制实训和短信控制实训等 4 种物联网组网实训内容。

第 11 章以智能家居系统设计为例，详细介绍了物联网的设计过程与方法。

3．课程教学目标及建议学时

"物联网技术导论与实践"是物联网专业的技术基础课，是相关专业的必修课，也是学生进行物联网应用开发入门的重要实践课程之一。

课程的教学目标是通过学习，使学生了解物联网的基本概念、应用以及物联网的主要关键技术，通过实践培养学生在物联网方面的基本设计与基本操作技能，初步了解物联网应用的设计过程；熟悉物联网开发工具的使用，为后续课程学习积累必要的知识和技能。

本书是针对目前"物联网技术导论"等课程编写的，总学时为 48 学时，含理论与实验两部分，其中，理论 36 学时，实际操作 12 学时。

4．编写分工

本书由华中科技大学陈赜（第 1 章～第 4 章、第 8 章）、云南大学滇池学院钟小磊（第 9 章～第 11 章和附录）、湖北第二师范学院龚义建（第 7 章）、华中师范大学瞿少成（第 6 章）、芬兰奥卢大学机器视觉研究和信号分析中心（Center for machine vision research and signal analysis，University of Oulu）陈皓宇（第 5 章）等老师与研究人员编写，陈赜担任主编，负责全书的文稿组织和定稿工作。另外，黄莹参加了书稿的文字整理与录入工作，钟小磊、牛斌斌、钟小晶等参加了本书部分实验代码的编写调试与验证工作。

5．致谢

在本书出版之际，感谢华中科技大学盛德物联网应用研究团队、湖北省高等教育学会计算机教育专委会、天津民航大学计算机学院等单位的专家教授对本书出版的支持和帮助。在本书的编写过程中，还得到了云南大学滇池学院邓世昆、云南工商学院文华伟和李丽、云南机电职业技术学院姚汝等老师的帮助，本书还参考了许多同行专家的专著和文章，是他们的无私奉献帮助编者完成了书稿，在此也表示深深的谢意！

本书难免有不成熟乃至错误的地方，恳请读者谅解和指正！

编　者

2017 年 1 月于华工园

目录

第 **1** 章 物联网概述

本章主要内容

本章首先介绍了物联网的定义、物联网的特征以及物联网的发展史，然后介绍了发展物联网的意义、物联网的主要应用和物联网的愿景等内容。

本章建议教学学时

本章教学学时建议为 2 学时。

- 物联网的定义、物联网的特征　　　　　0.5 学时；
- 物联网的意义　　　　　　　　　　　　0.5 学时；
- 物联网的应用与愿景　　　　　　　　　1 学时。

本章教学要求

要求了解物联网的基本概念与定义，能正确理解物联网的内涵；理解物联网技术对于现代社会发展的战略意义、了解物联网的主要应用以及物联网的愿景。

1.1　物联网的概念

1.1.1　物联网的定义

简言之，物联网就是利用条码、射频识别、传感器、全球定位系统、激光扫描器等信息传感设备，按约定的协议，在任何时间、任何地点都能实现人与人、人与物、物与物的连接，并进行信息交换和通信，从而实现智能化识别、定位、跟踪、监控和管理的庞大网络系统。物联网的组成如图 1.1 所示。

物联网可以被看作是现有的人与应用之间交互的扩展，只不过这种新的交互是通过在"物"这个层面上的交流和融合实现的。在物联网的背景下，不但可以将"物"定义为那些存在于真实物质世界中的实体事物，也可以将其定义为那些数字的虚拟事物或实体。但是满足定义的前提条件是这些实体在时间和空间中可以通过某种途径进行标识，这种标识既可以用标识代码、名称，也可以用方位、地址等。

图 1.1　物联网的组成

从网络结构上看，物联网是通过 Internet 将众多信息传感设备与应用系统连接起来并在广域网范围内对物品身份进行识别、控制的分布式系统。

传感网可以看作是物联网的末端延伸网之一。无线传感器网络由大量随意分布的、能耗及资源受限的传感节点组成，它们具有感知能力、计算能力和通信能力，可以通过自组织方式构成无线网络，并实时采集、处理物理世界的大量信息，实现物联网全面感知的功能。

泛在网是一种无所不在的网络，可以使任何人在任何时间、地点通过网络获得任何信息，它是一个大通信的概念，是面向经济、社会、企业和家庭全面信息化的概括。泛在网不是一个全新的网络，它是充分挖掘已有网络的潜能，结合不断出现的新技术，将网络触角不断延伸，实现人与人、人与物、物与物之间按需进行信息获取、传递、存储、认知、决策等服务的庞大网络。

物联网是迈向泛在网的第一步，而泛在网具有比物联网更广泛的内涵。从覆盖的技术范围来看，泛在网包含了物联网，物联网包含了传感网。

在物联网发展中最重要的理念是融合。物联网通过设备融合、网络融合、平台融合实现服务融合、业务融合和市场融合。设备融合是指研发出一体化的感知终端。网络融合是指用户可使用任意终端（如移动台、PDA、PC 等）通过任一方式接入网络（如 WLAN、GPRS、3G 网络等），而且号码和账单都是唯一的。平台融合是指用户数据集中管理，通过公用的业务平台、分类的管理平台和应用平台，支撑用户跨业务系统的互操作，形成统一认证系统，实现基于统一账号、统一密码的集中认证。服务融合是指在服务层面实现融合，例如，在固定电话和移动网络之间共享收信人的地址、电话号码、用户名称等。业务融合是指物联网同时提供语音、数据、视频等多种业务。市场融合是指以市场机制为引导，把各类通信产品、信息产品和服务捆绑起来打包销售。

1.1.2 物联网的特征

物联网的基础核心是互联网，即物联网是在互联网的基础上延伸和扩展的网络。其用户端可以延伸、扩展到任何物与物之间，并在它们之间进行信息交换和通信。

一般认为，物联网具有以下三大特征。

第一是全面感知的特征。物联网利用射频识别、二维码、无线传感器等感知、捕获、测量技术随时随地对物体进行信息获取和采集。

第二是可靠传递的特征。物联网通过无线网络与互联网的融合，将物体的信息实时准确地传递给用户。

第三是智能处理的特征。物联网利用云计算、数据挖掘以及模糊识别等人工智能技术，对海量的数据和信息进行分析、处理，对物体实施智能化的控制。

图 1.2 所示为物联网本质参考图，它由传感、通信和 IT 技术在各行业的应用组成。

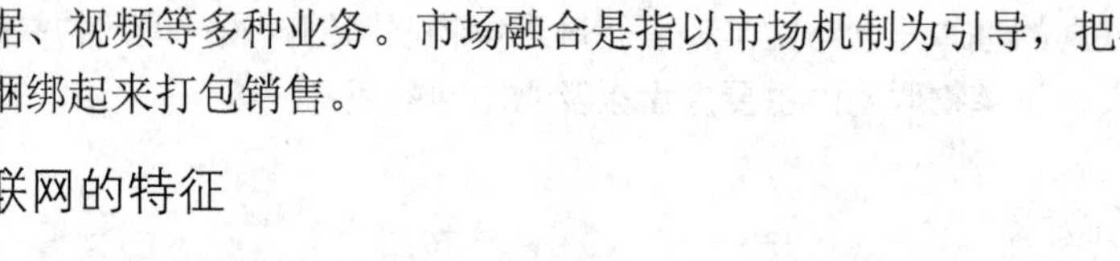

透彻的感知和度量	泛在的接入及互联	深入的智能分析及控制
使生产资料能思考，并能与外界沟通	公共通信网、物联网、互联网可以确保生产资料和行业应用的泛在连接	行业智能应用和控制系统（计算、存储、应用）

图 1.2　物联网本质

在物联网中，传感是前提，计算是核心，安全是保障，网络是基础，应用服务是牵引。

1.1.3 物联网的发展史

1991 年，美国麻省理工学院（MIT）自动识别中心（Auto ID）创建者之一的 Kevin Ashton 教授首次提出了物联网（Internet Of Things，IOT）的概念。

1995 年，比尔·盖茨在《未来之路》一书中提及类似于物品互联的想法，只是当时受限于无线网络、硬件及传感设备的技术，人们并未对这一想法引起重视。

1999 年美国麻省理工学院建立了自动识别中心，提出"万物皆可通过网络互联"的观点，阐明了物联网的基本含义。

1999～2003 年，物联网方面的工作仅局限于实验室中，这一时期的主要工作集中在物品身份的自动识别上，如何减少识别错误并提高识别效率是关注的重点。

早期的物联网是依托射频识别（Radio Frequency Identification，RFID）技术的物流网络。随着技术和应用的不断发展，物联网的内涵已经发生了较大变化。

2005 年在信息社会世界峰会（World Summit on the Information Society，WSIS）上，国际电信联盟（International Telecommunication Union，ITU）发布了《ITU 互联网报告 2005：物联网》报告。报告指出，无所不在的"物联网"通信时代即将来临，通过一些关键技术，可以用互联网将世界上所有的物体连接在一起，使世界万物都可以上网，所有物体都可以通过互联网主动进行信息交换。该报告使物联网概念正式出现在官方文件中。从此以后，物联网获得跨越式发展，美国、中国、日本以及欧洲一些国家纷纷将发展物联网基础设施列为国家战略发展计划的重要内容。

中国政府将物联网通信技术列入"十一五"规划国家级重点通信项目。中国已成立了传感器网络标准工作组，用于推动物联网行业标准化进程。中国各个行业也在驱动物联网市场的发展。《国家中长期科学与技术发展规划（2006～2020 年）》和"新一代宽带移动无线通信网"重大专项中均将传感网列入重点研究领域。

在美国，2009 年 1 月，IBM 首席执行官彭明盛提出"智慧地球"构想，他认为，智能技术正应用到生活的各个方面，如智慧的医疗、智慧的交通、智慧的电力、智慧的食品、智慧的货币、智慧的零售业、智慧的基础设施甚至智慧的城市，这种技术使地球变得越来越智能化。他还强调地球上任何人和事物都能够更透彻地感知、更全面地互联互通、更深入地智能处理。

"智慧地球"指出人类历史上第一次出现几乎任何东西都可以实现数字化和互联，通过越来越多低成本的新技术和网络服务，在未来实现所有的物品都有可能安装并应用智能技术，进而向整个社会提供更加智能化的服务，从而为社会发展和经济进步提供一条全新的发展思路。人们将会了解到摆在餐桌上的食物来自哪块土地、运输过程中经过了哪些环节；试衣间里的数字购物助手会自动通知导购人员送来合适尺码、颜色的衣物；去医院看病时，再也不用排长队、一个个窗口跑来跑去；厨房里的自来水也可以放心饮用，因为水在整个输送过程都在被严密监控着。这一切都像科幻电影的场景，而实际上，强大的科技和社会发展正将这一切带入现实。

"智慧地球"模型图如图 1.3 所示。其中物联网为"智慧地球"中不可或缺的一部分，奥巴马在就职总统演讲后，对"智慧地球"构想提出积极回应，并将其提升到国家级发展战略。奥巴马在能源变革中明确指出要发展智能电网，并将信息技术视为 21 世纪基础设施的关键组成部分。

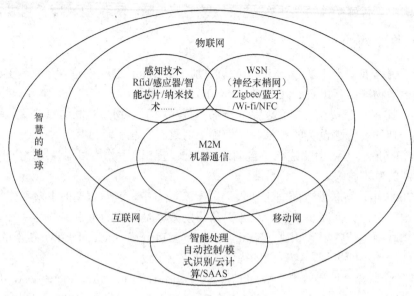

图 1.3 智慧地球

"u"（u 是英文 ubiquitous 的缩写）战略从 2004 年开始就被多个国家提升到国家信息化战略日程上，它被认为是下一代信息化发展的战略。韩国于 2006 年把 u-Korea 战略修订为 U-IT839 计划，更加强调泛在网络技术的应用，使"服务、基础设施和技术创新产品"三者的融合更加紧密。韩国并于 2009 年 10 月制定了《物联网基础设施构建基本规划》，将物联网市场确定为新增长动力，并确立到 2012 年"通过构建世界最先进的物联网基础实施，打造未来广播通信融合领域超一流信息通信技术（Information Communication Technology，ICT）强国"。

2000 年日本提出 e-Japan（电子日本）战略，2004 年 6 月升级为 u-Japan（泛在网络计划）战略，希望能促进日本整体 ICT 的基础建设。"e-Japan 战略"的目标是于 2005 年在全日本建成 3000 万家庭宽带上网及 1000 万家庭超宽带（30Mbit/s～100Mbit/s）上网的环境。在 u-Japan 构想中，希望在 2010 年将日本建设成一个"任何时间、任何地点、任何人、任何物"都可以上网的环境。此构想于 2004 年 6 月 4 日被日本内阁通过，编制了独立预算，其中 40%被用于部署泛在网络，使日本成为全球创造新技术和商业模式最先进的温床。

1999 年 12 月，欧盟赫尔辛基理事会通过了欧盟委员会发起的 e-Europe"电子欧洲——全民参与信息社会"计划。2005 年 6 月，欧盟执委会正式公布了未来 5 年的欧盟信息通信政策架构——"i-2010"，该政策指出，为迎接数字融合时代的来临，必须整合不同的通信网络、内容服务、终端设备，以提供一致性的管理架构来适应全球化的数字经济，发展更具市场导向、弹性及面向未来的技术。i-2010 包含以下三项优先目标：一是创造统一的欧洲信息空间；二是要强化创新与 ICT 的投资；三是建立具有包容性、高质量的信息化社会。2006 年 9 月，当时的欧盟理事会轮值主席国芬兰和欧盟委员会共同发起举办了欧洲信息社会大会。此次大会以"i-2010——创建一个无所不在的欧洲信息社会"为主题，并达成共识，即社会正在变为一个"无所不在"的信息社会。2009 年 6 月 18 日推出了《欧盟物联网行动计划》（Internet of Things-An action plan for Europe），在医疗专用序列码、智能电子材料系统等应用方面做出了尝试。制定并强制推动了水、电、煤气抄表规范。

2009 年英国试验"新社区网络"，全国互联网和电表相联，互联网控制电灯开关，并将其纳入"数字英国"战略。

此外，联合国于 2003 年 12 月在日内瓦举办的信息社会世界峰会（World Summit on the Information Society，WSIS）上，首次为"无所不在的网络"提供了一个在国际上进行讨论的机会。2006 年 2 月，国际电联在日内瓦举办了一个射频身份识别研讨会，会议特别强调了物联网的概念，指出物联网能实现任何时间、地点的无所不在的网络连接。

1.2　物联网的意义

1.2.1　国家驱动力

由上述物联网的发展历程可知，各国政府都非常重视信息技术的深入应用，将物联网作为振兴经济的战略性产业，打造广泛覆盖的网络基础设施，重视信息技术的深入应用与服务，将它们渗透到经济和社会生活的方方面面；增值应用是物联网未来发展的重点方向，软件开发、智能控制将会为用户提供丰富多彩的物联网应用。

1.2.2　人类社会急需

据有关报道，在安全方面，全球每年发生交通事故 2000~5000 万次，因交通事故死亡的人口近 130 万，造成超过 20000 亿美元的经济损失；在健康方面，在中国高血压患者有 1.6 亿，而且 10%为重患，高血压引发的中风、心脏病已成为人类健康的"第一杀手"；在效率方面，在北京、上海、广州等人口密集的大城市，人均拥堵成本非常高，据有关方面统计，广州城区每年因为塞车损失 1.5 亿小时和 117 亿元人民币的经济损失，约占广州 7%的 GDP；在能源方面，在美国加州一小区，用来寻找车位所浪费的燃油超过 50000 加仑/年，可供一辆车全球旅行 38 圈，而全球石油储量仅能维持 40 年左右；在环境方面，汽车已经成为石油消耗的主要领域，汽车尾气排放量已占大气污染源的 85%左右。

物联网是化解当前人类与社会危机之戟。物联网的发展，能大大促进当前以效率、节能、环保、安全、健康为核心诉求的全球信息化发展。

据有关统计预测，物联网技术的使用，在三表远抄方面，用户节省电费 15%～30%，抄表工数量降低为原来的 2%；在交通能耗方面，交通、燃油费用开支降低为原来的 5%，提升能效比 35%～40%。在智能交通方面，全球交通事故死亡人数减少 30%，交通工具使用效率上升 50%，公路使用率上升 15%～30%，交通流量减少 20%，污染下降 12%～15%。在电子医疗方面，高血压病人月开支节省约¥200 元（传统方式约为¥500 元），使医院资源缓解 67%～85%。在智能电网方面，据有关报道，就美国而言，能耗降低 10%。温室气体排放量减少 25%，节省 800 亿美元新建电厂费用。

1.2.3　IT 产业的机遇

当代社会信息技术高速发展、需求不断变化，应用模式也在不断创新。物联网的广泛应用，给 IT 产业和信息化发展带来了新机遇。

据有关方面统计，2010 年全球超过 4000 亿机器具备数据传输功能，M2M 成为驱动移动通信发展的关键因素；2015 年，全球将有超过 500 亿台仪表设备连接到无线网络，通过无线方式发送数据，实现 M2M 通信；全球汽车超 11 亿，复合年均增长率为 7%，所以，未来 10 年，ITS（智能交通系统）将成为建设热点，市场规模将达 5000 亿美元。

据有关方面分析，美国统一智能电网（Unified Smart Grid）最终将使 1.3 亿电表实现联网，创造近 10000 亿美元的市场；中国"互动电网"（Interactive Smart Grid）将在 2015 前大规模推广，涉及近 5 亿家庭、4000 万家企业超 10 亿块电表智能化改造及联网，仅电表智能化升级就有 10000 亿人民币的市场。在智能电网、城市智能管理、电子医疗、智能交通、环境监测等方面将在 2～3 年内形成近 3000 亿美元的市场，并在未来 10 年内形成超过 8000 亿美元的巨大 M2M 通信市场。

美国权威咨询机构 FORRESTER 预测，到 2020 年，世界上物物互联的业务，跟人与人通信的业务相比，将达到 30∶1，因此，"物联网"被称为是下一个万亿级的通信业务。

1.3 物联网的应用

1.3.1 物联网的应用领域

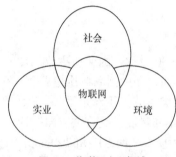

图 1.4 物联网应用领域

物联网可以看作是现有的人与应用之间的交互扩展，因此，物联网必将给现代传统技术的应用（如自动识别和数据采集技术的应用）带来更大的附加价值，扩展这些技术的使用范围，打破现有本地化的限制，从而大大扩展这些技术的应用领域和适应能力。所以，为了更好地思考未来物联网的应用范围，需要正确识别物联网所涉及的主要应用领域，找到物联网和这些领域的结合点与交集，如图 1.4 和表 1.1 所示。

表 1.1 物联网的应用领域、特征描述和典型事例

应用领域	特征描述	典型事例
实业领域	物联网可以涉及公司、机构和其他实体之间的金融与商业活动	制造业、物流业、服务业、银行业、政府金融部门、流通业等
环境领域	物联网可以涉及环境保护、环境监测和自然资源开发等活动	农业与畜牧业、环保、环境管理、能源管理等
社会领域	物联网可以涉及涵盖人口、城市和社会中各种群体以及他们发展的相关活动与计划	包含公民和社会结构，以及其他社会群体的政府服务

表 1.1 列举出了每个领域中物联网的特征描述和典型事例。无疑物联网将贯穿于上述领域的各个层面。所以，在发展过程中，需要思考如何将基于物联网的应用和服务部署成既可以适用于各领域的内部也可以适用于各领域之间相交互的情况。例如，食品供应链和危险物品的监控，就不能仅仅涉及实业领域本身的事情，还需要考虑社会领域中的活动以及相关影响等问题。

总的来说，在未来物联网的环境和模式下，所提到的应用（这里指的是起码支持上面一个或多个领域的整个系统、框架或者工具）和独立的服务不但都要顾及它们的特殊功能和需要，而且还要考虑到在领域内部以及领域之间进行交互的问题。尽管这些应用领域都有着各自不同的目标与预期，但是这些领域的应用，在本质上并不存在显著不同的特别要求。因此，物联网以及在其上面运行的应用都应该从公用性角度出发进行开发和部署。

1.3.2 交通运输与物流

在航空航天领域中，物联网可以大大提高航空航天领域中产品和服务的安全性、隐私性以及可靠性。物联网可以通过建立航空航天应用领域的零部件的电子族谱以及跟踪记录来帮助航空航天业减少、屏蔽假冒伪劣现象的产生。从而提高航空航天领域的安全性与可靠性。

在另一方面，物联网通过使用附着在机舱内部和外部的具有感知能力的智能设备，为人们建立起一个实时、无线的监控航空器的网络环境，它将帮助改进维修计划的制定工作，也可以有效减少维修成本的投入和浪费，改善飞机的实际安全和可靠程度。

在汽车工业中，物联网可以监控轮胎气压、周围车辆状况等数据，以便实时获取车辆全方位的各种信息。在汽车生产和销售过程中，通过采用 RFID 自动识别技术，可以提高汽车工业的整体生产效率、改善物流的整体水平、加强车辆的质量控制以及改善客户的服务体验等。

在物联网中，将大范围使用专用短距离通信技术。车对车以及车对系统通信技术的使用将大大推进智能交通系统的发展进程，真正意义上实现车辆安全、交通管理体系与物联网完全整合在一起。

车辆也可以适时自动、自主地在发生紧急情况或者出现故障时发起呼叫；也可以尽其所能地收集周围"物品"的数据与信息，比如来自车辆部件、交通设施（如道路、铁路等）、周边车辆的状况、所承载物品（如人、货物等）的各种各样可以探测到的数据和信息。

如果可以通过安装在智能手机和智能交通应用软件对交通和运输状况进行监控，必将大大提高客运和货运的效率。例如，在集装箱装载货物时，就可以进行自动检测和称重，从而大幅度提高运输公司的效率。

在航空运输方面，通过基于物联网技术的应用管理旅客的行李，对它们进行自动跟踪和分类，不但能够提高读取和通关效率，而且还能大幅提高安保的水平与质量。

对于零售商来说，一方面将物流单元（零售、物流、供应链管理领域中的物品）与 RFID 标签进行绑定，并且使用可以实时跟踪这些物流单元的智能货架，可以优化很多环节和流程。另一方面，进行 RFID 数据交换不仅可以让零售业获利，而且很多其他行业供应链的物流环节也将从中获益匪浅。最后，在传统的商店内，基于物联网的各种应用也会更好地照顾顾客，改善他们的购物体验。比如，可以根据顾客预先选定的购物清单指导其店内购物行为，可以通过识别像生物特征等各种可识别特征，提供快速便捷的支付解决方案。

1.3.3 电信服务业

物联网将整合现在已经存在的各种不同的通信技术，并且将发展、创造出更多崭新的应用类型和服务模式。

完全可以预期，未来的客户识别模块（Subscriber Identity Module，SIM）卡可以集成全球移动通信系统（Global System for Mobile Communications，GSM）、近场通信（Near Field Communication，NFC）、低功耗蓝牙、无线局域网（Wireless Local Area Networks，WLAN）、多跳网络（Multi hop networks）、全球定位系统（Global Positioning System，GPS）和传感网络等多种通信功能。在一些自动识别技术的应用中，同一台智能手机既可以作为标签，也可以充当读取设备，智能手机的许多应用全部被整合在同一块 SIM 卡中。用户可以方便地使用各种功能；应用提供商可以顺利地开展他们的业务；管理机构可以有效地管理和协调整个网络中的应用及通信流量与安全。

放眼未来，物联网与传统的通信网络之间的界限将逐步消融。在未来的网络中将广泛地跨越多种不同的应用领域，建立一套基于情境感知的服务环境。这种服务环境可以在未来的网络中创建服务，理解数据和信息，防范欺诈和黑客攻击行为，并保护人们的隐私。

1.3.4　智能建筑

随着物联网技术逐步发展和成熟，无线通信等相关技术可以更加廉价与便捷地实现，"智慧的家庭"将最终为大众所接受，这一领域的各项相关应用也将得到更加广泛地发展与普及。

智能能源测量技术可以动态地监测能源的消耗，并将相关的数据和信息反馈到能源提供商，帮助他们减少碳排放，保护环境。在未来，这些用于测量能源消耗的设备也可以与基于通用计算平台的现代家庭娱乐系统相整合，甚至可以与所处建筑物的其他传感探测装置以及其他设备相连接，构建一个闭环的、可以相互连接、通信的智能生活环境。

未来的自动化家庭网络环境将智能化，它将具有多种自主能力。例如，自主配置能力、自主修复能力、自主优化能力和自我保护能力等。它能够感知和适应环境的各种变化，更加适宜人类居住。通过自动化技术，家庭网络的结构将高度呈现动态化和离散化。这将使各种设备之间、各种系统之间、设备与系统之间的交互工作更加简单与便捷。

在未来的智能建筑中，物联网将使任何具备人类输入和控制接口的设备、物品可以安全、便捷地与整个建筑物的各种服务相连接，从而方便人们对系统状态与设置情况进行实时监视和控制。例如，在这种环境下，可以通过电冰箱上的触摸屏控制来调整自动温控装置的设置；或者当人们携带自己的手机进入时，住宅可以根据手机主人的偏好设置，自动调节到适合于手机主人的居住环境。总的来说，在未来的家庭网络的范围内，个人移动设备和移动终端将真正实现自主感知、自动整合。

1.3.5　生活与医疗保健

1. 医疗卫生保健

首先，随着带有 RFID 传感器功能的智能手机得到普遍使用，特别是基于它们可以采集病人状态、医疗参数和药品配送信息的监控平台被搭建起来后，物联网必将在医疗卫生和保健领域得到越来越广泛的应用。在这样的环境下，可以建立起更加完善、便捷的疾病监控和预测系统。

其次，随着传感器技术的进步，廉价的、内置有网络通信能力和远程监控能力的设备被大范围地应用，物联网可以整合使用各种相关技术，在更高水平上测量和监视人体的各种重要生命指征，比如体温、血压、心率、胆固醇含量、血糖含量等。

再次，随着可以植入人体的无线可标识设备越来越广泛地被用来记录人们的健康状况，物联网将在各种紧急情况发生的时候尽可能地挽救每一位病人的生命。

最后，随着可食用和可生物降解的芯片越来越多地被应用到人体内部，物联网将通过它们帮助和引导病人完成各种治疗行为和治疗活动。

2. 人口管理和个人生活领域

在未来的世界中，根植于物联网之上的各种应用和服务必将为原有的社会生活和个人生活方式带来巨大的影响和改变，其中最为显著的就是物联网可以对一个日益老龄化的社会提供前所未有的支持与保障。

在物联网世界中，穿着具有环境感知能力和探测能力的服装，将帮助人们规划日常生活；佩戴具有环境感知能力和探测能力的物品，将帮助人们管理社交活动；人们的服饰将具有（如生命体征检测等）各种传感探测能力，它们将帮助人们治疗和监控慢性疾病，更不用提那些存在于人体内部的各种传感探测设备了。可以预见物联网不但可以为个人生活带来便利，而且还将帮助社会为人们提供更加优质和贴心的服务。

3. 制药业

对于制药业来说，药品生产和运输环节的保密性、安全性将是保障服用它们的患者健康的关键性问题。一方面，通过在药品上附加智能标签，在供应链中监控药品的运输环节并在各个环节的各种传感探测设备中随时获取药品的状态参数，将为解决上述问题提供必要的条件。另一方面，通过对药品以及药品的电子族谱的追踪，可以有效地帮助甄别假冒产品，防止药品供应链条中的各种欺诈行为。同时，药品上的智能标签还可以使病人直接受益。例如，通过标签中存储的数据，药品可以告诉消费者所需服用的必要剂量、保质期以及真实可靠的药物治疗使用说明书等。

1.3.6 保险与安全

1. 食品安全追踪领域

随着物联网的发展和应用，人们可以对跟踪的食品和其中成分的供应链体系进行部分或整体的调整，或者重新构建，以解决在食品出现质量问题和其他安全隐患时能及时发出警告并进行召回等相关的问题。

2. 安全、机密和隐私领域

现在很多领域都采用无线可标识设备来提高其安全性和保密性。例如，在环境监控领域，人们可以对地震、海啸、森林火灾、洪水、污染（水污染和空气污染）等灾害进行监控。在建筑监控领域，人们可以对水和煤气泄露、建筑减震、火灾、非法入侵和破坏等行为进行监控。在行政管理领域，人们可以利用报警系统、资产和器材监管、工资系统、身份识别等应用进行管理。

但是，需要注意的是，由于数据是分散的并且是可以被共享的，所以当人们使用这些可以无线标识的智能设备时，像无线电窃听等一系列入侵手段是必须要面对的问题。

还有一类无线标识的"物品"是政府用来赋予公民某种权利的设备。可以预言，物联网将为公民提供前所未有的关于自身财产和周围环境的全新体验。

3. 保险领域

做汽车保险时，在顾客的汽车里安装电子记录器来测量和记录马达转速、车辆速度以及其他相关数据，并将这些数据提供给顾客的保险公司。当发生事故时，保险公司就能够及早介入并采取较为经济的措施来降低相关的费用。类似地，物联网技术还可以被应用到建筑物、机械设备等资产的管理中。在这些应用中，物联网技术将帮助业主制订既有效又尽量便宜的维护、维修方案，最大限度地避免事故的发生。

1.3.7 其他应用

1. 产品的制造管理

在物联网中，物品以及它们附属的信息处理组件是不能分家的。物品从被生产出来直至它的生命周期结束为止，它的历史记录和当前状态都可以持续地存储在标签或是应用系统中，还可以被实时获取和监控。反映这个物品全部信息的数据，既可以是产品的设计信息、市场营销情况或者是附带的服务功能等信息，也可以是在它生命周期末端，人们对它进行安全的、环境友好的回收再利用以及其他各种处置措施等信息。

2. 能源

利用物联网多种新的识别和标识方法，可以在石油和天然气领域建立起一套可扩展的工业应用体系架构。通过该架构，既可以整合物联网基础设施，又可以让物联网基础设施具有迅速的感知和反应能力，可以在危急情形发生时对人员进行无线追踪，对集装箱和储运设备进行定位，对钻杆部件和各种管道进行跟踪，对固定的石油和天然气设施进行管理和监控。物联网技术将帮助石油化工整个领域减少并避免工业事故的发生。

3. 环境监测领域

未来，无线可识别设备和其他一些基于物联网的技术将为绿色环保领域的应用提供巨大的发展空间。特别是随着全世界范围各种环境保护计划的兴起与实施，无线可识别设备等一系列物联网相关技术将越来越多地得到普及和应用。

4. 环保和回收领域

物联网技术和无线技术将在许多大城市、国家和国际的环境保护项目中大显身手。这些项目包括车辆尾气的检测、可回收材料的收集、包装材料和电子元件的重复利用、电子废弃物的处置等。

5. 农业与畜牧业

在畜牧业中，物联网技术将能够对家畜的活动进行跟踪、管理，可以实时监控牲畜，例如，在暴发瘟疫等病的时候，可以实时对牲畜的病情进行监控。

利用物联网技术，无论是小范围的集贸市场，还是大范围的地区或国际市场，农民都可以直接把农产品送到消费者手中。这将改变目前农产品供应链基本由几家国际大企业掌控的现状，缩短生产者与消费者之间的距离，使商品的供应更加直接与便利。

6. 媒体、娱乐和票务领域

基于物联网技术，特别是位置服务技术，人们将建立一整套具有自组织和自配置功能的特设新闻收集和发布系统。在不远的将来，人们将通过访问物联网来实现新闻的收集和派发。在物联网的环境中，某个确定的位置可以定位当前有哪些多媒体设备是可用的，并且向其发送一条关于特定事件的多媒体片段收集请求（当然这不一定是免费的），然后通过将 NFC（近场通信）标签附着在海报等宣传品上，通过里面存储的详细信息和互联网地址（URI 地址）为读者提供全方位的阅读与服务体验。

1.4 物联网的愿景

（1）物联网将是未来互联网的一个重要的基础组成部分。从整体上讲，未来的互联网将基于多种标准通信协议。通过这些协议，计算机网络、媒体网络、服务网络和物联网将被整合成一个全球性的通用信息平台，在这个平台中既包含无缝的网络，也包含各种无缝连接在一起的"物品"。

未来的服务网络将呈现基于组件的软件形式，这些组件可以在各种网络和互联网之间相互传递。未来的服务提供商和客户之间的互动将得到进一步的深化与促进。

未来的媒体网络能够解决可伸缩的视频编码技术和 3D 视频处理技术等问题。

未来互联网的网络环境将布局在公用的、私有的基础设施上。通过网络间各边界区域的物品与其他网络物品之间的互联，未来互联网的网络环境可以动态、自主地扩展其边界，并不断自主地发展与进化。

区别于现在互联网中基于节点间的通信，未来的网络通信将更多地以终端和数据中心（例如，家庭数据中心、云计算等）之间的通信为主。越来越便宜的存储技术将使人和物获得海量信息变成可能。同时，伴随着芯片处理能力和实时在线技术的发展，终端与物品将成为未来通信的主要参与者。

在未来的互联网中，终端和物品可以自主建立局域通信网络，它们可以成为网络扩展和网际互联过程中的桥梁。未来的互联网将在整体上呈现出高端不对称性，即各种不同的物品，如实体的、物理网络中的、可以联网的、数字的、虚拟的、设备化的、模块化的、基于通信协议的、有自我感知能力的物品，在功能、技术、应用层面中都将同属于相同的通信环境中，并且具有同等的通信地位。

（2）未来的物联网将是一个广泛采用无限计算、普适计算和环境智能等新技术、新概念建立起来的动态网络。在这个动态网络中，将允许数十亿甚至数万亿计的标识物品（可以无线标识的）相互进行自由通信。由此可见，通过将各种新概念和新技术（如无线网络、设备精巧化、移动、无线通信、新的业务流程模型等）整合到一起，未来的物联网一定可以将现实世界和数字世界合二为一。

在未来的物联网中，应用、服务、中间件、网络和各种终端将以一种全新的方式和互联结构进行连接。

（3）随着传感器、探测装置和各种设备能力的提升，商务逻辑将不再受网络的限制，可以在任何一个网络的内部和边缘得到执行。

（4）未来的物联网可以实现现实物质世界和数字虚拟世界的共存与互动。

在未来的物联网中，实体事物将拥有数字化的和虚拟化的物品表示形式与之相对应。在软件和应用中使用智能决策算法，可以根据新采集到的来自于实体事物的信息，参照这个实体事物以及与它相似的其他事物的历史数据，分析其中的相关模式，对现实世界中的物理现象给予快速的、适当的反应。

在未来的物联网中，由于任何个人、团体、社区、组织、对象、产品、数据、服务、进程和活动都将通过物联网相互联接。在这样的背景下，需要创建一套正确的状态感知开发系统，用于理解和解释信息的智能服务，保证智能中间件可以正确地创建，从而确实保障所有参与物联网的相关各方、各种物品免受欺诈、恶意攻击行为的侵扰，保护整个物联网环境中信息和数据的隐私与安全。

（5）在未来物联网的架构中，智能化的中间件系统将允许在现实的物质世界和数字的虚拟世界之间建立动态的对应关系。这种对应关系是在高级别时间和空间维度上通过将普遍存在的传感器网络、探测网络以及可以标识的"物品"的各种属性和特点进行自由组合实现的。

思考与练习

一、名词解释

1. 物联网

2. 泛在网

二、单选题

1. 通过无线网络与互联网的融合，将物体的信息实时准确地传递给用户，指的是（　　　）。

    A. 可靠传递　　　　B. 全面感知　　　　C. 智能处理　　　　D. 互联网

2. 利用 RFID、传感器、二维码等随时随地获取物体的信息，指的是（　　　）。

    A. 可靠传递　　　　B. 全面感知　　　　C. 智能处理　　　　D. 互联网

3. 欧盟在（　　　）年制订了物联网欧洲行动计划，被视为"重振欧洲的重要组成部分"。

    A. 2008　　　　　　B. 2009　　　　　　C. 2010　　　　　　D. 2004

4. 物联网的概念，最早是由美国的麻省理工学院在（　　　）年提出来的。

    A. 1991　　　　　　B. 1999　　　　　　C. 2000　　　　　　D. 2002

5. 三层结构类型的物联网不包括（　　　）。

    A. 感知层　　　　　B. 网络层　　　　　C. 应用层　　　　　D. 会话层

6. （　　　）年中国把物联网发展写入了政府工作报告。

    A. 2000　　　　　　B. 2008　　　　　　C. 2009　　　　　　D. 2010

7. "智慧地球"是（　　　）提出来的。

    A. 德国　　　　　　B. 日本　　　　　　C. 法国　　　　　　D. 美国

8. 感知中国中心设在（　　　）。

    A. 北京　　　　　　B. 上海　　　　　　C. 酒泉　　　　　　D. 无锡

9. 物联网的核心是（　　　）。

    A. 应用　　　　　　B. 产业　　　　　　C. 技术　　　　　　D. 标准

三、多选题（在每小题列出的几个选项中至少有两个符合题目要求，请将其选项序号填写在题后括号内）

1. 物联网的主要特征是（　　　）。

    A. 全面感知　　　B. 功能强大　　　C. 智能处理　　　D. 可靠传送

2. IBM 智能地球战略的主要构成部分是（　　　）。

    A. 应用软件　　　　　　　　　　　B. RFID 标签

    C. 实时信息处理软件　　　　　　　D. 传感器

3. 物联网的工作原理是（　　　）。

    A. 对物体属性进行标识（静态、动态），静态属性可以直接存储在标签中，动态属性要先由传感网实时进行探测

    B. 需要识别设备完成对物体属性的读取，并将信息转换为适合网络传输的数据格式

    C．物体的信息通过网络传输到信息处理中心

    D．处理中心完成对物体通信的相关计算

4．物联网发展的主要机遇主要体现在（   ）。

    A．我国物联网拥有强有力的政策发展基础和持久的牵引力

    B．我国物联网技术研发水平处于世界前列，已具备物联网发展的条件

    C．我国已具备物联网产业发展的条件，电信运营商大力推动通信网应用

    D．电信网、互联网、电视网"三网"走向融合

5．智慧城市应具备以下哪些特征？（   ）

    A．实现全面感测，智慧城市包含物联网

    B．智慧城市面向应用和服务

    C．智慧城市与物理城市融为一体

    D．智慧城市能实现自主组网、自维护

四、简答题

1．简述物联网的三大特征。

2．简述物联网的意义。

3．描述一下物联网的愿景。

4．结合生活实际，谈谈物联网技术在某一生活领域中的应用设想。

第 **2** 章 物联网体系结构

本章主要内容

本章概要地介绍了物联网的功能特征、基本功能、体系结构和关键技术，以及我国物联网产业的基本架构等主要内容。

本章建议教学学时

本章教学学时建议为 2 学时。

- 物联网的功能   0.5 学时；
- 物联网的体系结构   1 学时；
- 物联网关键技术和我国物联网产业的基本架构   0.5 学时。

本章教学要求

要求了解物联网的功能特征、基本功能，熟悉物联网体系结构与之相关的主要技术。其中要重点掌握物联网体系结构。

2.1　物联网的功能

2.1.1　物联网的功能特征

物联网的最终目的是建立一个满足人们生产、生活以及对资源、信息更高需求的综合平台，管理各种跨组织、跨管理域的资源和异构设备，为上层应用提供全面的资源共享接口，实现分布式资源的有效集成，提供各种数据的智能计算、信息的及时共享以及决策的辅助分析等功能。

从物联网的功能上来说，它应该具备以下 4 个特征。

第一个特征是全面感知能力，物联网可以利用 RFID、传感器、二维条形码等获取被控或被测物体的信息。

第二个特征是数据信息的可靠传递，物联网可以通过各种电信网络与互联网的融合，将物体的信息实时准确地传递出去。

第三个特征是智能处理，物联网利用现代控制技术提供智能计算方法，对大量数据和信息进行分析、处理，对物体实施智能化的控制。

第四个特征是物联网可以根据各个行业、业务的具体特点形成各种单独的业务应用，或者根据整个行业以及系统建成应用解决方案。

2.1.2　物联网的基本功能

物联网的功能在于能基于云计算的 SPI 等营运模式，在内网（Intranet）、专网（Extranet/VPN）或互联网（Internet）环境下，采用适当的信息安全保障机制，提供安全可控（隐私保护）乃至个性化地实时在线监测、定位追溯、报警联动、调度指挥、预案管理、进程控制、远程维保、在线升级、统计报表、决策支持、领导桌面（Dashboard）等管理和服务功能，实现对"万物（Things）"的"高效、节能、安全、环保"的"管、控、营"一体化服务。

具体来说，物联网的基本功能特征是提供"无处不在的连接和在线服务"，它应该具备如下十大基本功能。

第一是在线监测功能。在线监测是物联网最基本的功能，物联网业务一般以集中监测为主、控制为辅。

第二是定位追溯功能。定位追溯一般基于 GPS 全球定位系统和无线通信技术，或只依赖于无线通信技术进行定位，如基于移动基站的定位、RTLS 等。RTLS（Real Time Location Systems，实定位系统）是一种基于信号的无线电定位手段，可以采用主动式或被动感应式。定位追溯也可基于其他卫星（例如，北斗卫星导航系统等）进行定位。

GPS 即全球定位系统。简单地说，这是由覆盖全球的 24 颗卫星组成的卫星系统。这个系统可以保证任意时刻，在地球上任意一点都可以同时观测到 4 颗卫星，以保证卫星可以采集到该观测点的经纬度和高度，来实现导航、定位、授时等功能。这项技术可以用来引导飞机、船舶、车辆和个人，安全、准确地沿着选定的路线，准时到达目的地。

中国北斗卫星导航系统（BeiDou Navigation Satellite System，BDS）是中国自行研制的全球卫星导航系统。

第三是报警联动功能。报警联动主要提供事件报警和提示，有时还会提供基于工作流或规则引擎（Rule's Engine）的联动功能。

第四是指挥调度功能。指挥调度具有基于时间排程和事件响应规则的指挥、调度和派遣功能。

第五是预案管理功能。预案管理基于预先设定的规章或法规对事物产生的事件进行处置。

第六是安全隐私功能。由于物联网所有权属性和隐私保护的重要性，物联网系统必须提供相应的安全保障机制。

第七是远程维保功能。远程维保是物联网技术能够提供或提升的服务，主要适用于企业产品售后联网服务。

第八是在线升级功能。在线升级是保证物联网系统本身能够正常运行的手段，也是企业产品售后自动服务的手段之一。

第九是领导桌面功能。领导桌面主要指 Dashboard 或 BI 个性化门户，经过多层过滤提炼的实时资讯，可供主管负责人对全局实现"一目了然"。

第十是统计决策功能。统计决策指的是基于对物联联网信息的数据挖掘和统计分析，提供决策支持和统计报表功能。

2.2 物联网的体系结构

2.2.1 物联网的组成

物联网作为一种形式多样的聚合性复杂系统，涉及了信息技术自上而下的每一个层面，其体系架构一般可分为感知层、网络层、应用层 3 个层面。其中公共技术不属于物联网技术的某个特定层面，而是与物联网技术架构的三层都有关系，它包括标识与解析、安全技术、网络管理和服务质量（Quality of Service，QoS）管理等内容。物联网体系结构图如图 2.1 所示。

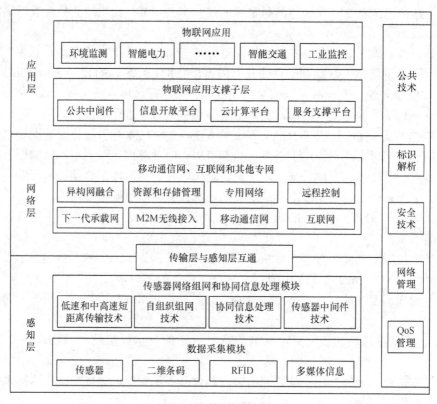

图 2.1 物联网体系结构图

感知层由数据采集模块、传感器网络组网和协同信息处理模块两部分组成。数据采集模块主要由传感器、二维条码、RFID 和多媒体信息等模块组成。传感器网络组网和协同信息处理用到了低速和中高速短距离传输技术、自组网技术、协同信息处理技术和传感器中间技术。

网络层主要包括移动通信网、互联网和其他专用网络。

应用层由物联网应用支撑子层和物联网应用两部分组成。物联网应用支撑子层主要包括公共中间件、信息开放平台、云计算平台和服务支撑平台；物联网应用层包括各种物联网应用。

图 2.2 所示为中国移动定义的物联网结构示意图。

物联网是一种非常复杂、形式多样的系统技术。根据信息生成、传输、处理和应用的原则，也可以把物联网分为 4 层，即感知识别层、网络构建层、管理服务层和综合应用层。

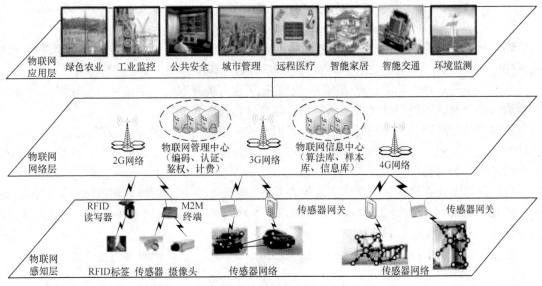

图 2.2 中国移动定义的物联网结构示意图

2.2.2 物联网感知层

物联网第一层是感知层，物联网中由于要实现物与物、人与物的通信，感知层是必须具备的。感知层主要用来实现物体的信息采集、捕获和识别，即以二维码、RFID、传感器技术为主，实现对"物"的识别与信息采集。

感知层是物联网发展和应用的基础。例如，张贴安装在设备上的 RFID 标签和用来识别 RFID 信息的扫描仪、感应器都属于物联网的感知层。现在的高速公路不停车收费系统、超市仓储管理系统等都是基于感知层的物联网。

感知层由传感器节点接入网关组成，智能节点感知信息，例如，感知温度、湿度、图像等信息，并自行组网传递到上层网关接入点，由网关将收集到的感应信息通过网络层提交到后台处理。当后台对数据处理完毕后，发送执行命令到相应的执行机构，调整被控或被测对象的控制参数或发出某种提示信号来对其进行远程监控。

感知层必须解决低功耗、低成本和小型化的问题，并且向灵敏度更高、更全面的感知能力方向发展。

物联网感知层示意图如图 2.3 所示。

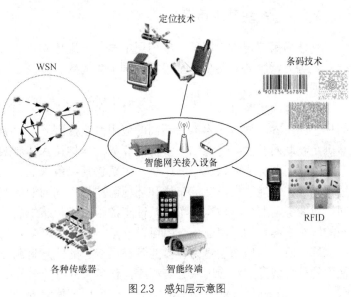

图 2.3 感知层示意图

2.2.3 物联网网络层

物联网第二层是网络层。网络是物联网最重要的基础设施之一。网络层在物联网模型中连接感知层和应用层，具有强大的纽带作用，可以高效、稳定、及时、安全地传输上下层的数据。

网络层是异构融合的泛在通信网络，它包括了现有的互联网、通信网、广电网以及各种接入网和专用网，通信网络对采集到的物体信息进行传输和处理。

网络层是物联网的神经系统，主要进行信息的传递。网络层要根据感知层的业务特征，优化网络特性，更好地实现物与物之间、物与人之间以及人与人之间的通信，这就要求建立一个端到端的全局物联网络。

任何终端节点在物联网中都应实现泛在互联。由节点组成的网络末端网络，例如传感器网、RFID、家居网、个域网、局域网、体域网、车域网等，连接到物联网的异构融合网络上，从而形成一个广泛互联的网络。

物联网中常用的数据传输技术如图 2.4 所示。

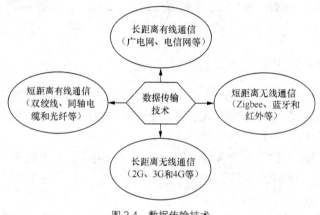

图 2.4　数据传输技术

2.2.4 物联网应用层

物联网第三层是应用层。应用层主要包括服务支撑层和应用子集层。

服务支撑层的主要功能是根据底层采集的数据，形成与业务需求相适应、实时更新的动态数据资源库。

物联网应用系统涉及面广，它包含多种业务需求、运营模式、技术体制、信息需求、产品形态等内容，这些内容都有不同的应用系统，因此，只有统一系统的业务体系结构，才能够满足物联网全面实时感知、多目标业务、异构技术体制融合等内容的需求。

物联网业务应用领域十分广泛，主要包括绿色农业、工业监控、公共安全、城市管理、远程医疗、智能家居、智能交通和环境监测等不同的业务服务。人们也可以根据业务需求不同，对业务、服务、数据资源、共性支撑、网络和感知层的各项技术进行裁剪，可以形成不同的解决方案。物联网业务应用可以承担一部分人机交互功能。

综上所述，应用层将为各类业务提供统一的信息资源支撑，通过建立、实时更新可重复使用的信息资源库和应用服务资源库，使各类业务服务根据用户的需求组合，使得物联网的应用系统明显地提高业务的适应能力。应用层还能够提升对应用系统资源的重用度，为快速构建新的物联网应用奠定基础，在物联网环境中满足复杂多变的网络资源应用需求和服务。

除此之外，物联网还需要信息安全、物联网管理、服务质量管理等公共技术支撑。在物联网各层之间，信息不是单向传递的，而是有交互、控制等功能，所传递的信息多种多样，其中最为关键的是围绕物品信息，完成海量数据采集、标识解析、传输、智能处理等各个环节，与各业务领域应用融合，完成各业务功能。

2.3　物联网的关键技术

物联网作为一种形式多样的聚合性复杂系统，在感知层主要涉及传感器、RFID、硬件技术、电源和能量储存技术等关键技术；在网络层主要涉及网络与通信、信息处理等关键技术；在应用层主要涉及发现与搜索引擎技术、软件和算法技术、数据和信号处理技术等关键技术，除此之外还包括物联网公共技术。在物联网的应用开发过程中，每个层面所涉及的技术，也有交叉，并不是绝对的。

经过近几年的快速发展，各国不同的单位和机构均初步建立了各自的物联网技术方案。例如，欧盟于 2009 年 9 月发布的《欧盟物联网战略研究路线图》白皮书中列出了 13 类物联网关键技术，包括物联网体系结构技术、标识技术、通信技术、网络技术、发现与搜索引擎技术、软件和算法技术、硬件技术、数据和信号处理技术、关系网络管理技术、电源和能量储存技术、安全与隐患技术、标准化与相关技术等。物联网的关键技术如图 2.5 所示。

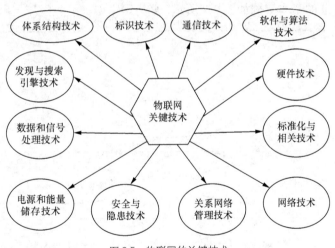

图 2.5　物联网的关键技术

2.4　物联网的产业结构

2.4.1　物联网行业的产业链结构

物联网产业实际上是一条贯穿传感器和芯片厂商、通信模块提供商、中间件和应用开发商、系统集成商、服务提供商以及电信运营商的完整产业链，整个物联网的产业链几乎覆盖了社会经济领域的各个角落。物联网行业产业链结构如图 2.6 所示。

目前，我国物联网行业产业链各环节的发展都存在不均衡性的特点，产业链中的硬件设备制造环节企业数量较多，而芯片设计制造、软件应用以及开发环节相对薄弱，相关技术研发水平和标准制定工作比较落后，集成商多选择的是国外软件和芯片等产品。物联网所涉及范围很广，其未来发展的重任远远不止是一个企业或是一个行业能够担当的。物联网在城市公共安全、工业安全生产、环境监控、智能交通、智能家居、公共卫生、健康监测等多个领域的广泛用途也意味着需要各行各业的通力合作，跨行业之间的合作成为物联网发展的必然趋势。

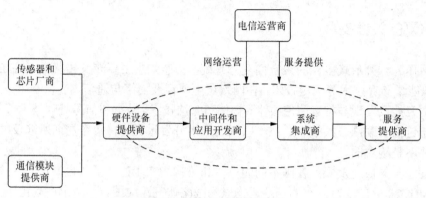

图 2.6　物联网行业产业链结构

2.4.2　中国物联网产业的基本架构

我国物联网产业的基本架构如图 2.7 所示，分为国家层、行业/区域层和企业层 3 个部分。

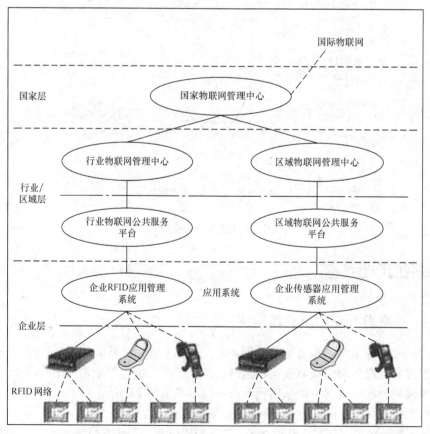

图 2.7　我国物联网产业的基本结构

1. 国家层

在国家层面，国家物联网管理中心是国内一级管理中心，其主要职责是：制定和发布总体标准；建设和维护全国电信级路由系统（Cisco Routing System，CRS）网络；负责与国际物联网互联；负责全局相关数据的存储与发布；对二级物联网管理中心进行管理。

2. 行业/区域层

在行业/区域层面，包括行业/区域物联网管理中心和公共服务平台。行业/区域物联网管理中心是国内二级管理中心，分为各行业的物联网管理中心（如交通运输业、药品行业、服装业、邮政业等）、专用物联网管理中心（如军事、海关等）、区域物联网管理中心（如各省、市等）。它们制订各行业、领域、区域的相关标准和规范；存储各行业、领域、区域内部的相关数据；将部分数据上传给国家管理中心。行业/区域公共服务平台为本行业或者区域的企业和政府提供跟踪、防伪、查询等物联网公共服务。

3. 企业层

在企业层面，包括各企业及各单位内部的 RFID、传感器、GPS 等应用系统以及 RFID、传感器、GPS 等信息采集系统。应用系统负责前端的标签识别、读写和信息管理以及访问行业区域物联网公共服务平台，获取各种物联网公共应用服务；信息采集系统包括电子标签、读写器等各种射频终端，各种传感器终端以及 GPS 终端等，负责采集 RFID、传感、位置等信息。

思考与练习

一、简答题
1．简述物联网的功能特征与基本功能。
2．简述物联网感知层的组成与作用。
3．物联网在传输网络层存在各种网络形式，通常使用的网络形式有哪几种？
4．简述应用层相关技术？

二、单选题
1．通过无线网络与互联网的融合，将物体的信息实时准确地传递给用户，指的是（　　）。
　　A．可靠传递　　　B．全面感知　　　C．智能处理　　　D．互联网
2．哪一项不是物联网的关键技术？（　　）
　　A．关系网络管理技术　　　　　　B．软件和算法技术
　　C．安全与隐患技术　　　　　　　D．物流技术
3．从物联网的功能上来说，下面哪一个不是物联网具备的特征？（　　）
　　A．全面感知能力　　　　　　　　B．数据信息的可靠传递
　　C．智能处理　　　　　　　　　　D．平台支持
4．物联网是一种非常复杂、形式多样的系统技术。根据信息生成、传输、处理和应用的原则，可以把物联网分为 4 层，不包括下面哪一个层？（　　）
　　A．感知识别层　　B．网络构建层　　　C．管理服务层　　　D．安全层

5.物联网作为一种形式多样的聚合性复杂系统,涉及了信息技术自上而下的每一个层面,其体系架构一般可分为感知层、网络层、(　　)3个层面。

A. 逻辑层　　　　B. 应用层　　　　C. 管理层　　　　D. 物理层

三、**多选题**（在每小题列出的几个选项中至少有两个符合题目要求,请将其选项序号填写在题后括号内）

1. 物联网的主要特征是（　　）。

A. 全面感知　　B. 功能强大　　C. 智能处理　　D. 可靠传送

2. 物联网技术体系主要包括（　　）。

A. 感知延伸层技术　　　　　　B. 网络层技术

C. 应用层技术　　　　　　　　D. 物理层

3. 应用支撑平台层用于支撑跨行业、应用、系统之间的信息协同、共享、互通的功能,主要包括（　　）。

A. 信息封闭平台　　　　　　　B. 环境支撑平台

C. 服务支撑平台　　　　　　　D. 中间件平台

4. 下面哪些是物联网的关键技术？（　　）

A. 物联网体系结构技术　　　　B. 标识技术

C. 通信技术　　　　　　　　　D. 网络技术

5. 下面哪些是物联网的基本功能？（　　）

A. 在线监测　　B. 定位追溯　　C. 报警联动　　D. 指挥调度

6. 网络层由以下哪几部分组成？（　　）

A. 移动通信网　　B. 无线网　　C. 其他专用网络　　D. 互联网

7. 我国物联网产业的基本架构分为（　　）。

A. 国家层　　　B. 行业/区域层　　C. 个人层　　D. 企业层

第3章 物联网识别技术

本章主要内容

本章首先概要地介绍了物联网中感知与识别技术和常用的 7 种自动识别技术，重点介绍了 IC 卡技术、条形码技术和 RFID 技术与应用，然后将两种常用的识别技术进行了比较，最后介绍了 3 种 RFID 标准体系。

本章建议教学学时

本章教学学时建议为 4 学时。

- 感知与自动识别技术   2 学时；
- 自动识别技术比较   0.5 学时；
- 物联网的 RFID 标准体系   1.5 学时。

本章教学要求

要求了解物联网的自动识别技术的定义以及自动识别技术，重点掌握 IC 卡技术、条形码技术和 RFID 技术的原理与应用，了解 3 种常用的 RFID 标准体系。

3.1 感知识别技术

物联网的数据采集涉及传感器和控制技术、RFID、多媒体信息采集、二维码、实时定位以及短距离无线通信等技术。短距离通信技术和协同信息处理子层将采集到的数据在局部范围内进行协同处理，以提高信息的精度，降低信息冗余度，并通过具有自组织能力的短距离传感网接入广域承载网络。感知层的中间件技术旨在解决感知层数据与多种应用平台间的兼容性问题，包括代码管理、服务管理、状态管理、设备管理、时间同步、定位等问题。物联网的主要感知设备如图 3.1 所示。

传感器是将能感受到的以及规定的被测量按照一定的规律转换成可用输出信号的器件或装置，通常由敏感元件和转换元件组成。

标识技术是通过 RFID、条形码等设备所感知到的目标（即外在特征信息）来证实和判断目标本质的技术。

定位技术是用来测量目标的位置参数、时间参数、运动参数等时空信息的技术，它利用信息化手段得知某一用户或者物体的具体位置。

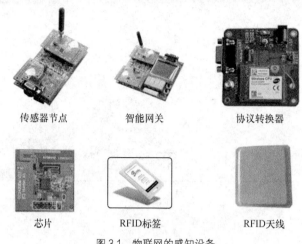

图 3.1　物联网的感知设备

3.2　自动识别技术

自动识别技术就是应用一定的识别装置，通过被识别物品和识别装置之间相似的活动，自动获取被识别物品的相关信息，并将相关信息提供给后台的计算机处理系统来完成相关后续处理的一种技术。

在早期的信息系统中，绝大部分数据的处理都是通过手工录入的，不仅劳动强度大，数据误码率较高，而且也失去了实时的意义。为了解决这些问题，人们研究和发展了各种各样的自动识别技术，将人们从繁重、重复的手工劳动中解放出来，提高了系统信息的实时性和准确性，从而为实时调整生产、及时总结财务、正确制定决策提供了正确的参考依据。

自动识别技术将计算机、光、电、通信和网络技术融为一体，与互联网、移动通信等技术相结合，在全球范围内实现物品的跟踪与信息的共享，从而给物体赋予智能，实现人与物体、物体与物体之间的沟通交流。

自动识别技术是物联网中非常重要的技术，它融合了物理世界和信息世界的特性，可以对每个物品进行标识和识别，还可以实时更新数据，是构成实时共享全球物品信息的重要组成部分。

近几十年来，自动识别技术在全球范围内得到了迅猛发展，初步形成了一个包括条码技术、磁条磁卡技术、IC 卡技术、光学字符识别技术、射频技术、声音识别以及视觉识别技术等集计算机、光、磁、物理、机电、通信技术为一体的高新技术学科。中国物联网校企联盟认为自动识别技术可以分为光符号识别技术、语音识别技术、生物计量识别技术、IC 卡技术、条形码技术、射频识别技术（RFID）。图 3.2 所示简要列出了主要的几种自动识别技术。

一个完整的自动识别计算机管理系统包括自动识别系统（Auto Identification System，AIDS）、应用程序接口（Application Programming Interface，API）或中间件（Middleware）和应用系统软件（Application Software）3 个部分。

自动识别系统通过中间件或接口（包括软件和硬件等）将数据传给后台的计算机处理，由计算机对所采集到的数据进行处理或加工，最终形成对人们有用的信息。在有的场合，中间件本身就具有处理数据的功能，而且它还可以支持单一系统中不同协议的产品的工作。

　　自动识别系统完成系统的采集和存储工作后，应用系统软件对自动识别系统所采集的数据进行应用处理，而应用程序接口软件则提供自动识别系统与应用系统软件之间的通信接口和数据格式，将自动识别系统采集的数据信息转换成应用软件系统可以识别和利用的信息，并进行数据传递。

　　自动识别技术是模式识别理论的典型应用，根据选取识别对象的特征不同就产生了多种的自动识别技术。下面介绍 7 种常用的自动识别技术。

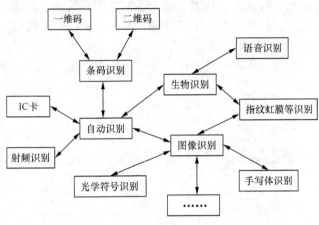

图 3.2　自动识别技术

3.2.1　光学字符识别

　　光学字符识别（Optical Character Recognition，OCR）是指电子设备（如扫描仪、数码相机等）检查纸上打印的字符，通过检测暗、亮的模式确定其形状，然后用字符识别方法将形状翻译成计算机文字的过程。衡量一个 OCR 系统性能好坏的主要指标有拒识率、误识率、识别速度、用户界面的友好性、产品的稳定性、易用性及可行性等内容。

　　一个 OCR 识别系统的目的是把影像作一个转换，使影像内的图形继续保存，有表格的则表格内资料及影像内的文字，一律变成计算机文字，使其能达到影像资料的储存量减少、识别出的文字可再使用以及对图像文件进行分析处理获取文字及版面信息。OCR 识别系统可节省因键盘输入消耗的人力与时间。

　　从影像到结果输出，需经过影像输入、影像前处理、文字特征抽取、比对识别，最后经人工校正将认错的文字更正，并输出结果。OCR 识别系统的工作流程图如图 3.3 所示。

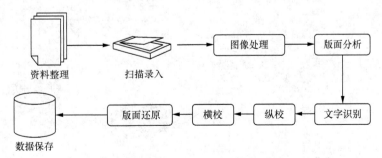

图 3.3　OCR 识别系统的工作流程图

3.2.2 语音识别

语音识别用于研究如何采用数字信号处理技术自动提取、决定语音信号中最基本的有意义的信息，同时也可以利用音律特征等个人特征识别说话的人。

语音识别技术，也被称为自动语音识别（Automatic Speech Recognition，ASR），其目标是将人类语音中的词汇内容转换为计算机可读的文字或者指令。如按键、二进制编码或字符序列。

语音识别技术主要包括特征提取技术、模式匹配准则以及模型训练技术 3 个方面，这些技术涉及信号处理、模式识别、概率论和信息论、发声机理和听觉机理、人工智能等领域。图 3.4 所示为典型的语音模式识别系统。

语音识别技术的应用包括语音拨号、语音导航、室内设备控制、语音文档检索、简单的听写数据录入等。

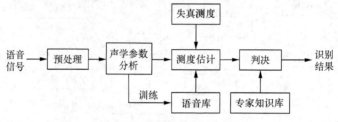

图 3.4　典型的语音模式识别系统

3.2.3　生物计量识别技术

1. 指纹识别技术

指纹识别技术是通过特殊的光电转换设备和计算机图像处理技术，对活体指纹进行采集、分析和比对，进而迅速、准确地鉴别出个人身份。从实用角度看，指纹识别技术是优于其他生物识别技术的身份鉴别方法，因为指纹具有各不相同、终生基本不变的特点，且目前的指纹识别系统已达到操作方便、准确可靠、价格适中的阶段，正逐步应用于民用市场。

指纹识别技术的流程是首先对指纹图像进行采集，然后对指纹图像进行处理，提取特征，最后将特征值与指纹库中的标准值进行比对与信进行标准比对与匹配等。指纹识别技术的流程如图 3.5 所示。

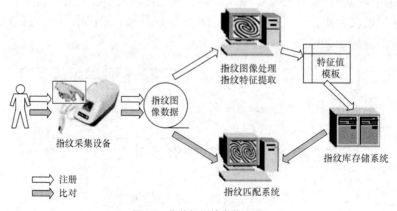

图 3.5　指纹识别技术的流程

2. 虹膜识别技术

虹膜识别技术是利用虹膜终身不变性和差异性的特点来识别出个人身份。虹膜是一种在眼睛瞳孔内的织物状的各色环状物，每个虹膜都包含一个独一无二的基于水晶体、细丝、斑点、凹点、皱纹和条纹等特征的结构体。

与常用的指纹识别技术相比，虹膜识别技术操作更简便，检验的精确度也更高。统计表明，到目前为止，虹膜识别的错误率是各种生物特征识别中最低的，并且虹膜识别技术具有很强的实用性。虹膜识别技术是当前应用最方便、最精确的生物识别技术，虹膜的高度独特性、稳定性是其用于身份鉴别的基础。

在生物活性方面，虹膜识别的特点是虹膜处在巩膜的保护下，生物活性强；在非接触性方面，无需用户接触设备，对人身没有侵犯；在唯一性方面，形态完全相同的虹膜的可能性低于其他组织；在稳定性方面，虹膜定型后终身不变，一般疾病不会对虹膜组织造成损伤；在防伪性方面，不可能在对视觉无严重影响的情况下用外科手术改变虹膜特征。

除上面介绍的两种生物识别技术外，还有视网膜识别、面部识别和掌纹识别技术。视网膜识别技术同虹膜识别技术一样，视网膜扫描可能是最可靠、最值得信赖的生物识别技术，但它运用起来的难度较大。面部识别技术是通过对面部特征和面部特征之间的关系（例如，眼睛、鼻子和嘴的位置以及它们之间的相对位置）来进行识别。目前用于捕捉面部图像的两项技术分别为标准视频技术和热成像技术。标准视频技术是通过视频摄像头摄取面部的图像。热成像技术是通过分析由面部毛细血管的血液产生的热线来形成面部图像，它与视频摄像头不同，热成像技术并不需要在较好的光源情况下使用，即使在黑暗情况下也可以使用。

另外，掌纹与指纹一样也具有稳定性和唯一性，利用掌纹的线特征、点特征、纹理特征、几何特征等完全可以确定一个人的身份，因此，掌纹识别技术也是基于生物特征身份认证技术的重要内容。目前采用的掌纹图像主要是脱机掌纹和在线掌纹两大类。

3.2.4　IC 卡技术

IC 卡（Integrated Circuit Card，IC），即"集成电路卡"，它在日常生活中已随处可见。IC卡实际上是一种数据存储系统，如有必要还可附加计算能力。

IC 卡的概念是在 20 世纪 70 年代初提出来的，IC 卡一出现，就以其超小的体积、先进的集成电路芯片技术、特殊的保密措施、无法被破译和仿造的特点受到普遍欢迎。40 多年来，IC 卡已被广泛应用于金融、交通、通信、医疗、身份证明等众多领域。

1. IC 卡应用系统的组成

一个标准的 IC 卡应用系统通常包括 IC 卡、IC 卡接口设备（IC 卡读写器）和 PC，较大的系统还包括通信网络和主计算机等。IC 卡应用系统的组成如图 3.6 所示。

（1）IC 卡。IC 卡由持卡人掌管，它是记录持卡人特征代码、文件资料的便携式信息载体。

（2）IC 卡接口设备。IC 卡接口设备即 IC 卡读写器，是 IC 卡与 PC 信息交换的桥梁，而且经常是 IC 卡的能量来源。IC 卡接口设备的核心为可靠的工业控制单片机，如 Intel 的 51 系列单片机等。

（3）PC。PC 是系统的核心，它具有完成信息处理、报表生成和输出、指令发放、系统监控管理、IC 卡的发行与挂失、黑名单的建立等功能。

（4）通信网络和主计算机。通信网络和主计算机通常用于金融服务等较大的系统。

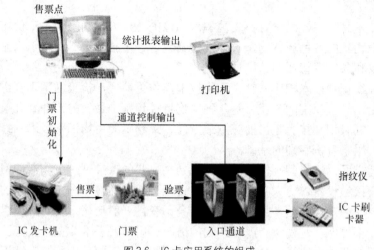

图 3.6　IC 卡应用系统的组成

2．IC 卡的分类

IC 卡按照与外界数据传送的形式，可分为接触式和非接触式两种。

IC 卡按照卡内集成电路（嵌装的芯片）的不同，可分为存储器卡、CPU 卡和逻辑加密卡，如图 3.7 所示。

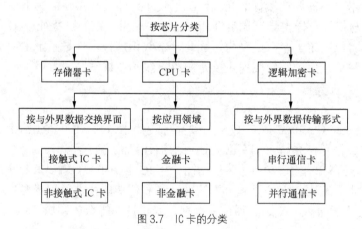

图 3.7　IC 卡的分类

（1）存储器卡。存储器卡在卡内嵌入的芯片为存储器芯片，这些芯片多为通用 EEPROM（或 Flash Memory）；无安全逻辑，芯片内信息可以不受限制地任意存取；卡片制造中也很少采取安全保护措施；不完全符合或支持 ISO/IEC 7816 国际标准，而多采用两线串行通信协议（I^2C 总线协议）或 3 线串行通信协议。

存储器卡的特点是功能简单，没有或很少有安全保护逻辑，但价格低廉、开发使用简便、存储容量增长迅猛。因此，存储器多用于某些内部信息无须保密或不允许加密（如急救卡）的场合。

（2）逻辑加密卡。逻辑加密卡由非易失性存储器和硬件加密逻辑构成，一般是专门为 IC 卡设计的芯片，具有安全控制逻辑，安全性能较好；同时采用 ROM、PROM、EEPROM 等存储技术；从芯片制造到交货，均采取较好的安全保护措施，如运输密码（Transport Card，TC）的取用；支持 ISO/IEC 7816 国际标准。

逻辑加密卡的特点是逻辑加密卡有一定的安全保证，多用于有一定安全要求的场合，如保险卡、加油卡、驾驶卡、借书卡、IC 卡电话和小额电子钱包等。

（3）CPU 卡。CPU 也称智能卡。CPU 卡的硬件构成包括 CPU、存储器（含 RAM、ROM、EEPROM 等）、卡与读写终端通信的 I/O 接口以及加密运算协处理器等部分，ROM 中存放片内操作系统 COS（Chip Operation System，COS）。

CPU 卡的特点是计算能力强、存储容量大、应用灵活、适应性较强、安全防伪能力强。CPU 卡不仅可验证卡和持卡人的合法性，而且还可鉴别读写终端，它已成为一卡多用以及对数据安全保密性特别敏感场合的最佳选择，如手机 SIM 卡等。

CPU 卡按信息交换界面分为接触式 IC 卡和非接触式 IC 卡两类。

图 3.8 所示为接触式 IC 卡。接触式 IC 卡的多个金属触点为卡芯片与外界的信息传输媒介，成本低、实施相对简便。

图 3.9 所示为非接触式 IC 卡。非接触式 IC 卡则不需要触点，而是借助无线收发传送信息。因此，非接触式 IC 卡在接触式 IC 卡难以胜任的诸多场合有较多应用，例如，交通运输等。

图 3.8　接触式 IC 卡

图 3.9　非接触式 IC 卡

CPU 卡按应用领域的不同可分为金融卡和非金融卡，即银行卡和非银行卡。金融卡又分为信用卡和现金卡，信用卡用于消费支付时，可按预先设定额度透支资金，现金卡可用作电子钱包和电子存折，但不得透支。非金融卡的涉及范围极其广范，实质上囊括了金融卡之外的所有领域，例如，门禁卡、组织代码卡、医疗卡、保险卡、IC 卡身份证、电子标签等。

CPU 卡一般采用串行方式与外界进行信息交换，CPU 卡芯片引脚较少，易于封装和接口。随着芯片存储容量的增大，引发了两个问题：一是芯片面积急剧增长，给卡的封装带来困难；二是读写时间过长，读写 1MB 的容量需要 12 分钟。

CPU 卡也可以采用并行通信的，例如，某种 P 型 IC 卡的引脚数多达 32 个，不仅速度极快，而且容量增大。与串行通信卡一样，CPU 卡也有存储型和逻辑加密型，并已在纳税申报等系统中得到应用。

3.2.5　条形码技术

1．条形码概念

条形码由一组按一定编码规则排列的条、空符号组成，用以表示一定的字符、数字以及符号组成的信息。条形码技术是在计算机应用发展过程中，为消除数据录入的"瓶颈"问题而产生的，可以说它是最"古老"的自动识别技术。

条形码技术可以标出物品的生产国、制造厂家、商品名称、生产日期、图书分类号、邮件起止地点、类别、日期等信息。条形码种类很多，目前市场上常见的是一维条形码，信息量约几十位数据和字符；二维条形码相对复杂，但信息量可达几千字符。

通常每一种物品的编码是唯一的。对于普通的一维条形码来说，需要通过数据库建立条形码与商品信息的对应关系，当条形码的数据传到计算机上时，由计算机上的应用程序对数据进行操作和处理。因此，普通的一维条形码在使用过程中仅作为识别信息，它的意义是在计算机系统的数据库中提取相应的信息。

2. 条形码的码制

条形码的码制是指条形符号的类型，每种类型的条形码都是由符合特定编码规则的条和空符号组成的。

条形码的码制主要有 EAN 码、39 码、交叉 25 码、UPC 码、128 码、93 码、库德巴码。常见的大概有 UPC-A 码、UPC-E 码、EAN-13 码（EAN-13 国际商品条码）、EAN-8 码（EAN-8 国际商品条码）、ITF25 码（交叉 25 码）、Code128 码和 PDF417 等二十多种码制。

3. 一维条形码

一维条形码是由一个接一个的"条"和"空"排列组成的，条形码的信息靠条和空的不同宽度和位置来表达，信息量的大小是由条形码的宽度和印刷的精度决定的。一维条码只能在水平方向表达信息，在垂直方向则不表达任何信息，其具有一定的高度是为了便于阅读器对准。目前市场上见到的条码大多是一维条码。

一个完整的一维条形码的组成次序依次为静区（前）、起始符、数据符、（中间分割符，主要用于 EAN 码）、（校验符）、终止符、静区（后）。如图 3.10 所示。

图 3.10　条码的组成

静区是指条码外端两侧无任何符号及资讯的白色区域，主要用来提示扫描器准备扫描。当两个条码相距较近时，静区则可以对它们加以区分，静区的宽度通常不应小于 6mm。

起始/终止符是指位于条码开始和结束的若干"条"与"空"，用来标识一个条码的开始和结束，同时提供了码制识别信息和阅读方向的信息。

数据符是位于条码中间的条、空结构，它包含条码所表达的特定信息。

目前，国际广泛使用的一维条码种类有如下 4 种。

（1）EAN 码。EAN（European Article Number）码是欧洲商品条码，它是国际物品编码协会制定的一种商品用条码，通用于全世界。EAN 码是当今世界上广为使用的商品条码，已成为电子数据交换（EDI）的基础；EAN 码符号有标准版（EAN-13）和缩短版（EAN-8）两种，我国的通用商品条码与其等效。日常生活购买的商品包装上所印的条码一般就是 EAN 码。

标准码（EAN-13）共 13 位数，是由「国家代码」3 位数、「厂商代码」4 位数、「产品代码」5 位数以及「检查码」1 位数组成。如图 3.11 所示。

（2）UPC 码。UPC（Universal Product Code）码是美国统一代码委员会制定的一种商品用条码，主要用于美国和加拿大地区，在美国进口的商品上可以看到。

UPC 码的特性是长度固定且具有连续性。UPC 码仅可用来表示数字，故其字码集为数字 0～9。UPC 码共有 A、B、C、D、E 五种版本。

UPC-A 码特点。

① 每个字码皆由 7 个模组组合成 2 线条 2 空白，其逻辑值可用 7 个二进制数字表示，例如逻辑值 0001101 代表数字 1，逻辑值 0 为空白，1 为线条，故数字 1 的 UPC-A 码为粗空白(000)-粗线条(11)-细空白(0)-细线条(1)。

② 从空白区开始共 113 个模组，每个模组长 0.33mm，条码符号长度为 37.29mm。

③ 中间码两侧的资料码编码规则是不同的，左侧为奇、右侧为偶。奇表示线条的个数为奇数；偶表示线条的个数为偶数。如图 3.12 所示。

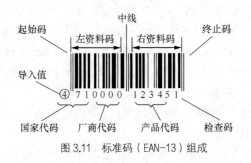

图 3.11 标准码（EAN-13）组成　　图 3.12 UPC-A 码组成

（3）Code39 码，在各类条码应用系统中，Code39 码因其可由数字与字母共同组成，所以它在各行业内部管理上被广泛使用，主要用于工业、图书及票证的自动化管理等。

（4）Codebar 码，库德巴（Codebar）码也可表示数字和字母信息，主要用于医疗卫生、图书情报、物资等领域的自动识别。在血库和照像馆的业务中，Codebar 码也被广泛使用。

一维条形码的译码原理是激光扫描仪通过一个激光二极管发出一束光线，照射到一个旋转的棱镜或来回摆动的镜子上，反射后的光线穿过阅读窗照射到条码表面，光线经过条或空的反射返回阅读器，由一个镜子进行采集、聚焦，通过光电转换器转换成电信号，该信号将通过扫描器或终端上的译码软件进行译码。

4．二维条形码

二维条形码利用某种特定的几何图形按一定规律在平面（二维方向上）上分布成黑白相间的图形来记录数据符号信息，在代码编制上巧妙地利用构成计算机内部逻辑基础的"0""1"比特流的概念，使用若干个与二进制相对应的几何形体来表示文字数值信息，通过图像输入设备或光电扫描设备自动识读来自动处理信息。

二维条形码具有条码技术的一些共性，即每种码制都有其特定的字符集，每个字符都占有一定的宽度，具有一定的校验功能等。同时还具有自动识别不同行的信息的功能以及处理图形旋转变化等特点。

与一维条形码一样，二维条形码也有许多不同的编码方法。根据码制的编码原理，通常可将二维条形码分为以下 3 种类型。

（1）线性堆叠式二维码。线性堆叠式二维码是在一维条形码编码原理的基础上，将多个一维条形码纵向堆叠产生的。典型的码制有 Code 16K、Code 49、PDF417 等。

（2）矩阵式二维条形码。矩阵式二维条形码是在一个矩形空间内通过黑、白像素在矩阵中的不同分布进行编码。典型的码制有 Aztec、Maxi Code、QR Code、Data Matrix 等。

（3）邮政码。邮政码通过不同长度的条进行编码，主要用于邮件编码，如 Postnet、BPO 4-State。

目前，世界上应用最多的二维条码符号有 Aztec Code、PDF147、DataMatrix、QR Code、Code16K 等。图 3.13 所示是常用的二维条码符号示例图。

图 3.13　二维条码

（1）Aztec Code 码。Aztec Code 码于 1995 年由 Hand Held Products 公司的 Dr.Andrew Longacre 设计，它可以对 ASCII 码和扩展 ASCII 码进行编码。Aztec Code 码的容量可从 13 个数字（12 个字母）至 3832 个数字（3067 个字母）。矩阵的大小可以从 15×15～151×151 变化。当使用最高容量和 25% 的纠错级别时，Aztec Code 码可以对 3000 个字符或 3750 个数字进行编码。

（2）PDF417 码。PDF417 码是一种行排式二维条形码，组成条形码的每一个字符由 4 个条和 4 个空（共 17 个模块）构成，故称为 PDF417 码。

PDF417 码是 Symbol 科技公司于 1990 年研制的产品。它是一个多行、连续、可变长、可包含大量数据的符号标识。每个条码有 3～90 行，PDF417 的字符集包括所有 128 个字符，最大数据含量是 1850 个字符。

PDF417 码的特点是信息容量大，根据不同的条空比例、每平方英寸可以容纳 250～1100 个字符。在国际标准的证卡有效面积上（相当于信用卡面积的 2/3，约为 76mm×25mm），PDF417 码可以容纳 1848 个字母字符或 2729 个数字字符，约 500 个汉字信息。这种二维条形码不仅比普通条形码信息的容量高几十倍，而且译码可靠性高，普通条码的译码错误率约为百万分之二左右，而 PDF417 条码的误码率不超过千万分之一。

PDF417 码采用了世界上最先进的数学纠错理论，如果破损面积不超过 50%，条码中由于沾污、破损等情况所丢失的信息，可以照常破译。

PDF417 码的编码范围广，它可以将照片、指纹、掌纹、签字、声音、文字等可数字化的信息进行编码。

PDF417 码具有多重防伪特性，它可以采用密码防伪、软件加密防伪，也可以利用所包含的信息如指纹、照片等进行防伪，因此具有极强的保密防伪性能。

PDF417 码容易制作且成本很低，利用现有的点阵、激光、喷墨、热敏/热转印、制卡机等打印技术，即可在纸张、卡片、PVC、甚至金属表面上印出 PDF417 二维条码。由此增加的费用仅是油墨的成本，因此，人们又称 PDF417 是"零成本"技术。

（3）QR 码。QR 码（Quick Response，QR）即快速反应码，1994 年由日本 Denso-Wave 公司发明。QR 码为目前日本最流行的二维空间条形码。QR 码比普通条形码储存的资料更多，亦无需像普通条形码那样在扫描时需直线对准扫描器。

QR 码符号共有 40 种规格，分别为版本 1、版本 2、…、版本 40。版本 1 的规格为 21 模块×21 模块，版本 2 规格为 25 模块×25 模块，以此类推，每一版本符号比前一版本符号的每边增加 4 个模块，直到版本 40，规格为 177 模块×177 模块。其中级别最高的版本 40 可容纳多达 1850 个大写字母或 2710 个数字或 1108 个字节或 500 多个汉字，比普通条形码信息容量高几十倍。由于 QR 码是高密度编码，信息容量大，所以被广泛采用。

（4）Datamatrix 码。Datamatrix 原名为 Datacode，由美国国际资料公司（International Data Matrix，ID Matrix）于 1989 年发明。Datamatrix 码最大的特点是密度高，它可在仅仅 25mm 的面积上编码 30 个数字。Datamatrix 码采用了复杂的纠错码技术，使其具有超强的抗污染能力。Datamatrix 因提供面积极小而密度又高的标签，且仍可存放合理的资料内容，故特别适用于小零件标识、商品防伪、电路标识等应用中。相对 QR 码而言，Datamatrix 码由于信息容量差异不多，应用简单，被业内称为"简易码"。Datamatrix 码对终端要求不高，30 万像素的手机就可识别。

（5）Code 16K 码。Code 16K 码是一种多层、连续、可变长度的条形码符号，可以表示全部 ASCII 码中的 128 个字符及扩展 ASCII 码。Code 16K 码是于 1988 年由 Laserlight 系统公司的 Ted Williams 推出的第二种二维条形码，它采用 UPC 及 Code128 字符。一个 16 层的 Code 16K 码，可以表示 77 个 ASCII 码或 154 个数字字符。Code 16K 码通过唯一的起始/终止符标识层号，通过字符自校验及两个模 107 的校验字符进行错误校验。

5. 条形码识读

条形码的识读和数据的采集主要是由条形码扫描器来完成的。光电转换器是扫描器的主要部分，它的作用是将光信号转换成电信号。图 3.14 所示是条形码阅读扫描枪实物图。

为了阅读出条形码所代表的信息，需要一套条形码识别系统，该系统由条形码扫描器、放大整形电路、译码接口电路和计算机系统等部分组成，条形码识别系统示意图如图 3.15 所示。

图 3.14 条形码阅读扫描枪

条形码识别系统原理是当扫描器对条形码符号进行扫描时，由扫描器光源发出的光通过光学系统照射到条码符号上；条码符号反射的光经光学系统在光电转换器上成像，光电转换器接收光信号后，产生一个与扫描点处光强度成正比的模拟电压；模拟电压通过整形，转换成矩形波，矩形波信号是一个二进制脉冲信号；再由译码器将二进制的脉冲信号解释成计算机可以采集的数字信号。

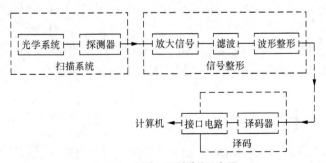

图 3.15 条形码识别系统示意图

3.2.6 磁卡

磁卡是利用磁性载体记录信息，是用来标识身份或具有其他用途的卡片。磁卡与各种读卡器配合作用。

根据使用基材的不同，磁卡可分为 PET 卡、PVC 卡和纸卡 3 种；根据磁层构造的不同，磁卡又可分为磁条卡和全涂磁卡两种。通常，磁卡的一面印刷有说明提示性信息，如插卡方向；另一面则有磁层或磁条。

一般而言，磁卡上的磁带有 3 个磁道，分别为磁道 1、磁道 2 及磁道 3，如图 3.16 所示。每个磁道都记录着不同的信息，这些信息有着不同的应用。此外，也有一些应用系统的磁卡只使用了两个磁道，甚至只有一个磁道。在设计的应用系统中，根据具体情况，可以使用全部的三个磁道或是两个磁道或一个磁道。

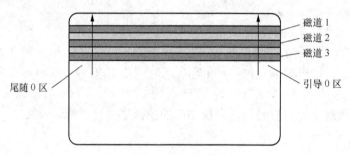

图 3.16 磁卡磁道示意图

磁卡数据可读写，即具有现场改变数据的能力。磁道 1 与磁道 2 是只读磁道，在使用时磁道上记录的信息只能读出而不允许写入或修改；磁道 3 为读写磁道，在使用时可以读出，也可以写入。

磁道 1 可记录数字（0～9）、字母（A～Z）和其他一些符号（如括号、分隔符等），最大可记录 79 个数字或字母。磁道 2 和磁道 3 所记录的字符只能是数字（0～9）。磁道 2 最大可记录 40 个字符，磁道 3 最大可记录 107 个字符。

磁卡存储的数据一般能满足需要、使用方便、成本低廉，这些优点使磁卡的应用领域十分广泛，如人们常用的信用卡、银行 ATM 卡、会员卡、现金卡（如电话磁卡）、机票、公共汽车票、自动售货卡等。

磁卡技术的限制因素是数据存储的时间长短受磁性粒子极性的耐久性限制，另外，磁卡存储数据的安全性一般较低，如磁卡不小心接触磁性物质就可能造成数据的丢失或混乱，卡上信息也容易被盗窃。因此，要提高磁卡存储数据的安全性能，就必须采用另外的相关技术，可能需要增加成本。

随着新技术的发展，安全性能较差的磁卡有逐步被取代的趋势，但是，现有条件下，社会上仍然存在大量的磁卡设备，再加上磁卡技术的成熟和成本较低，在短期内，磁卡技术仍然会在许多领域应用。

3.2.7 RFID 技术

射频识别（Radio Frequency Identification，RFID）是一种非接触式的自动识别技术，主要用来为各种物品建立唯一的身份标识，是物联网的重要支持技术。

RFID 解决方案可按照行业进行分类，如物流、防伪防盗、身份识别、资产管理、动物管理、快捷支付等。

1. RFID 系统组成

典型的 RFID 系统主要由电子标签、阅读器、中间件和应用系统软件组成。一般把中间件和应用软件统称为应用系统。RFID 系统组成结构图如图 3.17 所示。

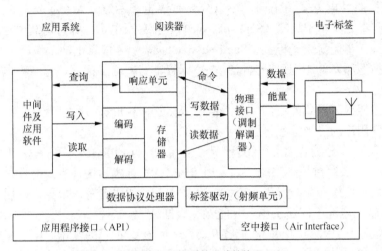

图 3.17　RFID 系统组成结构图

（1）电子标签

电子标签（Electronic Tag）也称智能标签（Smart Tag），电子标签中包含 RFID 芯片和天线。每个电子标签都具有唯一的电子编码，附着在物体上用来标识目标对象。电子标签是 RFID 系统中真正的数据载体。电子标签模块图如图 3.18 所示。

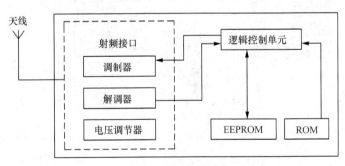

图 3.18　电子标签模块图

电子标签内部各模块的功能如下。

① 天线用来接收由阅读器送来的信号，并把要求的数据传送回阅读器。

② 电压调节器把由阅读器送来的射频信号转换为直流电源，并经大电容存储能量，再由稳压电路提供稳定的电源。

③ 调制器的作用是把逻辑控制电路送出的数据经调制电路调制后加载到天线中并返给阅读器。

④ 解调器的作用是去除载波，取出调制信号。

⑤ 逻辑控制单元依据要求把译码阅读器传送来的信号返回给阅读器。

⑥ 存储单元包括 EEPROM 和 ROM，它用来运行系统及存放识别数据。

系统工作时，阅读器发出查询（能量）信号，标签（无源）在收到查询（能量）信号后将其一部分整流为直流电源供电子标签内的电路工作，一部分能量信号被电子标签内保存的数据信息调制后反射回阅读器。

电子标签按照供电方式的不同，可以分为有源电子标签（Active tag）、无源电子标签（Passive tag）和半无源电子标签（Semi-passive tag）。有源电子标签有内装电池，无源电子标签没有内装电池，半无源电子标签（Semi-passive tag）部分依靠电池工作。

电子标签按照频率的不同可分为低频电子标签、高频电子标签、超高频电子标签和微波电子标签。

电子标签按照封装形式的不同可分为信用卡标签、线形标签、纸状标签、玻璃管标签、圆形标签及特殊用途的异形标签等。

标签的存储方式分为电擦除可编程只读存储器（EEPROM）和静态随机存取存储器（SRAM）两种。一般射频识别系统主要采用 EEPROM 方式，这种方式的缺点是写入过程中的功耗消耗很大，使用寿命一般为 100 000 次。SRAM 能快速写入数据，适用于微波系统，但 SRAM 需要辅助电池不间断供电，才能保存数据。

电子标签根据商家种类的不同能储存从 512B～4MB 不等的数据。电子标签中储存的数据是由系统应用和相应标准决定的。例如，标签能够提供产品生产、运输、存储情况，也可以辨别机器、动物和个体的身份等。电子标签还可以连接到数据库，存储产品库存编号、当前位置、状态、售价和批号等信息。

图 3.19 所示是部分电子标签的天线外形。

图 3.19　电子标签

（2）阅读器

阅读器（Reader）又称读写器。阅读器主要负责与电子标签的双向通信，同时接收来自主机系统的控制指令。阅读器的频率决定了 RFID 系统工作的频段，其功率决定了射频识别的有效距离。阅读器根据使用的结构和技术的不同可以是读或读/写装置，它是 RFID 系统信息的控制和处理中心。

如图 3.20 所示，RFID 阅读器通常由射频接口、逻辑控制单元和天线三部分组成。其中射频接口主要包含发送器和接收器。RFID 阅读器通过天线与 RFID 电子标签进行无线通信，可以实现对标签识别码和内存数据的读出或写入操作。

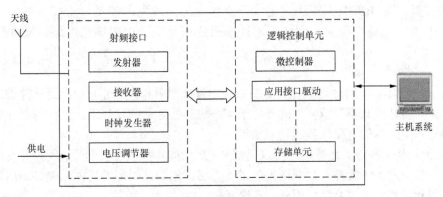

图 3.20 RFID 阅读器

① 射频接口。射频接口模块的主要任务和功能如下。

a. 产生高频发射能量，激活电子标签并为其提供能量；

b. 对发射信号进行调制，将数据传输给电子标签；

c. 接收并调制来自电子标签的射频信号。

注意，在射频接口中有两个分隔开的信号通道，分别用于电子标签和阅读器两个方向的数据传输。

② 逻辑控制单元。逻辑控制单元也称读写模块，主要任务和功能如下。

a. 与应用系统软件进行通信，并执行从应用系统软件发送来的指令；

b. 控制阅读器与电子标签的通信过程；

c. 信号的编码与解码；

d. 对阅读器和标签之间传输的数据进行加密和解密；

e. 执行防碰撞算法；

f. 对阅读器和标签的身份进行验证。

图 3.21 显示了不同类型的阅读器。阅读器可以通过标准网口、RS232 串口或 USB 接口同主机相连，通过天线同 RFID 标签通信。有时为了方便，阅读器和天线及智能终端设备会集成为可移动的手持式阅读器。

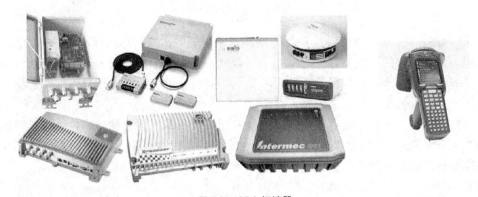

图 3.21 RFID 阅读器

（3）天线

天线是一种能将接收到的电磁波转换为电流信号，或者将电流信号转换成电磁波发射出去的装置。在 RFID 系统中，阅读器必须通过天线发射能量，形成电磁场，并通过电磁场对电子标签进行识别。因此，阅读器天线所形成的电磁场范围即为阅读器的可读区域。

（4）中间件

如图 3.22 所示，中间件是一种独立的系统软件或服务程序。分布式应用软件借助这种软件在不同的技术之间共享资源。中间件位于客户机、服务器的操作系统上，管理计算机资源和网络通信。中间件的主要任务和功能如下。

① 阅读器协调控制。终端用户可以通过 RFID 中间件接口直接配置、监控并发送指令给阅读器。一些 RFID 中间件开发商还提供了支持阅读器即插即用的功能，使终端用户新添加不同类型的阅读器时不需要增加额外的程序代码。

② 数据过滤与处理。当标签信息传输发生错误或有冗余数据产生时，RFID 中间件可以通过一定的算法纠正错误并过滤掉冗余数据。RFID 中间件还可以避免不同的阅读器在读取同一电子标签时发生碰撞，确保了阅读准确性。

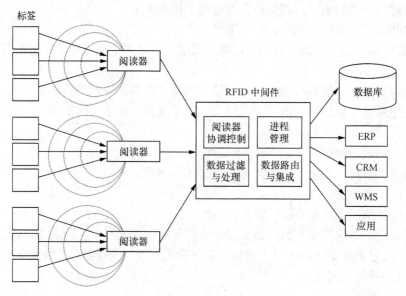

图 3.22　RFID 中间件

③ 数据路由与集成。RFID 中间件能够决定采集到的数据传递给哪一个应用。RFID 中间件可以与企业现有的企业资源计划（ERP）、客户关系管理（CRM）、仓储管理系统（WMS）等软件集成在一起，为它们提供数据路由和集成，同时 RFID 中间件还可以保存数据，分批地给各个应用提交数据。

④ 进程管理。RFID 中间件根据客户定制的任务负责数据的监控与事件的触发。如在仓储管理中，设置 RFID 中间件来监控货品库存的数量，当库存低于设置的标准时，RFID 中间件会触发事件，通知相应的应用软件。

（5）中央信息系统（计算机）

中央信息系统是对识别到的信息进行管理、分析及传输的计算机平台。它一般包含一个存储着所有 RFID 电子标签的数据信息的数据库，用户可以通过中央信息系统查询相关的RFID 电子标签信息。

中央信息系统与 RFID 读写器相连，通过读写器对电子标签中的数据信息进行读取或改写，同时数据库内的数据信息也得以实时更新。

中央信息系统一般和互联网或专网相连接，RFID 电子标签中的数据信息可以得到大范围的共享，用户也可以实现远程操作功能。

2. RFID 系统原理

RFID 系统的基本工作原理是由阅读器通过发射天线发送特定频率的射频信号，当电子标签进入有效工作区域时产生感应电流，从而获得能量被激活，使电子标签将自身编码信息通过内置射频天线发送出去；阅读器的接收天线接收到从标签发送来的调制信号，经天线调节器发送到阅读器信号处理模块，经解调和解码后将有效信息送至后台主机系统进行相关处理；主机系统根据逻辑运算识别该标签的身份，针对不同的设定做出相应的处理和控制，最终发出指令信号控制阅读器完成不同的读写操作。

从电子标签到阅读器之间的通信及能量感应方式来看，系统一般可以分成两类，即电感耦合（Inductive Coupling）系统和电磁反向散射耦合（Backscatter Coupling）系统。电感耦合系统示意图如图 3.23 所示。

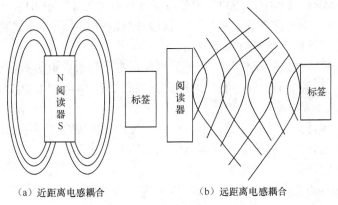

（a）近距离电感耦合　　　　　　（b）远距离电感耦合

图 3.23　电感耦合系统示意图

电感耦合系统通过空间高频交变磁场实现耦合，依据的是电磁感应定律。该方式一般适合于中、低频工作的近距离 RFID 系统，典型工作频率为 125kHz、225kHz 和 13.56MHz。识别作用距离一般小于 1m，典型作用距离为 0cm～20cm。

电磁反向散射耦合系统基于雷达模型，发射出去的电磁波碰到目标后反射，同时携带目标信息，依据的是电磁波的空间传播规律。该方式一般适用于高频、微波工作的远距离 RFID 系统，典型的工作频率为 433MHz、915MHz、2.45GHz 和 5.8GHz。识别作用距离大于 1m，典型作用距离为 4m～6m。

3. RFID 频率

RFID 频率是 RFID 系统的一个很重要的参数指标，它决定了工作原理、通信距离、设备成本、天线形状和应用领域等因素。RFID 典型的工作频率有 125kHz、133kHz、13.56MHz、27.12MHz、433MHz、860MHz～960MHz、2.45GHz 和 5.8GHz 等。按照工作频率的不同，RFID 系统集中在低频、高频和超高频 3 个区域。

（1）低频（LF）

低频范围为 30kHz～300kHz，RFID 典型低频工作频率有 125kHz 和 133kHz 两个。低频标签一般都为无源标签，其工作能量通过电感耦合的方式从阅读器耦合线圈的辐射场中获得，通信范围一般小于 1m。除金属材料影响外，低频信号一般能够穿过任意材料的物品而且还不降低它的读取距离。

低频标签的典型应用有动物识别、容器识别、工具识别、电子门锁防盗（如带有内置应答器的汽车钥匙）等。与低频标签相关的国际标准有 ISO 11784/11785（用于动物识别）、ISO18000-2（125 kHz～135 kHz）。低频标签有多种外观形式，应用于动物识别的低频标签外观有项圈式、耳牌式、注射式、药丸式等。典型的动物应用有牛、信鸽等。

低频标签的主要优势是标签芯片一般采用普通的 CMOS 工艺，具有省电、廉价的特点；工作频率不受无线电频率管制约束；无线电波可以穿透水、有机组织、木材等；非常适合近距离的、低速度的、数据量要求较少的识别应用（如动物识别等）。

低频标签的劣势主要是标签存贮数据量较少；只能适合低速、近距离识别应用，与高频标签相比，标签天线匝数更多，成本更高一些。

（2）高频（HF）

高频范围为 3MHz～30MHz，RFID 典型高频工作频率为 13.56MHz，通信距离一般也小于 1m。该频率的标签不再需要线圈绕制，可以通过腐蚀附着印刷的方式制作标签内的天线，采用电感耦合的方式从阅读器辐射场获取能量。

高频标签由于可方便地做成卡状，典型应用包括电子车票、电子身份证、电子门锁防盗（例如，电子遥控门锁控制器）等。相关的国际标准有 ISO 14443、ISO 15693、ISO 18000-3（13.56MHz）等。

高频标签的基本特点与低频标签相似，由于其工作频率提高，可以选用较高的数据传输速率。射频标签天线设计相对简单，标签一般制成标准卡片形状。

（3）超高频（UHF）

超高频范围为 300MHz～3GHz，3GHz 以上为微波范围。RFID 典型的超高频工作频率为 433MHz、862MHz～928MHz、2.45GHz、5.8GHz。严格意义上，2.45GHz 和 5.8GHz 属于微波范围。超高频标签分为有源标签与无源标签两种，这两种标签都是通过电磁耦合方式同阅读器通信，通信距离一般大于 1m，典型情况为 4m～6m，最大可超过 10m。对于可无线写的射频标签而言，通常情况下，写入距离要小于识读距离，其原因在于写入要求更大的能量。阅读器天线一般均为定向天线，只有在阅读器天线定向波束范围内的射频标签才可被读写。

无源微波射频标签比较成功的产品相对集中在 902MHz～928MHz 工作频段上。

微波射频标签的数据存贮容量一般限定在 2kbits 以内，从技术及应用的角度来说，微波射频标签并不适合作为大量数据的载体，其主要功能是标识物品并完成无接触的识别过程。典型的微波射频标签数据容量指标有 1kbits、128bits、64bits 等。由 Auto-ID Center 制定的产品电子代码 EPC 的容量为 90bits。

微波射频标签的典型应用包括移动车辆识别、电子身份证、仓储物流应用、电子门锁防盗（电子遥控门锁控制器）等。相关的国际标准有 ISO 10374、ISO 18000-4（2.45GHz）、ISO 18000-5（5.8GHz）、ISO 18000-6（860-930 MHz）、ISO 18000-7（433.92 MHz）、ANSI NCITS256-1999 等。

从应用概念来说，射频标签的工作频率也就是射频识别系统的工作频率。

3.3　常用的自动识别技术比较

3.3.1　二维条码与一维条码的比较

在外观上，一维条码是由纵向黑条和白条组成，黑白相间，而且条纹的粗细也不同，通常条纹下还会有英文字母或阿拉伯数字。二维条码通常为方形结构，不仅由横向和纵向的条码组成，而且码区内还会有多边形的图案。同样，二维条码的纹理也是黑白相间，粗细不同，二维条码是点阵形式。

在容量上，一维条码资料密度低、容量小；二维条码密度高，容量大。

在作用上，一维条码可以识别商品的基本信息，如商品名称、价格等，但并不能提供商品更详细的信息，要调用更多的信息，需要电脑数据库进一步配合。二维条码不仅具有识别功能，而且还可显示更详细的商品内容。例如，衣服的二维条码不仅可以显示衣服的名称和价格，还可以显示它采用的是什么材料、每种材料占的百分比、衣服尺寸大小、适合身高多少的人穿着，以及一些洗涤注意事项等内容，无需电脑数据库的配合，简单方便。

在优缺点上，一维码的优点是技术成熟、设备成本低廉、使用广泛；缺点是信息量少、只支持英文或数字，需与电脑数据库结合。二维码优点是可形成点阵图形、信息密度高、数据量大，二维码生成后不可更改，安全性高，且支持多种文字，包括英文、中文、数字等，也可将照片、声音等内容进行数字化编码。

一维条码与二维条码的技术比较如表 3.1 所示。

表 3.1　一维条码与二维条码的技术比较

比较项目	一维条码	二维条码
资料密度与容量	密度低，容量小	密度高，容量大
错误侦测及自我纠正能力	可以对条码进行错误侦测，但没有错误纠正能力	有错误检验及错误纠正能力，并可根据实际应用设置不同的安全等级
垂直方向的资料	不储存资料，垂直方向的高度是为了识读方便，并弥补印刷缺陷或局部损坏	携带资料，可对印刷缺陷或局部损坏等问题采用错误纠正机制来恢复资料
主要用途	主要用于对物品的标识	用于对物品的描述
资料库与网路依赖性	多数场合需依赖资料库及通信网络的存在	可不依赖资料库及通信网络的存在而单独应用
识读设备	可用线扫描器识读，如光笔、线型 CCD、雷射枪等	对于堆叠式可用线型扫描器多次扫描，或可用图像扫描仪识读。对于矩阵式则只能用图像扫描仪识读

3.3.2　自动识别技术比较

条码技术优点是技术简单、成本低廉、可靠性高和读取速度快。缺点是保密性差、无防伪功能、需可视识读、抗恶劣环境能力差。

磁条（卡）技术的优点是使用方便、成本低廉、数据可读写，即具有现场改变数据的能力；存储的数据一般能满足需要，应用领域十分广泛。缺点是数据存储的时间长短受磁性粒子极性的耐久性限制，磁卡存储数据的安全性一般较低。

IC 卡技术优点是存储容量大，安全保密性好，CPU 卡具有数据处理能力，使用寿命长。

语音识别技术优点是不会遗失和忘记、不需记忆、使用方便等，而且用户接受程度高、声音输入设备造价低廉。缺点是识别易受干扰，输入需要较好的环境，成本较高。

RFID 的优点是读取速度快、可靠性高、非接触识别、标签内容可以重写、多件物品可以同时阅读，防伪性能好。缺点是技术复杂、成本高、易受干扰。

常用的自动识别技术性能比较表如表 3.2 所示。

表 3.2　　　　　　　　　　　常用的自动识别技术比较

系统参数	条形码	语音识别	光学识别	生物测量	接触型 IC 卡	RFID
存储容量	1B～100B	/	1B～100B	/	16 KB～64 KB	16 KB～64KB
数据密度	小	高	小	高	很高	很高
机器可读性	好	费时	好	费时	好	好
个人可读性	受限	容易	容易	困难	不可能	不可能
受污染影响	严重	/	严重	/	可能	无影响
光遮影响	失效	/	失效	可能	/	无影响
方向位置影响	很小	/	很小	/	一个方向	无影响
磨损	有条件	/	有条件	/	接触	无影响
购置费	很少	很高	一般	很高	很少	一般
非允许篡改	容易	可能	容易	不可能	不可能	不可能
阅读速度	4s	>5s	3s	>5s	4s	0.5s
使用距离	0 cm～50cm	0 cm～50cm	<1cm	接触	接触	0 m～5m
智能化	无	/	无	/	有	有
读写性能	可读	可读	可读	可读	可读写	可读写
多标签同时识别	不能	不能	不能	不能	不能	能

3.4　RFID 标准体系

在物联网技术领域，目前存在着不同的标识体系和标准。随着国际上对物联网的研究，物联网的标识体系和标准逐渐明朗起来，现在 RFID 技术存在 3 个标准体系，即 ISO 标准体系、EPC Global 标准体系和 Ubiquitous ID 标准体系。

3.4.1　ISO/IEC 的 RFID 标准体系

ISO/IEC 的 RFID 标准体系由国际标准化组织（International Standards Organization，ISO）和国际电工委员会（International Electrotechnical Commission，IEC）负责制定。RFID 标准化的主要目的在于通过制定、发布和实施标准，解决编码、通信、空中接口和数据共享等问题，最大程度地促进 RFID 技术及相关系统的应用。

ISO/IEC 已出台的 RFID 标准主要关注基本的模块构建、空中接口、涉及的数据结构及其实施问题。它们具体可以分为技术标准（如射频识别技术、IC 卡标准等）、数据内容与编码标准（如编码格式、语法标准等）、性能与一致性标准（如测试规范等标准）、应用标准（如船运标签、产品包装标准等）四个方面。

在 ISO 有关 RFID 协议中，按照信息流向可以表述为以下层次关系，如图 3.24 所示。

ISO/IEC 的 RFID 标准思想，既保证了 RFID 技术的互通与互操作性，又兼顾了应用领域的特点，能够很好地满足应用领域的具体要求。

3.4.2　EPC global 的 RFID 标准体系

EPC global 是由美国统一代码协会（UCC）和国际物品编码协会（EAN）于 2003 年 9 月共同成立的非营利性组织。

EPC global 以推广 RFID 电子标签的网络化应用为宗旨，继承了 Auto-ID 中心行业内企业的技术标准制订工作，研究统一标准并推动商业应用，此外还负责 EPC global 号码注册管理。

EPC 概念的提出源于射频识别技术和计算机网络技术的发展。EPC 的标准由 EPC global 建立和推动，主要面向物流供应链领域。EPC 系统的最终目标是为每一商品建立全球的、开放的标识标准。

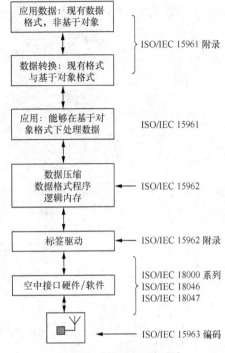

图 3.24　信息流向层次关系

EPC Global 提出的"物联网"体系架构主要由 EPC 编码体系统、射频识别系统和信息网络系统组成，具体包括 EPC 编码、EPC 标签、读写器、EPC 中间件、对象名称解析服务和 EPC 信息服务 6 个方面，如表 3.3 所示。

表 3.3　EPC 系统的构成表

系统构成	名称	注释
EPC 编码体系	EPC 编码	用来标识目标的特定代码
射频识别系统	EPC 标签	贴在物品之上或者内嵌在物品之中
	读写器	识读 EPC 标签
信息网络系统	EPC 中间件	EPC 系统的软件支持系统
	对象名称解析服务（Object Naming Service，ONS）	
	EPC 信息服务（EPC Information Service，EPCIS）	

EPC 是赋予物品的唯一的电子编码，其位长通常为 64 位或 96 位，也可扩展为 256 位。对不同的应用，规定 EPC 有不同的编码格式，主要存放企业代码、商品代码和序列号等信息。最新的 GEN2 标准的 EPC 编码可兼容多种编码。EPC 中间件对读取到的 EPC 编码进行过滤和容错等处理后，将编码输入到企业的业务系统中。EPC 通过定义与读写器的通用接口（API）来实现与不同制造商的读写器兼容。ONS 服务器根据 EPC 编码及用户需求进行解析，以确定与 EPC 编码相关的信息存放在哪个 EPCIS 服务器上。EPCIS 服务器存储并提供与 EPC 相关的各种信息，这些信息通常以 PML 的格式存储，这些信息也可以存放于关系数据库中。EPC 系统的信息网络系统是在全球互联网的基础上，通过 EPC 中间件、对象名称解析服务和 EPC 信息服务来实现全球"实物互联"或是"物联网"。

EPC 系统的工作流程如图 3.25 所示。

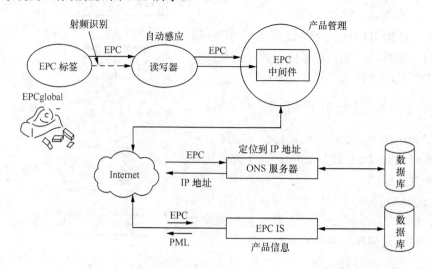

图 3.25 EPC 系统的工作流程

与 ISO 通用性 RFID 标准相比，EPC global 标准体系面向物流供应链领域，可以看成是一个应用标准。

3.4.3 UID 的 RFID 标准体系

UID（Ubiquitous ID Center）由日本政府的经济产业省牵头，且主要由日本厂商组成，目前已有日本电子厂商、信息企业和印刷公司等达 300 多家参与。UID 识别中心实际上就是日本有关电子标签的标准化组织。

日本泛在中心制定类似于 EPC global 的 RFID 相关标准的思路，它的目标也是构建一个完整的标准体系，即从编码体系、空中接口协议到泛在网络体系结构，但是每一个部分的具体内容存在差异。

日本泛在中心为了制定具有自主知识产权的 RFID 标准，在编码方面制定了 Ucode 编码体系，它能够兼容日本已有的编码体系，同时也能兼容国际其他的编码体系；在空中接口方面积极参与 ISO 的标准制定工作，也尽量考虑与 ISO 相关标准兼容；在信息共享方面主要依赖于日本的泛在网络，它可以独立于因特网实现信息的共享。

UID 的泛在识别技术体系架构由泛在识别码（Ucode）、信息系统服务器、泛在通信器和 Ucode 解析服务器 4 个部分构成。

Ucode 赋予现实世界中任何物理对象唯一的识别码。它具备 128 位的充裕容量，并可以用 128 位为单元进一步扩展容量至 256 位、384 位或 512 位。Ucode 的最大优势是能包容现有编码体系的元编码设计，可以兼容多种编码。Ucode 标签具有多种形式，包括条码、射频标签、智能卡、有源芯片等。泛在识别中心把标签进行分类，设立了 9 个级别的不同认证标准。

信息系统服务器存储并提供与 Ucode 相关的各种信息。

Ucode 解析服务器确定与 Ucode 相关的信息存放在哪个信息系统服务器上。Ucode 解析服务器的通信协议为 Ucode RP 和 eTP，其中 eTP 是基于 eTron（PKI）的密码认证通信协议。

泛在通信器主要由 IC 标签、标签读写器和无线广域通信设备等部分构成,用来把读到的 Ucode 送至 Ucode 解析服务器,并从信息系统服务器获得有关信息。

泛在识别中心对网络和应用安全问题非常重视,针对未来可能出现的安全问题(如截听和非法读取等)采取措施,当节点进行信息交换时需要相互认证,而且通信内容是加密的,避免非法阅读。

UID 与 EPC global 的物联网还是有区别的。EPC 采用业务链的方式,面向企业,面向产品信息的流动(物联网),比较强调与互联网的结合。UID 采用扁平式信息采集分析方式,强调信息的获取与分析,比较强调前端的微型化与集成。

日本 UID 标准和欧美 EPC 标准,都主要涉及产品电子编码、射频识别系统及信息网络系统 3 个部分,二者的思路在大多数层面上都是一致的。但是它们在使用无线频段、信息位数和应用领域等方面有许多不同点。例如,日本的电子标签采用的频段为 2.45GHz 和 13.56MHz,欧美的 EPC 标准采用,902 MHz～928MHz 的,日本的电子标签的信息位数为 128 位,EPC 标准的位数为 96 位。在 RFID 技术的普及战略方面,EPC global 将应用领域限定在物流领域,着重于大规模应用;而 UID Center 则致力于 RFID 技术在人类生产和生活的各个领域中的应用,通过丰富的应用案例来推进 RFID 技术的普及。

思考与练习

一、简述题

1. 简述自动识别技术原理与应用。自动识别技术包含哪些主要的识别技术?
2. 一个完整的自动识别计算机管理系统包括哪几部分?
3. 简述 IC 卡应用系统的组成。
4. 简述 IC 卡的分类与应用领域。
5. 什么是条形码技术?条形码的码制有哪些?
6. 简述 RFID 系统的组成与工作原理。

二、单选题

1. 自动识别系统完成系统的(　　)。
   A. 采集和存储　　　　　　　　B. 数据进行应用处理
   C. 数据传输　　　　　　　　　D. 数据识别
2. 语音识别技术中不包括下面哪项(　　)。
   A. 特征提取技术　　　　　　　B. 模式匹配准则
   C. 模型训练技术　　　　　　　D. 语言技术
3. 按照与外界数据传送的形式来分,IC 卡可分为接触式和(　　)。
   A. 存储器卡　　B. CPU 卡　　　C. 非接触式　　　D. 逻辑加密卡
4. CPU 卡一般采用(　　)与外界交换信息,卡芯片引脚较少,易于封装和接口。
   A. 主动方式　　B. 串行方式　　C. 并行方式　　　D. 被动方式
5. (　　)工作频率是 30kHz-300kHz。
   A. 低频电子标签　　　　　　　B. 高频电子标签
   C. 特高频电子标签　　　　　　D. 微波标签

6. 二维码目前不能表示的数据类型是（　　　）。

    A. 文字　　　　　B. 数字　　　　　C. 二进制　　　　　D. 视频

7. （　　　）抗损性强、可折叠、可局部穿孔、可局部切割。

    A. 二维条码　　　B. 磁卡　　　　　C. IC 卡　　　　　D. 光卡

8. 矩阵式二维条码有（　　　）。

    A. PDF417　　　　B. CODE49　　　　C. CODE 16K　　　D. QR Code

9. 行排式二维条码有（　　　）。

    A. PDF417　　　　B. QR Code　　　　C. Data Matrix　　D. Maxi Code

10. PDF417 条码由（　　　）个条和 4 个空共 17 个模块构成，所以称为 PDF417 条码。

    A. 4　　　　　　　B. 5　　　　　　　C. 6　　　　　　　D. 7

11. （　　　）对接收的信号进行解调和译码然后送到后台软件系统处理。

    A. 射频卡　　　　B. 读写器　　　　C. 天线　　　　　D. 中间件

12. 低频 RFID 卡的作用距离是（　　　）。

    A. 小于 10cm　　B. 1cm～20cm　　C. 3m～8m　　　　D. 大于 10m

13. 超高频 RFID 卡的作用距离是（　　　）。

    A. 小于 10cm　　B. 1cm～20cm　　C. 3m～8m　　　　D. 大于 10m

14. RFID 卡的读取方式为（　　　）。

    A. CCD 或光束扫描　　　　　　　　B. 电磁转换

    C. 无线通信　　　　　　　　　　　D. 电擦除、写入

15. RFID 卡（　　　）可分为：有源（Active）标签和无源（Passive）标签。

    A. 按供电方式分　　　　　　　　　B. 按工作频率分

    C. 按通信方式分　　　　　　　　　D. 按标签芯片分

16. RFID 卡（　　　）可分为：主动式标签（TTF）和被动式标签（RTF）。

    A. 按供电方式分　　　　　　　　　B. 按工作频率分

    C. 按通信方式分　　　　　　　　　D. 按标签芯片分

17. RFID 硬件部分不包括（　　　）。

    A. 读写器　　　　B. 天线　　　　　C. 二维码　　　　D. 电子标签

三、**多选题**（在每小题列出的几个备选项中至少有两个符合题目要求，请将其选项序号填写在题后括号内）

1. IBM 智能地球战略的主要构成部分是（　　　）。

    A. 应用软件　　　　　　　　　　　B. RFID 标签

    C. 实时信息处理软件　　　　　　　D. 传感器

2. 一个完整的自动识别计算机管理系统包括（　　　）。

    A. 自动识别系统　　　　　　　　　B. 应用程序接口或者中间件

    C. RFID 标签　　　　　　　　　　D. 应用系统软件

3. CPU 卡的硬件构成主要包括（　　　）。

    A. CPU　　　　　　　　　　　　　B. 存储器

    C. 卡与读写终端通信的 I/O 接口　　D. 加密运算协处理器 CAU

4. 基于四大技术的物联网支柱产业群包括（　　　）。

    A. RFID 从业人员　　　　　　　　B. 传感网从业人员

  C．M2M 人群   D．工业信息化人群

5．中国物联网校企联盟认为自动识别技术包含下面哪些技术？（ ）

  A．光符号识别技术   B．语音识别技术

  C．生物计量识别技术   D．IC 卡技术、条形码技术和 RFID 技术

6．衡量一个 OCR 系统性能好坏的主要指标有（ ）。

  A．拒识率   B．误识率   C．识别速度   D．用户界面的友好性

7．语音识别技术主要包括下面哪几部分？（ ）

  A．特征提取技术   B．模式匹配准则

  C．模型训练技术   D．语言识别速度

8．指纹识别的流程含有下面哪几部分？（ ）

  A．指纹图像采集   B．指纹图像处理

  C．特征提取   D．特征值的比对与匹配等过程

9．IC 卡一出现，就以其超小的体积，先进的集成电路芯片技术，以及特殊的保密措施和无法被破译、仿造的特点受到普遍欢迎。40 年来，已被广泛应用于（ ）。

  A．金融   B．交通

  C．通信   D．医疗和身份证明等众多领域

10．下面属于一维条形码的是（ ）。

  A．EAN 码 B．UPC 码   C．Code39 码 D．Code 16K

11．下面属于线性堆叠式二维条形码的是（ ）。

  A．Code 16K B．UPC 码   C．Code 49   D．PDF417

12．下面属于矩阵式二维条形码的是（ ）。

  A．Aztec   B．Maxi Code C．QR Code D．Data Matrix

第 **4** 章　感知与无线传感技术

本章主要内容

本章首先概要地介绍了传感器的定义与功能、组成与工作原理、传感器的特性与发展趋势，然后介绍了传感器的分类与应用，最后介绍了无线传感网技术等内容。

本章建议教学学时

本章建议教学为 4 学时。

- 传感器的定义与功能、组成与工作原理　　　　1.5 学时；
- 传感器的分类与应用　　　　　　　　　　　　1 学时；
- 无线传感网技术　　　　　　　　　　　　　　1.5 学时。

本章教学要求

要求了解传感器的定义与功能，掌握传感器的组成与工作原理，了解传感器的分类与应用，熟悉无线传感网技术与应用。

4.1　物联网传感器概述

4.1.1　传感器的定义与功能

1. 传感器定义

广义地来说，传感器是一种能把物理量或化学量转变成便于利用的电信号的器件。国际电工委员会（International Electrotechnical Committee，IEC）对传感器的定义为"传感器是测量系统中的一种前置部件，它将输入变量转换成可供测量的信号，而传感器系统则是组合有某种信息处理（模拟或数字）能力的系统"。传感器是传感器系统的一个组成部分，它是被测量信号输入的第一道关口，也是实现自动检测和自动控制的首要环节。

传感器系统的框图如图 4.1 所示，由于进入传感器的信号幅度很小，还混杂干扰信号和噪声，所以，首先要将信号整形成具有最佳特性的波形，有时还需要将信号线性化。将信号进行整形或线性化的工作是由放大器、滤波器及其他一些模拟电路来完成的。在某些情况下，模拟电路的一部分和传感器部件直接相邻，整形后的信号随后由模数转换器（A/D）转换成数字信号，并输入到微处理器。

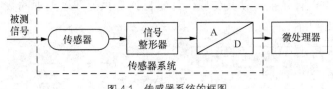

图 4.1 传感器系统的框图

2. 传感器功能

在信息时代，人们的社会活动主要依靠对信息资源的开发及获取、传输与处理。传感器是获取自然领域中的信息的主要途径与手段，是现代科学的中枢神经系统。传感器处于研究对象与测控系统的接口位置，一切科学研究和生产过程所要获取的信息都要通过传感器转换为容易传输和处理的电信号。

如果把计算机比喻为处理和识别信息的"大脑"，把通信系统比喻为传递信息的"神经系统"，那么，传感器就是感知和获取信息的"感觉器官"。

人们将各种物理效应和工作机理用于制作不同功能的传感器，而且其中传感器包含的处理过程也在日益完善。人们常将传感器的功能与人类五大感觉器官相比：光敏传感器对应视觉，声敏传感器对应听觉，气敏传感器对应嗅觉，化学传感器对应味觉，压敏、温敏、流体传感器对应触觉。与传感器相比，人类的感觉能力要好得多，但也有一些传感器比人的感觉功能优越，例如，人类没有能力感知紫外或红外线辐射，感觉不到电磁场、无色无味的气体等，但传感器却可以感知。

在物联网中，传感器的作用尤为突出，它是收集信息的主要设备，也是各种信息处理系统获取信息重要途径。感知识别技术融合了物理世界和信息世界，是物联网区别于其他网络最独特的部分。

4.1.2 传感器的组成与工作原理

传感器利用各种机制把被观测量转换为一定形式的电信号，然后由相应的信号处理装置来处理，并产生响应的动作。

传感器主要由敏感元件、转换元件、信号调节与转换电路 3 个部分组成，如图 4.2 所示。

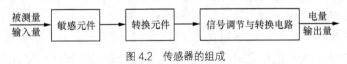

图 4.2 传感器的组成

敏感元件是直接感受被测量对象（一般为非电量），并输出与被测量对象成确定关系的其他量（一般为电量）的元件。

转换元件又称传感元件，一般情况下，它不直接感受被测量，而是将敏感元件的输出量转换为电量输出。

信号调节与转换电路把传感元件输出的电信号转换为便于显示、记录、处理和控制的有用电信号的电路。

传感器接口技术是非常实用、重要的技术。各种物理量用传感器将其变成电信号，经由放大、滤波、干扰抑制、多路转换等信号检测和预处理电路，将模拟量的电压或电流送到数模转换器（A/D）上进行转换，使其变成供计算机或者微处理器处理的数字量。传感器接口电路结构图如图 4.3 所示。

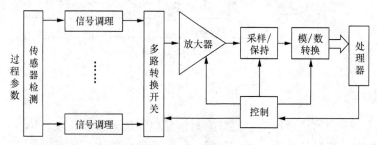

图 4.3　传感器接口电路结构图

4.1.3　传感器的特性

人们在研究、使用传感器时，对传感器设定了许多技术要求，有一些对所有类型的传感器都适用，也有只对特定类型传感器适用的特殊要求。针对传感器的工作原理和结构，在不同场合中的应用均需要满足的基本要求是具有高灵敏度、抗干扰的稳定性、线性、容易调节、高精度、高可靠性、无迟滞性、耐用性、可重复性抗老化、高响应速率、抗环境影响的能力、选择性、安全性、互换性、低成本、宽测量范围、小尺寸、重量轻和高强度、宽工作温度范围等特点。

传感器的基本特性是指传感器的输入量与输出量的关系特性。输入信号分为稳态与动态两种，因此与它所对应的传感器特性也分为静态特性和动态特性。

1. 传感器的静态特性

静态特性是指检测系统的输入信号为不随时间变化的恒定信号时，系统的输出量与输入量之间的关系。主要包括线性度、灵敏度、迟滞、重复性、漂移、测量范围、量程、精度、分辨率和阈值以及稳定性等特性。

（1）线性度。线性度是指传感器输出量与输入量之间的实际关系曲线偏离拟合直线的程度。

（2）灵敏度。灵敏度是传感器静态特性的一个重要指标。它定义为输出量的增量 Δy 与引起该增量变化的相应输入量的增量 Δx 之比。它表示单位输入量的变化所引起传感器输出量的变化情况，显然，灵敏度 S 值越大，表示传感器越灵敏。

（3）迟滞。传感器在输入量由小到大（正行程）及输入量由大到小（反行程）变化期间，其输入输出特性曲线不重合的现象则称为迟滞。也就是说，对于同一大小的输入信号，传感器的正反行程输出信号大小不相等，这个差值称为迟滞差值。

（4）重复性。重复性是指传感器在输入量按同一方向作全量程连续多次变化时，所得的特性曲线不一致的程度。

（5）漂移。传感器的漂移是指在输入量不变的情况下，传感器的输出量随着时间变化而变化，此现象称为漂移。产生漂移的原因有两个：一是传感器自身结构参数；二是周围环境的影响（如温度、湿度等）。

最常见的漂移是温度漂移，即周围环境温度变化而引起输出量的变化，温度漂移主要表现为温度零点漂移和温度灵敏度漂移。温度漂移通常用传感器工作环境温度偏离标准环境温度（一般为 20℃）时的输出值的变化量与温度变化量之比来表示。

（6）测量范围。传感器所能测量到的最小输入量与最大输入量之间的范围称为传感器的测量范围。

（7）量程。传感器测量范围的上限值与下限值的代数差，称为量程。

（8）精度。传感器的精度是指测量结果的可靠程度，是测量中各类误差的综合反映，测量误差越小，传感器的精度越高。

工程技术中为简化传感器精度的表示方法，引用了精度等级的概念。精度等级以一系列标准百分比数值进行分档表示，代表传感器测量的最大允许误差。

（9）分辨率和阈值。传感器能检测到输入量最小变化量的能力称为分辨率。对于某些传感器（如电位器式传感器），当输入量连续变化时，输出量只做阶梯变化，则分辨率就是输出量中每个"阶梯"所代表的输入量的大小。对于数字式仪表，分辨率就是仪表指示值的最后一位数字所代表的值。当被测量的变化量小于分辨率时，数字式仪表的最后一位数不变，仍指示原值。当分辨率以满量程输出的百分数形式表示时则称为分辨率。

阈值是指能使传感器的输出端产生可测变化量的最小被测输入量的值，即零点附近的分辨率。有的传感器在零点附近有严重的非线性，形成所谓"死区"（dead band），则可将死区的大小作为阈值；更多情况下，阈值主要取决于传感器噪音的大小，因而有的传感器只给出噪音电平。

（10）稳定性。稳定性表示传感器在一个较长时间内保持其性能参数的能力。一般在室温条件下并经过规定的时间间隔后，用传感器的输出与起始标定时的输出之间的差异，称为稳定性误差。稳定性误差可用相对误差表示，也可用绝对误差表示。

2．传感器的动态特性

传感器的输入信号如果是随时间变化的动态信号，那么，就要求传感器能时刻精确地跟踪输入信号，按照输入信号的变化规律输出信号。在使用过程中，通常要求传感器不仅能精确地显示被测量的大小，而且还能复现被测量随时间变化的规律，这也是传感器的重要特性之一。

传感器的动态特性与其输入信号的变化形式密切相关，在研究传感器动态特性时，通常根据不同输入信号的变化规律来考察传感器的响应。实际传感器输入信号随时间变化的形式可能是多种多样的，最常见、最典型的输入信号是阶跃信号和正弦信号。

当输入阶跃信号时，传感器的响应称为阶跃响应或瞬态响应，它是指传感器在瞬变的非周期信号作用下的响应特性。如果传感器能复现这种信号，那么它就能很容易地复现其他种类的输入信号，其动态性能指标也必定会令人满意。

当输入正弦信号时，传感器的响应则称为频率响应或稳态响应。它是指传感器在振幅稳定不变的正弦信号作用下的响应特性。稳态响应的重要性在于工程上所遇到的各种非电信号的变化曲线都可以被展开成傅氏级数（Fourier）或进行傅里叶变换，即可以用一系列正弦曲线的叠加来表示原曲线。因此，当已知传感器对正弦信号的响应特性后，也就可以判断它对各种复杂变化曲线的响应了。

为便于分析传感器的动态特性，必须建立动态数学模型。建立动态数学模型的方法有多种，如微分方程、传递函数、频率响应函数、差分方程、状态方程、脉冲响应函数等。建立微分方程是对传感器动态特性进行数学描述的基本方法。在忽略了一些影响不大的非线性和随机变化的复杂因素后，可将传感器作为线性定常系统来考虑，因此其动态数学模型可用线性常系数微分方程来表示。能用一阶、二阶线性微分方程来描述的传感器分别称为一阶、二阶传感器。虽然传感器的种类和形式很多，但它们一般都可以简化为一阶或二阶环节的传感器（高阶可以分解成若干个低阶环节），因此，一阶和二阶传感器是最基本的传感器。

4.1.4 传感器的发展趋势

根据对国内外传感器技术的研究现状分析，以及对传感器各性能参数的理想化要求，现代传感器技术的发展趋势可以从以下 4 个方面来分析概括。

1. 新材料的开发与应用

材料是传感器技术的重要基础和前提，它是传感器技术升级的重要支撑。目前除传统的半导体材料、陶瓷材料、光导材料、超导材料以外，新型的纳米材料的诞生更有利于传感器向微型方向发展。

半导体材料在敏感技术中占有较大的技术优势，半导体传感器不仅灵敏度高、响应速度快、体积小、质量轻，而且便于实现集成化，在今后的一个时期，仍将占有主要地位。

以一定化学成分组成、经过成型及烧结的功能性陶瓷材料，其最大的特点是耐热性好，在敏感技术发展中具有很大的潜力。

此外，采用功能金属、功能有机聚合物、非晶态、固体、薄膜等材料，都可进一步提高传感器的产品质量、降低生产成本。

2. 传感器的集成化、多功能化及智能化

传感器的集成化分为传感器本身的集成化、传感器与后续电路的集成化。前者是在同一芯片上，或将众多同一类型的单个传感器件集成一维线型、二维阵列（面）型传感器，使传感器的检测参数由点到面到体进行多维图像化，甚至能加上时序，变单参数检测为多参数检测；后者是将传感器与调理、补偿等电路集成一体化，使传感器由单一的信号变换功能，扩展为兼有放大、运算、干扰补偿等多功能的传感器。目前集成化传感器主要使用硅，它可以制作电路，又可制作磁敏、力敏、温敏、光敏和离子敏等器件。

智能化传感器是 20 世纪 80 年代末出现的另外一种涉及多种学科的新型传感器系统。此类传感器系统一经问世即刻受到科研界的普遍重视，尤其在探测器应用领域，如在分布式实时探测、网络探测和多信号探测等方面一直颇受欢迎，产生的影响巨大。

3. 传感器微小型化

随着社会的发展，人们对信息的需求量越来越大，对信号采集的要求也越来越高，传统的大体积弱功能的传感器很难满足要求，因此，它们已逐步被各种不同类型的高性能微型传感器取代。微型传感器主要由硅构成，具有体积小、重量轻、反应快、灵敏度高以及成本低等优点。

目前，开发并进入实用阶段的微型传感器已可以用来测量各种物理量、化学量和生物量，如位移、速度、加速度、压力、应力、应变、声、光、电、磁、热、pH 值、离子浓度及生物分子浓度等。

4. 传感器的无线网络化

把无线网络与传感器结合起来，提出无线传感器网络的概念，是近几年才发生的事情。

无线传感器网络的主要组成部分就是一个个传感器节点。每一个节点都是一个可以进行快速运算的微型计算机，它们将传感器收集到的信息转化成数字信号，并进行编码，然后，通过节点与节点之间自行建立的无线网络，将编码后的数字信号发送给具有更大处理能力的服务器。传感器网络是当前国际上备受关注的、由多学科高度交叉的新兴前沿研究热点领域，被认为是对 21 世纪产生巨大影响力的技术之一。

传感器行业的发展已经进入一个新的时代，网络传感器、生物传感器、纳米传感器等更尖端的传感器已进入国内市场，进入我们的生活。当前传感器系统正向着微小型化、智能化、多功能化和网络化的方向发展。今后，随着计算机辅助设计（Computer Aided Design，CAD）技术、微电子机械系统（Micro Electro Mechanical System，MEMS）技术、信息理论及数据分析算法的继续发展，未来的传感器系统必将变得更加微型化、综合化、多功能化、智能化和系统化。

4.1.5　制约物联网传感器性能提升的因素

目前制约物联网传感器性能提升的因素主要表现在以下 3 个方面。

（1）功耗的制约。由于无线传感器节点一般被部署在野外，与以往的传感器通过有线供电不同，其硬件设计必须以节能为重要设计目标。

（2）价格的制约。由于无线传感器节点一般需要大量组网，才能完成特定的功能，所以其硬件设计必须以廉价为重要设计目标。

（3）体积的制约。由于无线传感器节点一般要求容易携带、易于部署，所以其硬件设计必须以微型化为重要设计目标。

4.2　物联网传感器分类

传感器的种类繁多，往往同一种被测量可以用不同类型的传感器来测量，而同一原理的传感器又可测量多种物理量，因此，传感器有许多种分类方法。例如，按构成原理可分为结构型和物性型传感器；按能量关系可分为能量转换型（自源型）和能量控制型（外源型）传感器；按应用场合不同可分为工业用、农用、军用、医用、科研用、环保用和家电用传感器；按具体的使用场合，还可分为汽车用、船舶用、飞机用、宇宙飞船用、防灾用传感器；根据使用目的的不同，又可分为计测用、监视用、侦察用、诊断用、控制用和分析用传感器。下面介绍传感器几种常规的分类。

4.2.1　按传感器工作原理分类

根据工作原理，传感器可分为物理传感器和化学传感器两大类，其分类如图 4.4 所示。这种分类有利于研究、设计传感器，也有利于对传感器的工作原理进行阐述。

物理传感器应用的是物理效应，例如，基于变磁阻类原理的传感器有电感式、差动变压器式、涡流式等；基于变电容类原理的传感器有电容式、湿敏式等；基于变谐振频率类原理的传感器有振动膜式等；基于变电荷类原理的传感器有压电式等；基于变电势类原理的传感器有霍尔式、感应式、热电偶式等。物理传感器中被测信号量的微小变化都将被转换成电信号。

化学传感器包括以化学吸附、电化学反应等现象为因果关系的传感器，被测信号量的微小变化也将转换成电信号。

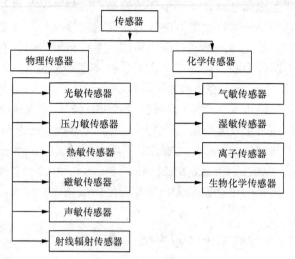

图 4.4 按传感器工作原理的分类

表 4.1 所示列出了常见传感器的工作原理和它们对应的应用领域。

表 4.1   常见传感器的工作原理和应用领域

传感器	工作原理	可被测定的非电学量
力敏电阻、热敏电阻、光敏电阻	阻值变化	力、重量、压力、加速度、温度、湿度、气体
电容传感器	电容量变化	力、重量、压力、加速度、液面、湿度
电感传感器	电感量变化	力、重量、压力、加速度、转矩、磁场
霍尔传感器	霍尔效应	力、旋进度、角度、磁场
压电传感器、超声波传感器	压电效应	压力、加速度、距离
热电传感器	热电效应	烟雾、明火、热分布
光电传感器	光电效应	辐射、角度、旋转数、位移、转矩

4.2.2 传感器其他分类

1. 按被测量分类

按照被测量分类，可分为力学量、光学量、磁学量、几何学量、运动学量、流速与流量、液面、热学量、化学量、生物量等传感器。这种分类有利于选择传感器并应用传感器。

在热工量方面应用的有温度、热量、比热、压力、压差、真空度、流量、流速、风速等传感器。

在机械量方面应用的有位移、尺寸、形状、力、应力、力矩、振动、加速度、噪声、角度、表面粗糙度等传感器。

在物理量方面应用的有黏度、温度、密度等传感器。

在化学量方面应用的有气体（液体）化学成分、浓度、盐度等传感器。

在生物量方面应用的有心音、血压、体温、气流量、心电流、眼压、脑电波等传感器。

在光学量方面应用的有光强、光通量等传感器。

2. 按敏感材料不同分类

按敏感材料不同可分为半导体、陶瓷、石英、光导纤维、金属、有机材料、高分子材料等传感器。这种分类法可分出很多种类。

3. 按传感器输出信号的性质分类

按传感器输出信号的性质分类，传感器可分为输出量为开关量（"1"和"0"或"开"和"关"）的开关型传感器、输出量为模拟型传感器（电压与电流信号）、输出量为脉冲或代码的数字型传感器等。其中数字传感器便于与计算机联用，且抗干扰性较强，例如脉冲盘式角度数字传感器、光栅传感器等。传感器数字化是今后的发展趋势。

传感器的分类如表 4.2 所示。

表 4.2　　　　　　　　　　　　　　传感器的分类

分类法	型式	说明
按被测量（输入量）	位移、压力、温度、流量、加速度等	以被测量命名（即按用途分类）
按工作原理	电阻式、热电式、光电式等	以传感器转换信号的工作原理命名
敏感材料不同	半导体、陶瓷、石英、光导纤维、金属、有机材料、高分子材料等	以传感器制造材料命名
按输出信号形式	模拟式	输出为模拟信号
	数字式	输出为数字信号
按基本效应	物理型、化学型、生物型等	分别以转换中的物理效应、化学效应等命名
按构成原理	结构型	以转换元件结构参数变化实现信号转换
	物性型	以转换元件物理特性变化实现信号转换
按能量关系	能量转换型（自源型）	传感器输出量直接由被测量能量转换而得
	能量控制型（外源型）	传感器输出量能量由外源供给，但受被测输入量控制

4.3　常用传感器介绍

常用的传感器包括温度、压力、湿度、光电和霍尔磁性传感器等。不同的传感器在不同的场合能够发挥它们独特的用途。

4.3.1　热电式传感器

热电式传感器是一种能将温度变化转换为电量变化的装置。它利用敏感元件的电参数随温度变化的特性，对温度、与温度有关的参量进行测量，它是众多传感器中应用最广泛、发展最快的传感器之一。

根据热电式传感器的热电效应、热阻效应、热辐射、导磁率随温度变化等主要物理原理，按照工作原理可将热电式传感器划分为热电偶、热敏电阻、PN 结型测温传感器、辐射高温计等几种类型。

常见的温度传感器包括热敏电阻、半导体温度传感器等。

1．热敏电阻

热敏电阻是利用某种半导体材料的电阻率随温度变化而变化的性质制成的。热敏电阻可以用于设备的过热保护和温控报警等。

在温度传感器中应用最多的有热电偶、热电阻（如铂、铜电阻温度计等）和热敏电阻。热敏电阻发展最快，由于其性能不断改进，稳定性已大幅度提高，在许多场合下（-40℃～350℃），热敏电阻已逐渐取代传统的温度传感器。

热敏电阻的种类很多，分类方法也不相同。按热敏电阻的阻值与温度关系的特性可分为以下 3 种。

（1）正温度系数热敏电阻（PTC）

电阻值随温度升高而增大的电阻，简称 PTC 热敏阻。它的主要材料是掺杂 $BaTiO_3$ 的半导体陶瓷。

（2）负温度系数热敏电阻（NTC）

电阻值随温度升高而下降的热敏电阻称为负温度系数热敏电阻器。它的材料主要是一些金属氧化物（铜、铁、铝、锰等）半导体陶瓷。

（3）临界型温度系数热敏电阻（CTR）

临界型温度系数热敏电阻的电阻值在某特定温度范围内随温度升高而降低 3～4 个数量级，即具有很大的温度系数。它的主要材料是 VO_2（二氧化钒），并添加了一些金属氧化物。

2．半导体温度传感器

半导体温度传感器利用半导体器件的温度敏感性来测量温度，具有成本低廉、线性度好等优点。

半导体 PN 结温度传感器利用晶体二极管或三极管 PN 结的结电压随温度变化而变化的原理工作。

半导体温度传感器具有较好的线性度、尺寸小、响应快、灵敏度高等优点，测温范围为 -50℃～150℃。

（1）二极管温度传感器

二极管温度传感器是利用 PN 结的伏安特性与温度之间的关系而制成的固态传感器。即

$$U_f = \frac{KT}{q_0} \ln \frac{J}{J_s}$$

其中，U_f——形成传感器的外加电压 U_f；

$\qquad$ K——波尔曼常数（$1.38×10^{-23}J/K$）；

$\qquad$ T——绝对温度；

$\qquad$ q_0——电子电荷（$1.6×10^{-19}C$）；

$\qquad$ J，J_s——正向、反向饱和电流，由 PN 结的正对面积决定。

（2）三极管温度传感器

NPN 晶体管在集电极电流恒定时，基极和发射极间的电压随着温度变化而变化，其伏安特性与温度之间的关系，即

$$U_{BE} = E_g - \frac{KT}{q_0} \ln\left(\frac{k\gamma T}{I_c}\right)$$

4.3.2　压电传感器

压电效应就是某些电介质在沿一定方向上受到外力的作用而变形时，其内部会产生极化现象，同时在它的两个相对表面上出现正负相反的电荷。当外力去掉后，它又会恢复到不带电的状态，这种现象称为正压电效应。当作用力的方向改变时，电荷的极性也随之改变。相反，当在电介质的极化方向上施加电场，这些电介质也会发生变形，电场去掉后，电介质的变形随之消失，这种现象称为逆压电效应。依据电介质压电效应研制的一类传感器称为压电传感器。

压电效应是压电传感器的主要工作原理，压电传感器不能用于静态测量，因为经过外力作用后的电荷，只有在回路中具有无限大的输入阻抗时才能被保存。压电传感器主要应用在加速度、压力和力的测量中。

压电式加速度传感器是一种常用的加速度计。它具有结构简单、体积小、重量轻、使用寿命长等优点。压电式加速度传感器在飞机、汽车、船舶、桥梁和建筑的振动和冲击测量中已经得到了广泛的应用，特别是在航空和宇航领域中更有它的特殊地位。

压电式传感器可以用来测量发动机内部燃烧压力与真空度的测量。也可以用于军事工业，例如用它来测量枪炮子弹在膛中击发的一瞬间的膛压变化和炮口的冲击波压力。简言之，压电式传感器既可用来测量大的压力，也可用来测量微小的压力。

压电式传感器也广泛应用在生物医学测量中，如心室导管式微音器就是由压电传感器制成的，压电传感器的应用如此广，是因为测量动态压力非常普遍。

除了压电传感器之外，还有利用压阻效应制造出来的压阻传感器，利用应变效应的应变式传感器等，这些不同的压力传感器利用不同的效应和材料，在不同的场合发挥着它们独特的作用。

4.3.3　湿度传感器

湿敏元件是最简单的湿度传感器。湿敏元件主要有电阻式和电容式两大类。

湿敏电阻的特点是在基片上覆盖一层用感湿材料制成的膜，当空气中的水蒸气吸附在感湿膜上时，元件的电阻率和电阻值都发生变化，利用这一特性即可测量湿度。

湿敏电容一般是用高分子薄膜电容制成的，常用的高分子材料有聚苯乙烯、聚酰亚胺、酪酸醋酸纤维等。当环境湿度发生改变时，湿敏电容的介电常数发生变化，使其电容量也发生变化，其电容变化量与相对湿度成正比。下面对 4 种湿度传感器进行简单介绍。

1. 氯化锂湿度传感器

（1）电阻式氯化锂湿度计

第一个基于电阻—湿度特性原理的氯化锂电阻式湿敏元件是由美国标准局的 FW.Dunmore 研制出来的。这种元件具有较高的精度，同时有结构简单、价廉的优点，适用于常温常湿的测控。氯化锂元件的测量范围与湿敏层的氯化锂浓度以及其他成分有关。

（2）露点式氯化锂湿度计

露点式氯化锂湿度计是由美国的 Forboro 公司首先研制出来的，随后我国和许多国家都做了大量的研究工作。这种湿度计和上述电阻式氯化锂湿度计形式相似，但工作原理却完全不同。它是利用氯化锂饱和水溶液的饱和水汽压随温度变化的原理进行工作的。

2．碳湿敏元件

碳湿敏元件是美国的 E.K.Carver 和 C.W.Breasefield 于 1942 年首先提出来的，碳湿敏元件具有响应速度快、重复性好、无冲蚀效应和滞后环窄等优点。

3．氧化铝湿度计

氧化铝传感器的突出优点是体积非常小（如用于探空仪的湿敏元件仅 90μm 厚、重 12mg）、灵敏度高（测量下限达 −110℃露点）、响应速度快（一般在 0.3s～3s 之间），测量信号直接以电参量的形式输出，大大简化了数据处理等程序。另外，氧化铝传感器还适用于测量液体中的水分。

4．陶瓷湿度传感器

陶瓷元件不仅具有湿敏特性，而且还可以作为感温元件和气敏元件。这些特性使它极有可能成为一种有发展前途的多功能传感器。"湿瓷Ⅱ型"可测控温度和湿度，主要用于空调；"湿瓷Ⅲ型"可用来测量湿度和酒精等多种有机蒸汽，主要用于食品加工方面。

4.3.4　光电式传感器

光电式传感器是利用光电器件把光信号转换成电信号的装置。光电式传感器工作时，先将被测量的变化转换成为光量的变化，然后通过光电器件把光量的变化转换为相应的电量变化，从而实现非电量的测量。光电式传感器的核心（敏感元件）是光电器件。

光电式传感器可以分为光敏电阻和光敏晶体管传感器两个大类。

光敏电阻主要利用各种材料的电阻率的光敏感性进行光探测，它是一种利用光敏感材料的内光电效应制成的光电元件。光敏电阻具有精度高、体积小、性能稳定、价格低等特点，作为开关式光电信号传感器被广泛应用在自动化技术中。

光敏电阻对光线十分敏感，它在无光照时，电阻值（暗电阻）很大，电路中电流（暗电流）很小。当光敏电阻受到一定波长范围的光照时，它的阻值（亮电阻）急剧减小，电路中的电流迅速增大。

光敏晶体管传感器主要包括光敏二极管和光敏三极管，这两种器件都是利用半导体器件对光照的敏感性制成的。

4.3.5　霍尔（磁敏）传感器

磁敏传感器是对磁场参量十分敏感的元器件或装置，具有把磁物理量转换成电信号的功能。

在磁敏传感器中，主要利用的是霍尔效应和磁阻效应。霍尔传感器就是一种利用霍尔效应制成的磁性传感器。

霍尔效应是指把一个金属或半导体材料薄片置于磁场中，当有电流流过时，由于形成电流的电子在磁场中运动而受到磁场的作用力，会使材料产生与电流方向垂直的电压差。因此，可以通过测量霍尔传感器所产生的电压的大小来计算磁场的强度。

霍尔传感器结合不同的结构，能够间接测量电流、振动、位移、速度、加速度、转速等，具有广泛的应用价值。

4.3.6 光纤传感器

光纤传感器与传统传感器相比具有一系列独特的优点,即光纤传感器可以在强电磁干扰、高温高压、原子辐射、易爆、化学腐蚀等恶劣条件下使用,具有高灵敏度、低损耗的特点。

光纤传感器的工作原理是光源发出的光经光导纤维进入光传感元件,在光传感元件中受到周围环境场的影响而发生变化的光再进入光调制机构,并由光调制机构将传感元件测量检测的参数调制成幅度、相位、偏振等信息,这一过程也称为光电转换过程。最后利用微处理器(如频谱仪等)进行信号处理。

光纤传感器具有强抗干扰性,所以它的应用范围很广,尤其适用于恶劣环境,例如,在石油化工系统、矿井、大型电厂等需要检测氧气、碳氢化合物、一氧化碳等气体的场所。光纤传感器还可以应用在环境监测、临床医学检测、食品安全检测等方面。

4.3.7 微机电传感器

微机电系统(MEMS)是由微传感器、微执行器、信号处理和控制电路、通信接口和电源等部件组成的一体化的微型器件系统。MEMS 的目标是把信息的获取、处理和执行集成在一起,组成具有多功能的微型系统,集成在大尺寸系统中,从而大幅度提高系统的自动化、智能化和可靠性水平。

MEMS 是在微电子技术的基础上发展起来的多学科交叉的前沿研究领域,经过几十年的发展,它已成为世界瞩目的重大科技领域之一。MEMS 涉及电子、机械、材料、物理学、化学、生物学、医学等多种学科与技术,具有广阔的应用前景。

常用的 MEMS 传感器有微机械压力传感器、微加速度传感器、微机械陀螺仪、微流量传感器、微气体传感器和微机械温度传感器等。人们已研制出包括微型压力传感器、加速度传感器、微喷墨打印头、数字微镜显示器等在内的几百种产品,其中微传感器占产品相当大的比例。

微机电系统的出现体现了当前器件微型化发展的趋势。例如,微机电压力传感器利用传感器中的硅应变电阻在压力作用下发生形变而改变电阻值来测量压力;测试时使用传感器内部集成的测量电桥。微机电加速度传感器主要通过半导体工艺在硅片中加工出可以在加速运动中发生形变的结构,并且此结构的形变能够引起电特性的改变,如变化的电阻和电容。微机电气体流速传感器可以用于空调等设备的监测与控制。

4.3.8 智能传感器

智能化传感器(Smart Sensor)是一种具有一定信息处理能力的传感器,它内部装有微处理器,微处理器能够对采集的信号进行分析处理和信息存储,然后把处理结果发送给系统中的主机。

智能传感器组成结构如图 4.5 所示。智能传感器主要由传感器、信号调理电路、微处理器和输出接口电路组成。智能化传感器可以完成信号采集、处理和输出操作。

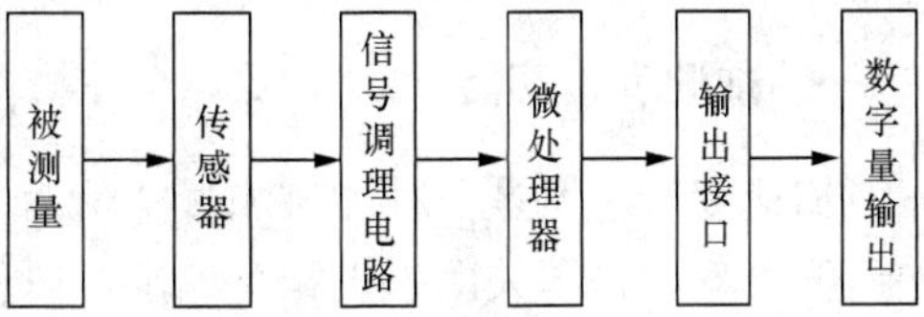

被测量 → 传感器 → 信号调理电路 → 微处理器 → 输出接口 → 数字量输出

图 4.5 智能传感器组成结构

智能传感器与传统传感器相比,具有如下 5 个特点。

(1)智能化传感器具有自诊断和自校准功能,可以用来检测工作环境。

(2)智能化传感器不但能够对信息进行处理、分析和调节,对所测的数值及误差进行补偿，而且还能够进行逻辑思考和结论判断。

（3）智能化传感器能够完成多传感器多参数混合测量，从而进一步拓宽其探测与应用领域，而微处理器的介入使智能化传感器能够更加方便地对多种信号进行实时处理。

（4）智能化传感器既能够很方便地实时处理所探测到的大量数据，又可以根据需要将它们存储起来。

（5）智能化传感器备有一个数字式通信接口，通过此接口可以直接与其所属的计算机进行通信联络和交换信息。

智能化传感器无疑会进一步扩展到化学、电磁、光学和核物理等研究领域。可以预见，新兴的智能化传感器将会在关系到全人类的各个领域发挥越来越大的作用。

4.3.9　手机上的传感器

目前智能手机应用软件生态系统不断扩展，在与用户的互动中，传感器功不可没，它让用户对应用软体更加着迷。传感器在手机和平板上的发展会越来越快。从某种角度上讲，智能手机之所以功能强大，其中很多地方都要归功于多种多样的传感器。触摸屏幕、摄像头、GPS、电子罗盘、重力感应器、加速传感器、光线传感器、距离传感器、三轴陀螺仪等，这些都是手机内部比较常见的传感器装置。

1．方向传感器

手机方向传感器指的是安装在手机上用以检测手机本身处于何种方向状态的部件，而不是通常理解的指南针的功能。方向感应器被叫做应用角速度传感器更合适，一般手机上的方向感应器是感应水平面上的方位角、旋转角和倾斜角的。

手机方向检测功能可以检测手机处于正竖、倒竖、左横、右横，仰、俯等状态。具有方向检测功能的手机使用更方便、更具人性化。例如，手机旋转后，屏幕图像可以自动跟着旋转并切换长宽比例，文字或菜单也可以同时旋转，使用户阅读更方便。

2．重力传感器

手机重力传感器指的是手机内置重力摇杆芯片，支持摇晃切换所需的界面和功能，甩歌甩屏，翻转静音，甩动切换视频等功能。

手机上如果有重力传感器，就可以利用此传感器玩一些重力感应的游戏，例如，常见的应用有平衡球，通过对力敏感的传感器，可以感受在变换手机姿势时，重心也在发生变化，同时使手机光标变化位置，从而实现选择的功能。现在，智能手机上基本都有内置重力传感器，甚至有些非智能手机也内置了重力传感器。

3．加速度传感器

加速度传感器是一种能够测量加速力的电子设备。当手机下落时，加速度传感器感应到加速度，就会自动关闭手机和存储卡，以保护手机。

4．光线传感器

光线传感器，也叫感光器，它是能够根据周围光亮明暗程度来调节屏幕明暗的装置。在光线强的地方手机会自动关掉键盘灯，并且稍微加强屏幕亮度，达到节电并观看屏幕更舒适的效果；在光线暗的地方则会自动打开键盘灯。这个传感器主要起到节省手机电力的作用。

5．距离传感器

距离传感器是利用测时间来测实现到距离的原理，以检测物体之间距离的一种传感器。其工作原理是通过发射特别短的光脉冲，并测量此光脉冲从发射到被物体反射回来的时间，通过测时间来计算与物体之间的距离。距离传感器在手机上的作用是，当我们打电话时，手机屏幕会自动熄灭，避免误操作；当人脸离开，屏幕灯会自动开启，并且自动解锁。这个对于待机时间较短的智能手机来说相当实用。现在很多智能手机都装备了距离传感器。

6．螺旋仪传感器

螺旋仪最常见的是三轴陀螺仪，即同时测定 6 个方向的位置、移动轨迹、加速等参量。单轴的只能测量一个方向的量，也就是一个系统需要 3 个陀螺仪，而三轴的陀螺仪一个就能替代 3 个单轴的陀螺仪。三轴的陀螺仪体积小、重量轻、结构简单、可靠性好，是激光陀螺的发展趋势。激光陀螺则更多应用于军事方面。

如果说重力传感器所能测的是直线的，方向传感器所测的是平面的，那么，三轴陀螺仪所测的方向和位置则是立体的。

7．电子罗盘

电子罗盘，也叫数字指南针，它是利用地磁场来确定北极的一种装置。现代利用先进加工工艺技术生产的磁阻传感器为数字化罗盘提供了有力地帮助。现在，电子罗盘一般由磁阻传感器和磁通门加工而成。电子罗盘配合 GPS 和地图使用效果更好。

当然除了这些较为常见的传感器之外，在女性手机上可以见到紫外线传感器，在军用手机上可以看到气压和温度传感器等。

4.4　无线传感器网络技术

4.4.1　无线传感器网络的概念

传感器网络使用各种不同的通信技术，其中以无线传感器网络（Wireless Sensor Network，WSN）发展最为迅速，受到了普遍重视。

无线传感器网络是由大量静止或移动的传感器以自组织和多跳的方式构成的无线网络，其目的是各部分传感器协作地感知、采集、处理和传输网络覆盖地理区域内感知对象的监测信息，并报告给用户。

传感网络节点间的距离很短，一般采用多跳的无线通信方式进行通信。传感器网络可以在独立的环境下运行，也可以通过网关连接到 Internet，使用户可以远程访问。无线传感器网络综合了传感器技术、嵌入式计算技术、现代网络及无线通信技术、分布式信息处理技术等，能够通过各类集成化的微型传感器协作地实时监测、感知和采集各种环境或监测对象的信息。

因为传感器网络是由大量节点组成的，所以，为了加强对这些节点的控制，还可以设置一个基站，用来获取各个传感器节点的位置信息、探测到的目标信息等。传感器、感知对象和观察者是传感器网络的 3 个基本要素；有线或无线网络是传感器之间、传感器与观察者之间的通信方式，用于在传感器与观察者之间建立通信路径；协作地感知、采集、处理、发布感知信息是传感器网络的基本功能。

WSN（无线传感网）是物联网的"最后一公里"。WSN 网络是神经末梢网，采用专用的短距离无线通信技术组网。基于 WSN 网络的应用示意图如图 4.6 所示。

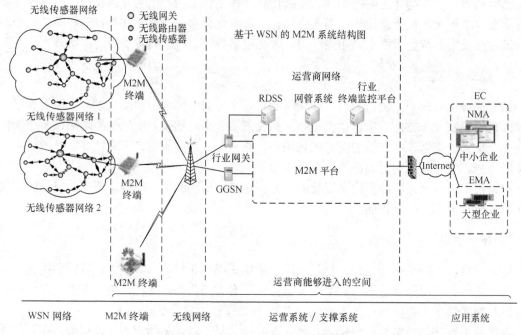

图 4.6　基于 WSN 网络的应用示意图

无线传感器网络具有十分广泛的应用前景。它不仅在工业、农业、军事、环境、医疗等传统领域有巨大的运用价值，而且未来还将在许多新兴领域体现其优越性，将来无线传感器网络将无处不在，也会完全融入我们的生活。例如微型传感器网可以将家用电器、个人电脑和其他日常用品同互联网相连，实现远距离跟踪；家庭采用无线传感器网络负责安全监控、节电等。

4.4.2　无线传感器网络的特征

无线自组网是一个由几十到上百个节点组成的、采用无线通信方式、动态组网的多跳的移动性对等网络。其目的是通过动态路由和移动管理技术传输具有服务质量要求的多媒体信息流。无线传感器网络虽然与无线自组网有相似之处，但同时也存在很大的差别。无线传感器网络的特征如下。

（1）通常节点具有持续的能量供给，能源受限制。

（2）无线传感器网络包括了大面积的空间分布。传感器网络是集成监测、控制及无线通信的网络系统，节点数目更为庞大（上千甚至上万），节点分布更为密集。

（3）由于环境影响和能量耗尽，节点更容易出现故障。

（4）环境干扰和节点故障易造成网络拓扑结构的变化；要求网络自动配置、自动识别节点。

4.4.3　无线传感器网络的体系结构

1．无线传感器网络的组成

无线传感器网络是一种由大量小型传感器组成的网络。这些小型传感器一般称作传感器节点（Sensor node）。传感器网络系统通常包括传感器节点、汇聚节点（Sink node）和管理节点。在传感器网络中，节点通过各种方式大量部署在被感知对象内部或者附近。这些节点通过自组织方式构成无线网络，以协作的方式感知、采集和处理网络覆盖区域中特定的信息，可以在任意时间实现对任意地点信息的采集、处理和分析。

此种网络中一般也有一个或几个基站（称作 Sink）用来集中从小型传感器收集数据。如图 4.7 所示，大量的传感器节点将探测数据，通过汇聚节点经其他网络发送给用户。传感器网络实现了数据采集、处理和传输的 3 种功能的真正统一，而这正对应着现代信息技术的三大基础技术，即传感器技术、计算机技术和通信技术。

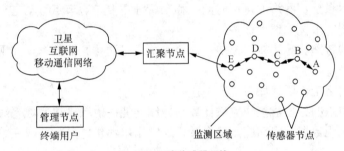

图 4.7　无线传感器网络

传感器节点监测的数据沿着其他传感器节点进行逐跳传输，在传输过程中监测数据可能被多个节点处理，经过多跳后路由到汇聚节点，最后通过互联网或卫星到达管理节点。

用户通过管理节点对传感器网络进行配置和管理，发布监测任务并收集监测数据。

2．无线传感器网络节点的结构

无线传感器网络节点一般由数据采集单元、数据处理单元、数据传输单元组成。如图 4.8 所示。

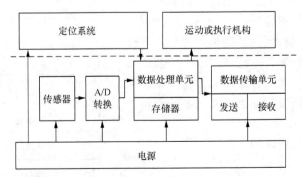

图 4.8　无线传感网络节点结构图

数据采集单元包括传感器和 A/D 转换设备，负责目标信息的采集。数据处理单元一般由单片机或微处理器、嵌入式操作系统、应用软件等组成，负责将采集到的目标信息进行处理。

它对节点的位置信息、采集到的目标信息以及目标信息的空间时间变量进行综合分析，然后将处理结果送到数据传输单元或存储在本地。这里将使用一些算法对目标实现识别、跟踪、定位等操作。对于可以移动的节点，数据处理单元还可以根据分析结果对运动机构（如机器人）进行控制，使之朝着靠近目标的方向前进。

数据传输单元一般是由无线收发模块组成，负责数据的接收和发送。它可以是节点之间的通信，也可以是节点和基站之间的通信。

传感节点之间可以相互通信，自己组织成网并通过多跳的方式连接 Sink 节点（基站节点），Sink 节点收到数据后，通过网关（Gateway）完成和公用 Internet 网络的连接。任务管理器管理、控制整个系统。

3. 无线传感器网络工作原理

传感器网络的一个突出特色就是采用了跨层设计技术，这一点与现有的 IP 网络不同。跨层设计包括能量分配、移动管理和应用优化。

能量分配是尽量延长网络的可用时间；移动管理主要是对节点移动进行检测和注册；应用优化是根据应用需求优化调度任务。

它们通过无线链路和无线接口模块，向监控主机发送传感器数据，实现传感器网络的逻辑功能。

无线传感器网络工作原理如下。

（1）传感器节点的处理器模块完成计算与控制功能；射频模块完成无线通信传输功能；传感器探测模块完成数据采集功能。整个过程通常由电池供电，封装成完整的低功耗无线传感器网络。

（2）网关节点只需要具有处理器模块和射频模块，通过无线方式接收探测终端发送来的数据信息，再传输给有线网络的 PC 或服务器。

（3）各种类型的低功耗网络终端节点可以构成星形拓扑结构，或者混合型的 ZigBee 拓扑结构，有的路由节点还可以采用电源供电方式。

4.4.4 传感器网络协议栈

无线传感器网络一般采用五层协议标准，即应用层、传输层、网络层、数据链路层、物理层，与互联网协议栈的五层协议相对应，如图 4.9 所示。另外，传感器网络协议栈还包括能量管理平台、移动管理平台和任务管理平台。这些管理平台使传感器节点能够按照能源高效的方式协同工作，在节点移动的传感器网络中转发数据，并支持多任务和资源共享。

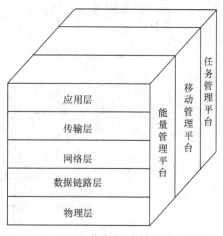

图 4.9 传感器网络协议栈

下面分别介绍各层协议和平台。

（1）物理层

物理层着眼于信号的调制、发送与接收。物理层的主要工作是负责频段的选择、信号的调制以及数据的加密等。

（2）数据链路层

数据链路层用于解决信道的多路传输问题。它的工作集中在数据流的多路技术，数据帧的监测，介质的访问和错误控制等工作上。数据链路层保证了无线传感器网络中点到点或一点到多点的可靠连接。

（3）网络层

网络层用于对传输层提供的数据进行路由。大量的传感器节点散布在监测区域中，需要设计一套路由协议来供采集数据的传感器节点和基站节点之间的通信使用。

（4）传输层

传输层用于维护传感器网络中的数据流，是保证通信服务质量的重要部分。结合无线传感器网络协议栈图进行分析，当传感器网络需要与其他类型的网络连接时，例如基站节点与任务管理节点之间的连接就可以采用传统的 TCP 协议或者 UDP 协议。由于传感器节点的能源和内存资源都非常有限，在传感器网络的内部不能采用这些传统的协议，因此它需要一套代价较小的协议。

（5）应用层

根据应用的具体要求不同，不同的应用程序可以添加到应用层中，它包括一系列基于监测任务的应用软件。

管理平台包括能量管理平台、移动管理平台和任务管理平台。这些管理平台用来监控传感器网络中能量的利用、节点的移动和任务的管理。它们可以帮助传感器节点在较低能耗的前提下协作完成某些监测的任务。

管理平台可以管理一个节点怎样使用它的能量。例如，一个节点接收它一个邻近节点发送过来的消息之后，该节点就把它的接收器关闭，避免收到重复的数据。同样，一个节点的能量太低时，它会向周围节点发送一条广播消息，以表示自己已经没有足够的能量来帮它们转发数据，这样它就可以不再接收邻居发送过来的需要转发的消息，进而把剩余能量留给自身消息的发送。

移动管理平台能够记录节点的移动。

任务管理平台用来平衡和规划某个监测区域的感知任务，因为并不是所有节点都要参与到监测活动中，在有些情况下，剩余能量较高的节点要承担多一点的感知任务，这时需要任务管理平台负责分配与协调各个节点的任务量的大小。有了这些管理平台的帮助，各节点可以以较低的能耗进行工作，可以利用移动的节点来转发数据，可以在节点之间共享资源。

综上所述，简单总结各层协议和平台的功能如下。

（1）物理层提供简单、健壮的信号调制和无线收发技术。

（2）数据链路层负责数据成帧、帧检测、媒体访问和差错控制。

（3）网络层主要负责路由生成与路由选择。

（4）传输层负责数据流的传输控制，是保证通信服务质量的重要部分。

（5）应用层包括一系列基于监测任务的应用层软件。

（6）能量管理平台管理传感器节点如何使用能源，因此在各个协议层都需要考虑节省能量。

（7）移动管理平台检测并注册传感器节点的移动，维护到汇聚节点的路由，使传感器节点能够动态跟踪其邻居的位置。

（8）任务管理平台在一个给定的区域内平衡和调度监测任务。

4.4.5 无线传感器网络的应用

近年来，随着无线通信、微处理器、微机电系统等技术的发展，传感器网络技术逐步走向成熟，其应用也越来越广。

1. 军事防御

在军事方面，军事传感器网络可以探测、获取敌军情报。由于战场情况复杂，如果靠人力去收集敌方情报是很危险的，但是如果将传感器网络放置在敌军阵地上，就可以安全地获得精确的信息，同时也不容易被敌军察觉。

在士兵、装备及军火上加装传感器以供识别，就能分清敌我，防止误打误伤。

利用传感器网络监控战场上的状态。可以通过飞机空投等方式将大量廉价微型的传感器节点散布在预定区域，通过这些传感器节点实时监测周围环境的变化，并将监测到的数据通过卫星信道等方式发回基地，这样就可以实时地监控战场上的状态。

跟踪射击对象的位置。通过传感器节点对射击对象进行跟踪、定位，实现精确制导。

利用相关的传感器可以探测并判定化学、生物、放射、核子等物质和攻击。利用传感器网络及时、准确地判断是否有生化武器及核武器的攻击，确定生化源、爆炸中心的位置，为军队提供反应时间，从而最大可能地减小伤亡。

2. 环境监测

目前人类生存的环境状况逐渐恶化，已引起人们广泛的关注。加强环境的研究，对防止进一步的恶化，具有重大的意义。利用无线传感器网对环境监测的内容主要包括以下 5 个方面。

（1）监测平原、森林、海洋等环境变化。

（2）提供遭受化学污染的位置并检定出化学污染的种类，避免工作人员冒险进入受污染区域。

（3）灾害判定。

（4）监测空气污染、水污染及土壤污染。

（5）生态上的监控，例如生物栖息地与觅食习惯。

3. 医疗卫生

将传感器网络节点佩戴在病人身上，可以对病人的血压、心率等各项健康指标进行实时监测；传感器网络节点作为隔离病房的监控设备，可以减少医生护士进入病房的次数。

4. 反恐抗灾

国际恐怖组织活动频繁，反恐成为各国普遍关注的问题。反恐问题主要是要及时地收集信息，加强对周围环境的监测，能够及时有效地应对突发事件；将传感器网络技术应用于反恐问题，可以有效地防止恐怖袭击事件的发生。

另外，无线传感器网络在工业制造、交通控制、空间探索、能源、食品安全等领域中也有极其广泛的应用。

思考与练习

一、简述题

1. 简述传感器的定义与功能。
2. 简述传感器的组成与工作原理。
3. 简述传感器的静态特性。
4. 简述传感器的应用领域与发展趋势。
5. 简要说明智能传感器与传统传感器相比具有哪些特点。
6. 简述手机上的传感器与主要作用。
7. 什么是无线传感器网络？它有哪些特征？
8. 简要说明无线传感器网络的组成。
9. 简要说明无线传感器网络的工作原理。

二、单选题

1. 力敏传感器接受（　　）信息，并转化为电信号。
   A．力　　　　　　B．声　　　　　　C．光　　　　　　D．位置
2. 通过无线网络与互联网的融合，将物体的信息实时准确地传递给用户，指的是（　　）。
   A．可靠传递　　B．全面感知　　　C．智能处理　　　D．互联网
3. 利用 RFID、传感器、二维码等随时随地获取物体的信息，指的是（　　）。
   A．可靠传递　　B．全面感知　　　C．智能处理　　　D．互联网
4. 声敏传感器接受（　　）信息，并转化为电信号。
   A．力　　　　　　B．声　　　　　　C．光　　　　　　D．位置
5. 位移传感器接受（　　）信息，并转化为电信号。
   A．力　　　　　　B．声　　　　　　C．光　　　　　　D．位置
6. 光敏传感器接受（　　）信息，并转化为电信号。
   A．力　　　　　　B．声　　　　　　C．光　　　　　　D．位置
7. 哪个不是物理传感器？（　　）
   A．视觉传感器　　　　　　　　　B．嗅觉传感器
   C．听觉传感器　　　　　　　　　D．触觉传感器
8. 机器人中的皮肤采用的是（　　）。
   A．气体传感器　　　　　　　　　B．味觉传感器
   C．光电传感器　　　　　　　　　D．温度传感器
9. 要获取物体的实时状态信息，就需要（　　）。
   A．计算技术　　B．通信技术　　　C．识别技术　　　D．传感技术
10. 用于"嫦娥 2 号"遥测月球的各类遥测仪器或设备、用于住宅小区安保的摄像头、火灾探头、用于体检的超声波仪器等，都可以被看作是（　　）。
    A．传感器　　　B．探测器　　　　C．感应器　　　　D．控制器
11. 传感器已是一个非常（　　）概念，凡是能把物理世界的量转换成一定信息表达的装置，都可以被称为传感器。
    A．专门的　　　B．狭义的　　　　C．宽泛的　　　　D．学术的

12. 传感技术要在物联网中发挥作用，必须具有如下特征：传感部件（或称传感触点）敏感、型小、节能。这一特征主要体现在（　　　）上。

    A．芯片技术　　　　　　　　　　　B．微机电系统技术

    C．无线通信技术　　　　　　　　　D．存储技术

三、**多选题**（在每小题列出的几个选项中至少有两个符合题目要求，请将其选项序号填写在题后括号内）

1. 物联网产业链可以细分为（　　　）等环节。

    A．标识　　　　　B．感知　　　　　C．处理　　　　　D．信息传送

2. （　　　）被称为信息技术的三大支柱。

    A．射频技术　　　B．传感技术　　　C．计算机技术　　D．通信技术

3. 识别的主要任务是对经过处理信息进行（　　　）。

    A．辨识　　　　　B．分类　　　　　C．删减　　　　　D．屏蔽

4. 无线传感器网络通常分为（　　　）等部分。

    A．无线路由器　　　　　　　　　　B．组网线路

    C．无线传感网络节点　　　　　　　D．组网技术

5. 无线传感器节点通常由（　　　）等模块组成。

    A．传感　　　　　B．计算　　　　　C．通信　　　　　D．电源

6. 无线传输网络中负责数据处理的包括（　　　）。

    A．微控制器　　　　　　　　　　　B．嵌入式操作系统

    C．无线通信协议　　　　　　　　　D．通信线路

7. 感知层一般分为（　　　）等部分。

    A．数据分析　　　　　　　　　　　B．数据采集

    C．数据短距离传输　　　　　　　　D．数据保存

8. 物联网的网络层包括（　　　）。

    A．接入网　　　　B．基础总线　　　C．核心网　　　　D．上层总线

9. 物联网体系架构中，感知层相当于人的（　　　）。

    A．皮肤　　　　　B．五官　　　　　C．大脑　　　　　D．神经

10. 下列属于物联网架构感知层的是（　　　）。

    A．二维码标签　　B．摄像头　　　　C．GPS　　　　　D．RFID 标签和读卡器

11. 物联网体系架构中的网络层包括（　　　）。

    A．通信与互联网的融合网络　　　　B．网络管理中心

    C．信息处理中心　　　　　　　　　D．交互融合中心

12. 在与物联网络终端相关的多种技术中，核心是要解决（　　　）的问题。

    A．智能化　　　　B．小型化　　　　C．低功耗　　　　D．低成本

第5章 网络与通信技术

本章主要内容

本章介绍了网络与通信技术的基本概念、无线个域网（蓝牙技术、ZigBee 技术、超宽带技术 UWB、红外通信技术、近距离通信技术和家庭射频识别技术）、无线局域网、无线城域网、移动通信网络、M2M 通信技术、6LowPAN 技术及 Internet 技术的原理与应用。

本章建议教学学时

本章教学学时建议为 12 学时。

• 网络与通信技术概述	1 学时；
• 无线个域网（WPAN）	5 学时；
• 无线局域网（WLAN）	2 学时；
• 无线城域网（WiMAX）、M2M 通信技术和 6LowPAN 技术	2 学时；
• 移动通信网络、Internet 技术和 IPv6	2 学时。

本章教学要求

要求了解常用的几种网络与通信技术的作用、工作原理，掌握蓝牙技术的原理与使用，熟悉 ZigBee 技术、超宽带技术 UWB、红外通信技术和近距离通信技术的应用，掌握无线局域网的原理与应用，了解无线城域网与 M2M 通信技术，了解移动通信网络的发展与关键技术，熟悉 6LowPAN 技术与应用，了解几种无线网络的区别，熟悉 Internet 技术原理与应用。

5.1 网络与通信技术概述

网络与通信技术是物联网网络层的核心技术。网络是物联网数据通信的基石，它是在现有通信网络的基础上建立起来的。

物联网中连接终端感知网络与服务器的桥梁便是各类承载网络。物联网的承载网络包括互联网、无线广域网、无线城域网、无线局域网、无线个域网等。图 5.1 所示是物联网网络层网络构建图。

在传输网络层中存在各种物联网网络形式，通常使用的网络形式有以下 4 种，它们主要承担着数据传输的功能。

（1）互联网

互联网是物联网的核心网络、平台和技术支持中心。互联网是一个很庞大的系统，它包括物理层、数据链路层、传输层、网络层和应用层。其核心技术就是数据交换。网络接入方式分为有线接入和无线接入，数据交换分为电路交换、报文交换和分组交换。互联网协议 TCP/IP 是网络层中的核心内容。为了让 Internet 适应物联网大数据量和多终端的要求，业界正在发展一系列新技术。互联网中用 IP 地址对节点进行标识，由于目前 IPv4 受制于资源空间耗竭，已经无法提供更多的 IP 地址，所以 IPv6 以其近乎无限的地址空间特色将在物联网中发挥重大作用。IPv6 的使用扫清了可接入网络的终端设备在数量上的限制。

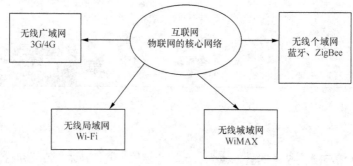

图 5.1　网络层网络构建图

（2）无线宽带网

Wi-Fi/WiMAX 等无线宽带网的覆盖范围较广，传输速度较快，为物联网提供高速、可靠、廉价且不受接入设备位置限制的互联手段。

（3）无线低速网

ZigBee、蓝牙和红外等低速网络协议能够适应物联网中处理能力较低的节点的低速率、低通信半径、低计算能力和低能量来源等特征的无线传感网络系统。

（4）移动通信网

移动通信就是移动体之间的通信，或是移动物体与固定物体之间的通信。移动通信网络最大的特征就是终端可移动。它采用蜂窝网结构，实现对通信区域的全覆盖，而且可以实现基站无缝切换。

移动通信网由无线接入网、核心网和骨干网三部分组成。无线接入网主要为移动终端提供接入网络服务，核心网和骨干网主要为各种业务提供交换和传输服务。从通信技术层面看，移动通信网的基本技术可分为传输技术和交换技术两大类。移动通信经历了三代的发展，即模拟语音时代、数字语音时代以及数字语音和数据时代。在当前移动通信网中，比较热门的接入技术有 3G 和 4G。

移动通信网络将成为"全面、随时、随地"传输信息的有效平台，它具有高速、实时、高覆盖率、多元化处理多媒体数据的特点，为物品与物品之间联网与通信创造了条件。

物联网不同于一般网络。它的数据主要来源于感知层，网络层主要关注来自于感知层的、经过初步处理的数据经由各类网络时遇到的传输问题，所以，物联网涉及智能路由器、不同网络传输协议互通、自组织通信等多种网络技术。

网络层主要用于把感知层收集到的信息安全可靠地传输到信息处理层，然后根据不同的应用需求进行信息处理，实现对客观世界的有效感知以及有效控制。物联网网络层将承担比现有网络更大的数据量并面临更高的服务质量要求，所以，现有网络尚不能满足物联网的需求，这就意味着物联网需要对现有网络进行融合和扩展，利用新技术来实现更加广泛、高效的互联功能。

物联网在接入层面时需要考虑多种异构网络的融合和协同。多个无线接入环境的异构性主要体现在以下 5 个方面。

第一是无线接入技术的异构性。它们的无线传输机制不同、覆盖范围不同、可以获得的传输速率不同、提供的 QoS 不同、面向的业务和应用不同。

第二是组网方式的异构性。除了经由基站接入的单跳式无线网络以外，组网方式还有多跳式的无线自组织网和网状网。它们的网络控制方式不同，有依赖于基础设施的集中控制，也有灵活的分布式协同控制。

第三是终端的异构性。由于业务应用的多样性以及 IC 技术不断提升，终端已从手机扩展到便携式电脑、各种类型的信息终端、娱乐终端、移动办公终端、嵌入式终端等。不同的终端具有不同的接入能力、移动能力和业务能力。

第四是频谱资源的异构性。由于不同频段的传输特性不同，适用于各种频段的无线技术也不同，并且不同地区频谱规划方式也有显著区别。

第五是运营管理的异构性。不同的运营商基于开发的业务及用户群不同，将会设计出不同的管理策略和资费策略。

由于异构网络相对独立自治，相互间缺乏有效的协同机制，造成系统间干扰、重叠覆盖、单一网络业务提供能力有限、频谱资源浪费、业务的无缝切换等问题无法解决。

面对日益复杂的异构无线环境，为了使用户能够便捷地接入网络、轻松地享用网络服务，融合已成为信息通信业的发展潮流。融合包含 3 个层次的内容，第一是业务融合，就是以统一的 IP 网络技术为基础，向用户提供独立于接入方式的服务；第二是终端融合，现在的多模终端是终端融合的雏形，但是随着新的无线接入技术不断出现，为了同时支持多种接入技术，终端会变得越来越复杂，价格也越来越高，更好的方案是采用基于软件无线电的终端重配置技术，它可以使原本功能单一的移动终端设备具备接入不同无线网络的能力；第三是网络融合，包括固定网与移动网的融合、核心网与接入网的融合、不同无线接入系统之间的融合等。

异构网络融合的实现分为两个阶段，第一阶段是连通阶段，第二阶段是融合阶段。连通阶段是指传感网、RFID 网、局域网、广域网等互联互通，使感知信息和业务信息传送到网络另一端的应用服务器进行处理来支持应用服务。融合阶段是指在各种网络连通的网络平台上，分布式部署若干信息处理的功能单元，根据应用需求而在网络中对传递的信息进行收集、融合和处理，从而使基于感知的智能服务更为精确。从该阶段开始，网络将从提供信息交互功能扩展到提供智能信息处理功能及支撑服务，并且传统的应用服务器网络架构向可管、可控、可信的集中智慧参与的网络架构演进。

移动通信网具有覆盖广、建设成本低、部署方便、具备移动性等特点，使移动网络成为物联网主要的接入方式，通信网络就是通过多种方式提供广泛的互联互通功能。除此以外，终端是可以移动的，而它们又要求能随时随地上网。因此，不仅要在局部形成一个自主的网络，还要连接大的网络，这是一个层次性的组网结构，这就要借助有线和无线的技术进行无缝透明地接入。随着物联网业务种类不断丰富、应用范围不断扩大、应用要求不断提高，通信网络也会经历从简单到复杂、从单一到融合、从多种的接入方式到核心网的融合整体的过渡。

5.2　无线个域网

无线个域网（Wireless Personal Area Network，WPAN）是一种采用无线连接的个人局域网。美国电子与电气工程师协会（IEEE）802.15 工作组是对无线个域网做出定义说明的机构。除了基于蓝牙技术的 802.15 之外，IEEE 还推荐了其他两个类型，它们是低频率的 802.15.4（TG4，也被称为 ZigBee）和高频率的 802.15.3（TG3，也被称为超波段或 UWB），WPAN 是为了实现活动半径小、业务类型丰富、面向特定群体、无线无缝连接而提出的新兴无线通信网络。如，TG4（ZigBee）针对低电压和低成本家庭控制方案提供 20kbit/s 或 250kbit/s 的数据传输速率，而 TG3（UWB）则用于支持多媒体介于 20Mbit/s 和 1Gbit/s 之间的数据传输速率。

支持无线个域网的技术包括蓝牙、ZigBee、UWB、IrDA、HomeRF 等，其中蓝牙技术在无线个域网中使用得最广泛。WPAN 能够有效地解决"最后的几米电缆"的问题，进而将无线联网进行到底。

WPAN 是一种与无线广域网（WWAN）、无线城域网（WMAN）、无线局域网（WLAN）并列但覆盖范围相对较小的无线网络。在网络构成上，WPAN 位于整个网络链的末端，用于同一地点的终端与终端的连接，如，连接手机和蓝牙耳机等。WPAN 所覆盖的范围一般在半径 10m 以内，必须运行于许可的无线频段。WPAN 设备具有价格便宜、体积小、易操作和功耗低等优点。

在物联网背景下连接的物体，既有智能的也有非智能的。为了适应物联网中那些处理能力较低的节点对低速率、低通信半径、低计算能力和低能量的要求，需要对物联网中各种各样的物体进行操作的前提就是先将它们连接起来，并且利用 WPAN 将它们连接起来，在 WPAN 中，低速网络协议是实现全面互联互通的前提。

5.2.1 蓝牙技术

1. 概述

"蓝牙"（Bluetooth）是一种开放的技术规范，它是一种多装置之间通信的标准，可在世界上的任何地方实现短距离的无线语音和数据通信。

1994 年，爱立信移动通信公司开始研究在移动电话及其附件之间实现低功耗、低成本无线接口的可行性。随着项目的进展，爱立信公司意识到短距无线通信（Short- Distance Wireless Communication）的应用前景无限广阔。爱立信将这项新的无线通信技术命名为"蓝牙"（Bluetooth），它的名字取自 10 世纪丹麦国王 Harald Bluetooth 的名字。

1998 年 5 月，爱立信联合诺基亚（Nokia）、英特尔（Intel）、IBM、东芝（Toshiba）4 家公司一起成立了蓝牙特殊利益集团（Special Interest Group，SIG），负责蓝牙技术标准的制定、产品测试，并协调各国蓝牙的具体使用。SIG 的宗旨是提供一种短距离、低成本的无线传输应用技术。1998 年 5 月 20 日，Bluetooth SIG 发布了蓝牙标准，两年后，1800 多家公司作为这项技术的接收者加入了此集团。该集团的目标是制定一个所有公司都可以使用的短距离无线通信标准。

蓝牙是一种短距无线通信的技术规范，它最初的目标是取代现有的掌上电脑、移动电话等各种数字设备上的有线电缆连接。在制定蓝牙规范之初，就建立了统一全球的目标，向全球公开发布工作频段为全球统一开放的 2.4GHz 工业、科学和医学频段。Bluetooth 提供了一种在 2.4G 的 ISM（Industrial Scientific Medical，ISM）频段，用于一个或多个装置之间在 10 米范围内的无线通信方式。

ISM 频段（2.4GHz～2.4835GHz）主要开放给工业、科学和医学 3 个主要机构使用，该频段是依据美国联邦通讯委员会（Federal Communications Committee，FCC）定义出来的，属于免费授权（Free License），即没有所谓使用授权的限制。无需许可证，只需要遵守一定的发射功率（一般低于 1W），且不对其他频段造成干扰即可。ISM 频段最初是由美国联邦通信委员会（FCC）分配的无需许可证的无线电频段（功率不能超过 1W），即 ISM 频段无需许可证,只需要遵守一定的发射功率(一般低于 1W),并且不对其他频段造成干扰即可。在美国有 3 个频段,即工业(902MHz~928MHz)、科学研究(2.42GHz~2.4835GHz)和医疗(5.725GHz~5.850GHz)频段。而在欧洲 900MHz 的频段则有部分用于 GSM 通信,用于 ISM 的低频段为 868MHz 和 433MHz。2.4GHz 则为各国共同的 ISM 频段,因此,无线局域网、蓝牙、ZigBee 等无线网络,均可选择在 2.4GHz 频段上。

2.蓝牙技术的应用

从目前的应用来看,由于发射功率低,所以蓝牙技术应用已不局限于计算机外设,几乎可以被集成到任何数字设备中,特别是那些对数据传输速率要求不高的移动设备和便携设备。

蓝牙技术已经应用于日常生活的各个方面,例如,引入蓝牙技术,就可以去掉移动电话与笔记本电脑之间的连接电缆,并通过无线使其建立通信。

3.蓝牙技术的特点

蓝牙技术的特点可归纳为如下 8 点。

(1)全球范围适用。蓝牙工作在 2.4GHz 的 ISM 频段,使用该频段无需向各国的无线电资源管理部门申请许可证。

(2)可同时传输语音和数据。蓝牙采用电路交换和分组交换技术,支持异步数据信道、三路语音信道及异步数据与同步语音同时传输的信道。每个语音信道数据速率为 64kbit/s,语音信号编码采用脉冲编码调制(PCM)或连续可变斜率增量调制(CVSD)的方法。当采用非对称信道传输数据时,传输速率最高为 721kbit/s,反向为 57.6kbit/s;当采用对称信道传输数据时,传输速率最高为 342.6kbit/s。蓝牙有两种链路类型,即异步无连接(ACL)链路和同步面向连接(SCO)链路。

(3)可以建立临时性的对等连接。根据蓝牙设备在网络中的角色,可将蓝牙设备分为主设备(Master)与从设备(Slave)。主设备是组网连接时主动发起连接请求的蓝牙设备,当几个蓝牙设备连接成一个微微网(Piconet)时,只有一个主设备,其余的均为从设备。微微网是蓝牙最基本的一种网络形式,一个微微网由 2~8 个蓝牙单元组成,即以一个为主、其他 2~7 个为副的电器组成的网络形式。这些电器可以是 PC、打印机、传真机、数码相机、移动电话、笔记本电脑等。

多个微微网之间还可以互联形成散射网(Scatternet),从而方便快捷地实现各类设备之间随时随地的通信。最简单的微微网是由一个主设备和一个从设备组成的点对点的通信连接。

(4)具有很好的抗干扰能力。在 ISM 频段工作的无线电设备有很多种,如家用微波炉、无线局域网(WLAN)、Home RF 等产品,为了能很好地抵抗来自这些设备的干扰,蓝牙采用跳频(Frequency Hopping)方式来扩展频谱(Spread Spectrum),将 2.402GHz~2.48GHz 频段分成 79 个频点,相邻频点间隔 1MHz。蓝牙设备在某个频点发送数据之后,再跳到另一个频点发送,而频点的排列顺序则是伪随机的,频率每秒钟改变 1600 次,每个频率持续 625μs。

(5)蓝牙模块体积很小、便于集成。由于个人移动设备的体积较小,所以,嵌入其内部的蓝牙模块体积就应该更小,如爱立信公司的蓝牙模块 ROK101008 的外形尺寸仅为 32.8mm×16.8mm×2.95mm。蓝牙模块的程序可以写在一个 9mm×9 mm 的微芯片中。

(6)低功耗。蓝牙设备在通信连接状态下,有 4 种工作模式,即激活(Active)模式、呼吸(Sniff)模式、保持(Hold)模式和休眠(Park)模式。Active 模式是正常的工作状态,另外 3 种模式是为了节能所规定的低功耗模式。

依据发射电平功率不同，蓝牙传输有 3 种距离等级，即 Class1 约为 100m；Class2 约为 10m；Class3 为 2m～3m。一般情况下，蓝牙传输正常的工作半径在 10m 之内。在此范围内，多台设备之间可进行互联。

（7）开放的接口标准。SIG 为了推广蓝牙技术的使用，将蓝牙的技术标准全部公开，全世界范围内的任何单位和个人都可以进行蓝牙产品的开发，只要最终能通过 SIG 的蓝牙产品兼容性测试，就可以推向市场。

（8）成本低。随着市场需求的扩大，各个供应商纷纷推出自己的蓝牙芯片和模块，导致蓝牙产品价格飞速下降。

4. 蓝牙匹配规则

两个蓝牙设备在进行通信前，必须将其匹配在一起，以保证其中一个设备发出的数据信息只会被经过允许的另一个设备所接受。蓝牙匹配规则如下。

（1）蓝牙主设备一般具有输入端。在进行蓝牙匹配操作时，用户通过输入端可输入随机的匹配密码来将两个设备匹配。

蓝牙手机、安装有蓝牙模块的 PC 等都是主设备。例如，蓝牙手机和蓝牙 PC 进行匹配时，用户可在蓝牙手机上任意输入一组数字，然后在蓝牙 PC 上输入相同的一组数字，来完成这两个设备之间的匹配。

（2）蓝牙从设备一般不具备输入端。从设备在出厂时，在其蓝牙芯片中，固定一个 4 位或 6 位数字的匹配密码。蓝牙耳机、优士通 UD 数码笔等都是从设备。例如，蓝牙 PC 与 UD 数码笔匹配时，用户将 UD 笔上的蓝牙匹配密码正确的输入到蓝牙 PC 上，完成 UD 笔与蓝牙 PC 之间的匹配。

（3）主设备与主设备、主设备与从设备，可以互相匹配在一起；而从设备与从设备无法匹配。例如，蓝牙 PC 与蓝牙手机可以匹配在一起；蓝牙 PC 也可以与 UD 笔匹配在一起；而 UD 笔与 UD 笔之间是不能匹配的。

一个主设备，可匹配一个或多个其他设备。例如，一部蓝牙手机，一般只能匹配 7 个蓝牙设备，而一台蓝牙 PC，可匹配十多个或数十个蓝牙设备。并且在同一时间，蓝牙设备之间仅支持点对点通信。

5.2.2 ZigBee 技术

1. 概述

在蓝牙技术的使用过程中，人们发现蓝牙技术尽管有许多优点，但仍存在许多缺陷。对工业、家庭自动化控制和遥测遥控领域而言，蓝牙技术显得太复杂、功耗大、距离近、组网规模太小等，而且工业自动化对无线通信的需求越来越强烈。因此，国外对 ZigBee 技术的研究起步较早，研究成果也较成熟。

ZigBee 技术是一种近距离、低复杂度、低功耗、低速率、低成本的双向无线通信技术。由于蜜蜂（bee）是靠飞翔和"嗡嗡"（zig）地抖动翅膀的"舞蹈"来与同伴传递花粉所在方位和远近信息的，也就是蜜蜂依靠着这样的方式构成了群体中的通信"网络"。因此，发明者们形象地利用蜜蜂的这种行为来描述 ZigBee 无线信息传输技术。

　　为了推进 ZigBee 技术的快速发展，英国 Invensys 公司、日本三菱电机公司、美国摩托罗拉公司以及荷兰飞利浦半导体公司等 4 家公司于 2002 年 8 月成立了 ZigBee 联盟。如今该联盟已经吸引了上百家芯片公司、无线设备公司和开发商的加入，它是一个高速成长的非盈利业界组织。该联盟制定了基于 IEEE802.15.4，具有高可靠、高性价比、低功耗的网络应用协议，该协议于 2004 正式问世。ZigBee 的网络协议就是 IEEE802.15.4 协议，它主要适合于应用在自动控制和远程控制领域，可以嵌入在各种设备中，同时支持地理定位功能。

　　ZigBee 采用直接序列展频技术（Direct Sequence Spread Spectrum，DSSS）调制发射，用多个无线传感器组成网状网络。新一代的无线传感器网络将采用 802.15.4（ZigBee）协议。

　　ZigBee 是一种高可靠的无线数据传输网络，类似 CDMA 和 GSM 网络。ZigBee 数据传输模块类似于移动网络基站。

　　ZigBee 是由可多到 65 000 个无线数传模块组成的一个无线网络平台。在整个网络范围内，每一个网络模块之间可以相互通信，每个网络节点间的距离可以从标准的 75m 无限扩展。

　　与移动通信的 CDMA 网或 GSM 网不同的是，ZigBee 网络主要是为工业现场自动化控制数据传输而建立的，因此，它必须具有操作简单、使用方便、工作可靠、价格低的特点。移动通信网则主要是为语音通信而建立的，每个基站价值一般都在百万元人民币以上，而每个 ZigBee 网络"基站"却不到 1000 元人民币。

2．ZigBee 应用领域

　　ZigBee 技术的目标就是针对工业、家庭自动化、遥测遥控、汽车自动化、农业自动化和医疗护理等方面的应用。例如，在家庭自动化控制方面，可以利用 ZigBee 技术对照明、空调、窗帘等家用设备进行远程控制；在消费性电子设备方面，可以利用 ZigBee 技术对电视、DVD、CD 机等电器设备进行远程遥控；在 PC 外设方面，可以利用 ZigBee 技术对无线键盘、鼠标、游戏操纵杆等进行操作；在工业控制方面，可以利用 ZigBee 技术使数据的自动采集、分析和处理变得更加容易；在医疗设备控制方面，可以利用 ZigBee 技术获取医疗传感器、病人的紧急呼叫等信号，对病人的生理状况进行实时监控；也可以利用 ZigBee 技术开发交互式玩具等产品；ZigBee 技术在油田、电力、矿山和物流管理等领域也得到了广泛应用；另外 ZigBee 技术还可以对局部区域内移动目标进行定位，例如，对城市中的车辆进行定位。

　　ZigBee 技术应用如此广泛，因此在通常情况下，如果符合如下条件之一的应用，就可以考虑采用 ZigBee 技术做无线传输。

　　（1）需要数据采集或监控的网点较多。

　　（2）要求传输的数据量不大，并且要求设备成本低。

　　（3）要求数据传输可靠性高，安全性高。

　　（4）设备体积很小，不便放置较大的充电电池或者电源模块。

　　（5）电池供电。

　　（6）地形复杂、监测点多，需要较大的网络覆盖。

　　（7）现有移动网络的覆盖盲区。

　　（8）使用现存移动网络进行低数据量传输的遥测遥控系统。

　　（9）使用 GPS 效果差，或成本太高的局部区域移动目标的定位应用。

3．ZigBee 技术特点

ZigBee 是一种无线连接，可在 2.4GHz（全球流行）、868MHz（欧洲流行）和 915 MHz（美国流行）3 个频段上工作，分别具有最高 250kbit/s、普通 20kbit/s 和 40kbit/s 的传输速率，它的传输距离在 10m～75m 的范围内，还可以继续增加。

ZigBee 作为一种无线通信技术，具有以下特点。

（1）低成本、低功耗，ZigBee 技术可以应用于 8 位 MCU。目前 TI 公司推出的兼容 ZigBee2007 协议的 CC2530 芯片价格便宜，利用它外接几个阻容器件构成的滤波电路和 PCB 天线即可实现网络节点的构建。

ZigBee 网络中的设备主要分为三种：一是协调器（Coordinator），主要负责无线网络的建立与维护；二是路由器（Router），主要负责无线网络数据的路由功能；三是终端节点（Eed Device）主要负责无线网络数据的采集。

低功耗仅仅对终端节点而言，因为协调器和路由器需要一直处于供电状态，只有终端节点可以定时休眠。例如，对于两节五号电池供电的终端节点，由于单个电池的电量为 1500mAh，两节电池的电量为 3000mAh，节点工作电流为 30mA，每小时工作 50s（其他时间都在休眠），两节五号电池支持长达 6 个月到 2 年左右的使用时间。

（2）高可靠性。ZigBee 采用了碰撞避免机制，同时为需要固定带宽的通信业务预留了专用时隙，避免发送数据时的竞争和冲突；节点模块之间具有自动动态组网的功能，在整个 ZigBee 网络中通过自动路由的方式进行信息传输，从而保证信息传输的可靠性。

（3）时延短。ZigBee 针对时延敏感的应用做了优化，通信时延和从休眠状态激活的时延都非常短。

（4）网络容量大。ZigBee 网络可支持多达 65 000 个节点。

（5）高安全性。ZigBee 提供了数据完整性检查和鉴权功能，加密算法采用通用的 AES-128。

（6）高保密性。ZigBee 拥有 64 位出厂编号，并支持 AES-128 加密。

4．ZigBee 协议栈

在设计网络的软件构架时，一般采用分层的思想，不同的层负责不同的功能，数据只能在相邻的层之间流动。ZigBee 规范是由 ZigBee Alliance 所主导的标准，ZigBee 协议栈结构是基于标准开放式系统互联（Open System Interconnection，OSI）七层模型的，在模型的基础上，结合无线网络的特点，采用分层的思想实现。ZigBee 协议定义了网络层（NWK）、应用程序支持子层（APS）及应用层的数据传输规范、安全层（Security Layer）、各种应用产品的资料（Profile）。而由国际电子电气工程协会（IEEE）制订的 802.15.4 标准，则定义了物理层（PHY）及介质访问控制层（MAC）。ZigBee 无线网络各层示意图如图 5.2 所示。

在 ZigBee 协议栈中，PHY（Physical layer 物理层）、MAC（Media Access Control 媒体介入控制层）层位于最低层，且与硬件相关；NWK、APS、APL 层及安全层建立在 PHY 和 MAC 层之上，与硬件完全无关。分层的结构脉络清晰、一目了然，给设计和调试带来了极大的方便。

ZigBee 物理层 PHY 定义了物理无线信道和 MAC 子层之间的接口，提供物理层数据服务和物理层管理服务。物理层数据服务是从无线物理信道上收发数据；物理层管理服务用来维护一个由物理层相关数据组成的数据库。

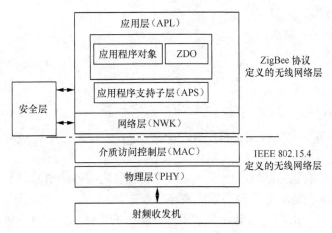

图 5.2　ZigBee 无线网络各层示意图

物理层的主要功能如下。

① ZigBee 的激活。

② 当前信道的能量检测。

③ 接收链路服务质量信息。

④ ZigBee 信道接入方式。

⑤ 信道频率选择。

⑥ 数据传输和接收。

MAC 层负责处理所有的物理无线信道访问，并产生网络信号、同步信号；支持 PAN（Personal Area Network，个域网）连接和分离，为两个对等 MAC 实体之间提供可靠的链路。

MAC 层数据服务用来保证 MAC 协议数据单元在物理层数据服务中正确收发。MAC 层管理服务用来维护一个存储 MAC 子层协议状态相关信息的数据库。

MAC 层的主要功能如下。

① 网络协调器产生信标。

② 与信标同步。

③ 支持 PAN 链路的建立和断开。

④ 为设备的安全性提供支持。

⑤ 信道接入方式采用免冲突载波检测多址接入（CSMA-CA）机制。

⑥ 处理和维护保护时隙（GTS）机制。

⑦ 为两个对等的 MAC 实体之间提供一个可靠的通信链路。

ZigBee 协议栈的核心部分是网络层。网络层主要实现节点加入或离开网络、接收或抛弃其他节点、路由查找以及传送数据等功能，它不仅支持 Cluster-Tree 等多种路由算法，还支持星形、树形、网络拓扑结构。

网络层的主要功能如下。

① 网络发现。

② 网络形成。

③ 允许设备连接。

④ 路由器初始化。

⑤ 设备网络连接。

⑥ 直接将设备同网络连接。

⑦ 断开网络连接。

⑧ 重新复位设备。

⑨ 接收机同步。

⑩ 信息库维护。

ZigBee 应用层框架包括应用支持层（ASP）、ZigBee 设备对象（ADO）和制造商所定义的应用对象。

应用支持层的功能包括维持绑定表、在绑定的设备之间传送消息。所谓绑定就是基于两台设备的服务和需求在逻辑上将他们匹配地连接起来。

ZigBee 设备对象层的功能包括定义设备在网络中的角色（如 ZigBee 协调器和终端设备），发起和响应绑定请求，在网络设备之间建立安全机制。ZigBee 设备对象还负责发现网络中的设备，并且决定向他们提供何种应用服务。

ZigBee 应用层除了提供一些必要函数以及为网络层提供合适的服务接口外，另一个重要的功能是使应用者在这层定义自己的应用对象。

IEEE 802.15.4 定义了两个物理层标准，分别是 2.4GHz 物理层和 868/915 MHz 物理层。两者均基于直接序列扩频（DSSS）技术。

868MHz 只有一个信道，传输速率为 20kbit/s；902MHz～928MHZ 频段有 10 个信道，信道间隔为 2MHz，传输速率为 40kbit/s。这两个频段都采用 BIT/SK 调制。2.4GHz～2.4835 GHz 频段有 16 个信道，信道间隔为 5MHz，能够提供 250kbit/s 的传输速率，采用 O-QPSK 调制。

为了提高传输数据的可靠性，IEEE 802.15.4 定义的媒体接入控制（MAC）层采用了 CSMA-CA 和时隙 CSMA-CA 信道的接入方式和完全握手协议。

5．Z-Stack 协议栈工程简要说明

ZigBee 整个 Z-Stack 采用分层的软件结构，硬件抽象层（HAL）为各种硬件模块提供驱动，包括定时器 Timer、通用 I/O 口 GPIO、通用异步收发传输器 UART、模数转换 ADC 的应用程序接口 API、各种服务的扩展集。操作系统抽象层 OSAL 实现了一个易用的操作系统平台，通过时间片轮转函数实现任务调度，提供多任务处理机制。用户可以调用 OSAL 提供的相关 API 进行多任务编程，将自己的应用程序作为一个独立的任务来实现。

Z-Stack 协议栈就是将各个层定义的协议都集合在一起，以函数的形式实现，并给用户提供一些应用层 API，供用户调用整个协议栈的构架，如图 5.3 所示。

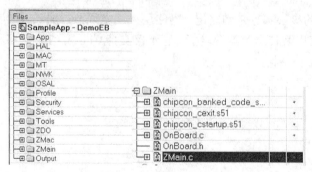

图 5.3　协议栈工程截图

（1）APP 是应用层目录，也是用户创建各种不同工程的区域，在这个目录中包含了应用层的内容和整个项目的主要内容。在协议栈里面 APP 一般是以操作系统的任务实现的。

（2）HAL 是硬件层目录，包含有与硬件相关的配置、驱动及操作函数。硬件层目录、Common 目录下的文件是公用文件，基本上与硬件无关，其中 hal_assert.c 是断言文件，用于调用；hal_drivers.c 是驱动文件，抽象出与硬件无关的驱动函数，包含与硬件相关的配置、驱动及操作函数。Include 目录下主要包含各个硬件模块的头文件，而 Target 目录下的文件是与硬件平台相关的。在 Target 目录下可能看到两个平台，分别是 CC2530DB 平台和一个 CC2530EB 平台，后缀 DB（Development Board）和 EB（Evaluation Board）表示的是 TI 公司开发板的型号，其实还有一种类型是 BB（Battery Board）的。

（3）MAC 是 MAC 层目录，High Level 和 Low Level 两个目录表示 MAC 层分为高层和底层两层，Include 目录下包含了 MAC 层的参数配置文件及基于 MAC 的 LIB 库函数接口文件，这里的 MAC 层的协议不开源，是以库的形式给出的。

（4）MT 是监控调试层，主要用于调试目的，即通过串口调试各层，与各层进行直接交互。

（5）NWK 是网络层目录，含网络层配置参数文件、网络层库的函数接口文件及 APS 层库的函数接口。

（6）OSAL 是协议栈的操作系统。

（7）Profile 是 AF 层目录，包含 AF 层处理函数文件。

（8）Security 是安全层目录，安全层处理函数接口文件，如加密函数等。

（9）Services 是地址处理函数目录，包括地址模式的定义及地址处理函数。

（10）Tools 是工程配置目录，包括空间划分及 ZStack 相关配置信息。

（11）ZDO 是 ZigBee Object 设备对象目录。

（12）ZMAC 是介质访问层，在 802.15.4 MAC 与网络层之间提供接口，包括 MAC 层参数配置以及 MAC 层 LIB 库函数和回调处理函数。其中 Zmac.c 是 Z-Stack MAC 导出层接口文件，zmac_cb.c 是 ZMAC 需要调用的网络层函数。

（13）ZMain 是主函数目录，Zmain.c 主要包含整个项目的入口函数 main()，是在 OnBoard.c 包含硬件开始平台类外设进行控制的接口函数。

（14）Output 是输出文件目录，是由 EW8051 IDE 自动生成的。

6．ZigBee 节点类型与网络配置

ZigBee 网络定义了 3 种节点类型。

（1）ZigBee 协调器（ZigBee Coordinator，ZC）。协调器的作用是上电启动和配置网络（例如设定网络标识符、选择信道），一旦完成后相当于路由器功能。每个 ZigBee 网络必须有一个协调器。

（2）ZigBee 路由器（ZigBee Router，ZR）。路由器允许其他网络设备加入，多跳路由，协助子节点通信或自己作为终端节点应用。

（3）ZigBee 终端节点（ZigBee End Device，ZED）。终端节点向路由节点传递数据，没有路由功能，低功耗，可以选择休眠与唤醒（路由因不断转发数据需要长期保持电源供电，终端节点一般采用电池供电）。

在低数据速率的 WPAN 中包括两种无线设备，即全功能设备（Full Function Device，FFD）和精简功能设备（Reduce Function Device，RFD）。其中，FFD 可以和 FFD、RFD 通信，而 RFD 只能和 FFD 通信，RFD 之间无法通信。

RFD 的应用相对简单，例如，在传感器网络中，它们只负责将采集的数据信息发送给它们的协调点，并不具备数据转发、路由发现和路由维护等功能。RFD 占用资源少，需要的存储容量也小，在不发射和接收数据时处于休眠状态，因此，RFD 成本低、功耗低。FFD 除具有 RFD 功能外，还需要具有路由功能，可以实现路由发现、路由选择功能，并转发数据分组。

一个 ZigBee 网络只允许有一个协调器，在一个 ZigBee 网络中，至少存在一个 FFD 充当整个网络的协调器，即 PAN 协调器。通常，PAN 协调器是一个特殊的 FFD，它具有较强大的功能，是整个网络的主要控制者，它负责建立新的网络、发送网络信标、管理网络中的节点及存储网络信息等。一旦网络启动，新的路由器和终端设备就可以通过路由发现、设备发现等功能加入网络。当路由器或终端设备加入 ZigBee 网络时，设备间的父子关系（或说从属关系）即形成，新加入的设备为子，允许加入的设备为父。

FFD 和 RFD 都可以作为终端节点加入 ZigBee 网络。此外，普通 FFD 也可以在它的个人操作空间（POS）中充当协调器，且它仍然受 PAN 协调器的控制。ZigBee 中每个协调器最多可连接 255 个节点，一个 ZigBee 网络最多可容纳 65 535 个节点。

全功能器件（FFD）可以担任网络协调者，形成网络，让其他的全功能器件（FFD）或者是精简功能设备（RFD）连接。全功能器件（FFD）具备控制器的功能，可提供信息双向传输。

RFD 只能给 FFD 传送信息或从 FFD 接收信息，在网络中通常用作终端设备。图 5.4 所示为节点类型与网络设备配置关系图。由图 5.4 可以看出，协调器和路由器必须是全功能器件（FFD），精简功能设备（RFD）只能给 FFD 传送信息或从 FFD 接收信息。终端设备可以是全功能器件，也可以是精简功能设备（RFD）。

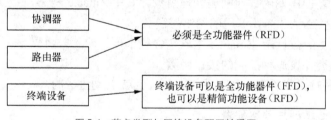

图 5.4　节点类型与网络设备配置关系图

7. ZigBee 网络的拓扑结构

ZigBee 网络的拓扑结构主要有 3 种，即星形网、网状（Mesh）网和簇树形网，如图 5.5 所示。

星形网是由一个 PAN 协调器和一个或多个终端节点组成的。PAN 协调器必须是 FFD，它负责发起、建立和管理整个网络，其他的节点（终端节点）一般为 RFD，分布在 PAN 协调器的覆盖范围内，直接与 PAN 协调器进行通信。星形网的控制和同步都比较简单，通常用于节点数量较少的场合。

　　网状（Mesh）网一般由若干个 FFD 连接在一起形成，它们之间是完全的对等通信，每个节点都可以与它的无线通信范围内的其它节点通信。在 Mesh 网中，一般将发起建立网络的 FFD 节点作为 PAN 协调器。Mesh 网是一种高可靠性网络，具有"自恢复"能力，可为传输的数据包提供多条路径，一旦一条路径出现故障，仍存在另一条或多条路径可供选择。

　　Mesh 网可以通过 FFD 扩展网络，组成 Mesh 网与星形网构成的混合网。在簇树形网中，终端节点采集的信息首先传到同一子网内的根节点，再通过网关节点传到上一层网络的 PAN 协调器。混合网适用于覆盖范围较大的网络。

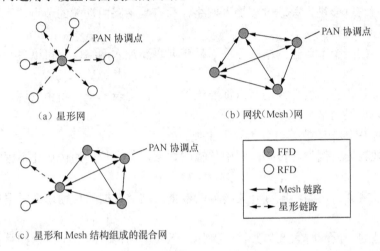

（a）星形网　　　　　　　　　　　（b）网状（Mesh）网

（c）星形和 Mesh 结构组成的混合网

图 5.5　ZigBee 网络的拓扑结构

8．网络路由

　　ZigBee 网络层的路由功能主要为网络连接提供路由发现、路由选择、路由维护功能，路由算法是它的核心。目前 ZigBee 网络层主要支持两种路由算法，即树路由和网状网路由。

　　树路由采用一种特殊的算法，具体可以参考 ZigBee 协议栈的规范。它把整个网络看作是一棵以协调器为根的树，整个网络由协调器建立，而协调器的子节点可以是路由器或者是末端节点，路由器的子节点也可以是路由器或者末端节点，末端节点相当于树的叶子没有子节点。树路由利用一种特殊的地址分配算法，使用 4 个参数——深度、最大深度、最大子节点数和最大子路由器数来计算新节点的地址，寻址的时候根据地址计算路径。ZigBee 路由只有两个方向，即向子节点发送或者向父节点发送。

　　树路由优点是不需要路由表，节省存储资源；缺点是不灵活，浪费了大量的地址空间，并且路由效率低。

　　网状网路由（Z-AODV）实际上是 Ad Hoc 按需路由算法的一个简化版本，是一种基于距离矢量的按需路由算法，非常适合于低成本的无线自组织网络的路由。它可以用于较大规模的网络，需要节点维护一个路由表，耗费一定的存储资源，但往往能达到最优的路由效率，而且使用灵活。Z-AODV 是应用于无线网状网络中进行路由选择的路由协议，它能够实现单播和多播路由。Z-AODV 协议是 Ad Hoc 网络中按需生成路由方式的典型协议。

9．ZigBee 组网技术

　　当 ZigBee PAN 协调器希望建立一个新网络时，首先需要扫描信道，寻找网络中的一个空闲信道来建立新的网络。如果找到了合适的信道，ZigBee 协调器会为新网络选择一个 PAN 标识符（PAN 标识符在信道中必须是唯一的）。一旦选定了 PAN 标识符，就说明已经建立了网络。

另外，这个 ZigBee 协调器还会为自己设置一个默认的 16bit 网络地址。ZigBee 网络中的所有节点都有一个 64bit IEEE 扩展地址和一个 16bit 网络地址，其中，16bit 的网络地址在整个网络中是唯一的，也就是 802.15.4 中的 MAC 短地址。ZigBee 协调器设定了网络地址后，就开始接受新的节点加入其网络。

当一个节点希望加入该网络时，它首先会通过信道扫描来搜索周围存在的网络，如果找到了一个网络，它就会进行关联过程加入网络，只有具备路由功能的节点才可以允许别的节点通过它关联加入网络。

如果网络中的一个节点与网络失去联系后想要重新加入网络，它可以进行孤立通知过程重新加入网络。

网络中每个具备路由器功能的节点都要维护一个路由表和一个路由发现表，它可以通过参与数据节点来扩展网络。

ZigBee 网络中传输的数据可分为以下 3 类。

（1）周期性数据。例如，传感器网中传输的数据，这类数据的传输速率根据不同的应用而确定。

（2）间歇性数据。例如，电灯开关传输的数据，这类数据的传输速率根据应用或者外部激励而确定。

（3）反复性的、反应时间低的数据。例如，无线鼠标传输的数据，这类数据的传输速率根据时隙分配而确定。

为了降低 ZigBee 节点的平均功耗，ZigBee 节点有激活和睡眠两种状态，只有当两个节点都处于激活状态才能完成数据的传输。

在有信标的网络中，ZigBee 协调器通过定期广播信标为网络中的节点提供同步功能；在无信标的网络中，终端节点定期睡眠、定期醒来，除终端节点以外的节点要保证始终处于激活状态，终端节点醒来后会主动询问它的协调器是否有数据要发送给它。

5.2.3 超宽带技术

1．UWB 的概念

超宽带技术（Ultra Wideband，UWB）是一种无线载波通信技术，它不采用正弦载波，而是利用纳秒级的非正弦波窄脉冲来传输数据，因此，UWB 所占的频谱范围很宽。

UWB 技术起源于 20 世纪 50 年代末，此前主要作为军事技术在雷达等通信设备中使用。随着无线通信的飞速发展，人们对高速无线通信提出了更高的要求，超宽带技术又被重新提出，并备受关注。

UWB 是指信号带宽大于 500MHz 或是信号带宽与中心频率之比大于 25%的无线通信方案。与常见的连续载波通信方式不同，UWB 采用极短的脉冲信号来传送信息。通常每个脉冲持续的时间只有几十皮秒到几纳秒，脉冲所占用的带宽甚至高达几吉赫，因此，最大数据传输速率可以达到几百 Mbit/s。在高速通信的同时，UWB 设备的发射功率很小，仅仅是现有设备的几百分之一。所以，从理论上讲，UWB 可以与现有无线电设备共享带宽。UWB 作为一种高速而又低功耗的数据通信方式，有望在无线通信领域得到广泛的应用。

2．UWB 的特点

（1）抗干扰性能强。UWB 采用跳时扩频信号，系统具有较大的处理增益。在发射时将微弱的无线电脉冲信号分散在宽阔的频带中，输出功率甚至低于普通设备产生的噪声。

（2）传输速率高。UWB 的数据速率可以达到几十兆比特（每秒）到几百兆比特（每秒），有望高于蓝牙 100 倍。

（3）带宽极宽。UWB 使用的带宽在 1GHz 以上，可高达几个吉赫，并且超宽带系统容量大，可以和目前的窄带通信系统同时工作而互不干扰。

按照 FCC 的规定，从 3.1GHz～10.6GHz 的 7.5GHz 的带宽频率为 UWB 所使用的频率范围。

（4）消耗电能少。通常情况下，无线通信系统在通信时需要连续发射载波。因此，要消耗一定电能；而 UWB 不使用载波，只是发出瞬间脉冲电波，也就是直接按 0 和 1 发送出去，并且在需要时才发送脉冲电波，所以消耗电能少。

（5）保密性好。UWB 保密性表现在两方面：一方面是采用跳时扩频，接收机只有已知发送端扩频码时才能解出发射数据；另一方面是系统的发射功率谱密度极低，用传统的接收机无法接收。

（6）发送功率非常小。UWB 系统发射功率非常小，通信设备用小于 1mW 的发射功率就能实现通信。低发射功率大大延长了系统电源工作时间。

（7）成本低。适合便携型使用。由于 UWB 技术使用基带传输，无需进行射频调制和解调，所以不需要混频器、过滤器、RF 转换器及本地振荡器等复杂元件，系统结构简化，成本大大降低，同时更容易集成到 CMOS 电路中。

当然，UWB 技术也存在自身的弱点。主要是占用的带宽过大，可能会干扰其他无线通信系统，因此，其频率许可问题一直在争论之中。另外，有学者认为，尽管 UWB 系统发射的平均功率很低，但由于其脉冲持续时间很短，瞬时功率峰值可能会很大，这甚至会影响到民航等许多系统的正常工作。但是，学术界的种种争论并不影响 UWB 的开发和使用。2002 年 2 月美国通信协会批准了 UWB 用于短距离无线通信的申请。

3．UWB 的应用前景

UWB 是利用纳秒级窄脉冲发射无线信号的技术，适用于高速、近距离的无线个人通信。

UWB 技术具有系统复杂度低、发射信号功率谱密度低、对信道衰落不敏感、低截获能力、定位精度高等优点，尤其适用于室内等密集多径场所的高速无线接入，也非常适于建立一个高效的无线局域网（WLAN）或无线个域网（WPAN）。

UWB 最具特色的应用是视频消费娱乐方面的无线个域网（WPAN）。

超宽带系统同时具有无线通信和定位的功能，可应用于智能交通系统中，为车辆防撞、电子牌照、电子驾照、智能收费、车内智能网络、测速、监视、分布式信息站等提供高性能、低成本的解决方案。

UWB 也可应用在小范围、高分辨率及能穿透墙壁、地面和身体的雷达和图像系统中，诸如军事、公安、消防、医疗、救援、测量、勘探和科研等领域，用作隐秘安全通信、救援应急通信、精确测距和定位、透地探测雷达、墙内和穿墙成像、监视和入侵检测、医用成像、贮藏罐内容探测等。

军事部门已对 UWB 进行了多年研究，开发出了分辨率极高的雷达。美国研制出来的穿墙雷达就是使用 UWB 技术研究制造的，可用于检查道路、桥梁以及其他混凝土和沥青结构建筑中的缺陷，可用于地下管线、电缆和建筑结构的定位。另外，UWB 在消防、救援、治安防范以及医疗、医学图像处理中都大有用武之地。

UWB 一个非常有前途的应用是汽车防撞系统，可用于自动刹车系统的雷达制造。UWB 最具特色的应用将是视频消费娱乐方面的无线个域网（WPAN）。现有的无线通信方式中，只有 UWB 有可能在 10m 范围内，支持高达 110Mbit/s 的数据传输率，不需要压缩数据，可以快速、简单、经济地完成视频数据处理。

5.2.4　红外通信技术

1．红外通信技术简介

红外线数据标准协会（Infrared Data Association，IrDA）是 1993 年 6 月成立的一个国际性组织。专门制订和推进能共同使用的低成本红外数据互联标准。IrDA 技术是一种红外线无线传输协议及基于该协议的无线传输接口。

IrDA 技术使用一种点对点的数据传输协议，它替代了设备之间连接的线缆。它的通信距离一般在 0～1 米，传输速率最快可达 16Mbit/s，通信介质是波长为 900nm 左右的近红外线。IrDA 的主要优点是无需申请频率的使用权，因此红外通信成本低廉。并且 IrDA 还具有移动通信所需的体积小、功耗低、连接方便、简单易用的特点。此外红外线发射角度较小（30°锥角以内）、短距离、点对点直线数据传输、保密性强、传输上安全性高。

IrDA 技术是目前在世界范围内被广泛使用的一种无线连接技术，通过数据电脉冲和红外光脉冲之间的相互转换实现无线的数据收发。传输速率较高，目前 4Mbit/s 速率的 FIR 技术已被广泛使用，16Mbit/s 速率的 VFIR 技术已经发布。

2．IrDA 通信标准

在红外通信技术发展早期，已存在好几个红外通信标准，不同标准之间的红外设备不能进行红外通信。

为了使各种红外设备能够互联互通，1993 年，由二十多个大厂商成立了红外数据协会（IrDA），统一了红外通信的标准，这就是目前被广泛使用的 IrDA 红外数据通信协议及规范。

应用红外线收发器链接虽然能免去电线或电缆的连接，但使用起来仍有许多不便，不仅距离只限于 1～2m，而且必须在视线内直接对准，收发装置的光路夹角一般在 30° 内，中间不能有任何阻挡。同时只限于在两个设备之间进行，不能同时链接多个设备。

3．应用

目前，支持 IrDA 的软硬件技术都很成熟，在小型移动设备上已被广泛使用，如 PDA、手机、笔记本电脑、遥控器等。当今每一个出厂的 PDA 以及许多手机、笔记本电脑、打印机等产品都支持 IrDA。红外线链路数据传输的用途主要应用在近距离的两台硬件之间的通信。例如，家电控制、计算机与外设、通信设备间等。

红外线信号传送在某些领域仍然具有独特的优势，这种优势也许恰恰弥补了无线传输的不足。

5.2.5 近距离通信技术

1．近距离通信技术概述

近距离无线通信（Near Field Communication，NFC）是一种短距离的高频无线通信技术，允许电子设备之间进行非接触式点对点数据传输（在 10cm 内）和交换数据。这个技术由非接触式射频识别（RFID）演变而来，并向下兼容 RFID，最早由飞利浦（Philips）公司、诺基亚（Nokia）公司和索尼（sony）公司共同开发的 NFC 是一种非接触式识别和互联技术，可以在移动设备、消费类电子产品、PC 和智能控件工具间进行近距离无线通信。

NFC 提供了一种简单、非触控式的解决方案，可以让消费者简单直观地交换信息、访问内容与服务。由于近场通信具有天然的安全性，因此，NFC 技术被认为在手机支付等领域具有很大的应用前景。

NFC 将非接触读卡器、非接触卡和点对点（Peer-to-Peer）功能整合在一块单芯片中。NFC 是一个开放接口平台，可以对无线网络进行快速、主动设置；也是虚拟连接器，服务于现有蜂窝状网络、蓝牙和无线 802.11 设备。

NFC 和 RFID 不同，NFC 采用了双向的识别和连接，在 20cm 距离内于 13.56MHz 频率范围工作。

NFC 最初仅仅是遥控识别和网络技术的合并，但现在已发展成无线连接技术。它能快速自动地建立无线网络，为蜂窝设备、蓝牙设备、Wi-Fi 设备提供一个"虚拟连接"，使电子设备可以在短距离范围进行通信。通过 NFC，可实现多个设备（如数码相机、PDA、机顶盒、电脑、手机等）之间的无线互联，彼此交换数据式服务。与蓝牙等短距离无线通信标准不同的是，NFC 的作用距离进一步缩短且不像蓝牙那样需要有对应的加密设备。

2．技术特点

NFC 与其他近距离通信技术相比，具有鲜明的特点，主要体现在以下 4 个方面。

（1）距离近、能耗低。由于 NFC 采取了独特的信号衰减技术，通信距离不超过 20cm，所以能耗相对较低。

（2）NFC 更具安全性。NFC 是一种能够提供安全、快捷通信的无线连接技术。作为一种私密通信方式，加上其距离近、射频范围小的特点，使 NFC 通信更加安全。

（3）NFC 与现有非接触智能卡技术兼容。NFC 标准目前已经成为越来越多主要厂商支持的正式标准，很多非接触智能卡都能够与 NFC 技术相兼容。

（4）传输速率较低。NFC 标准规定了数据传输速率具备了 3 种传输速率，最高的仅为 424Kbit/s，传输速率相对较低，不适合如音视频流等需要较高带宽的应用。

3．NFC 技术原理

NFC 的设备可以在被动或主动模式下交换数据。

在被动模式下，启动 NFC 通信的设备，也称为 NFC 发起设备（主设备），在整个通信过程中提供射频场。它可以选择 106kbit/s、212kbit/s 或 424kbit/s 其中一种传输速度，将数据发送到另一台设备。

在被动模式下，另一台设备称为 NFC 目标设备（从设备），它不必产生射频场，使用负载调制（load modulation）技术，就可以相同的速度将数据传回发起设备。

移动设备主要以被动模式操作，可以大幅降低功耗，并延长电池寿命。电池电量较低的设备可以要求以被动模式充当目标设备，而不是发起设备。

在主动模式下，当每台设备要向另一台设备发送数据时，都必须产生自己的射频场。这是对等网络通信的标准模式，可以获得非常快速的连接设置。

4．技术优势

NFC 是一种近距离连接协议，也是一种近距离的私密通信方式，具有距离近、带宽高、能耗低等特点，可以与现有非接触智能卡技术兼容。NFC 还优于红外和蓝牙传输方式。NFC 技术支持多种应用，包括移动支付与交易、对等式通信及在移动中进行信息访问等，在门禁、公交、手机支付等领域内发挥着巨大的作用。

5．NFC 的商用应用

NFC 有以下 3 种应用类型。

（1）设备连接。除了无线局域网，NFC 也可以简化蓝牙连接。例如，手提电脑用户如果想在机场上网，他只需要走近一个 Wi-Fi 热点即可实现。

（2）实时预定。飞利浦和诺基亚对于 NFC 的这种应用抱有非常乐观的态度。例如，海报或展览信息背后贴有特定芯片，利用含 NFC 协议的手机或 PDA，便能取得详细信息，或是立即联机使用信用卡进行票卷购买。而且这些特定的芯片无需独立的能源。

（3）移动商务。前面所描述的非接触智能卡在交易中的应用就是一个很好的例子，而且诺基亚已经在香港和奥兰多成功进行过类似的商业实验。

典型应用有门禁控制或车票、电影院门票售卖等，使用者只需携带储存票证或门控代码的设备靠近读取设备即可。NFC 还能够作为简单的数据获取应用，获取公交车站站点信息、公园地图信息等。

目前，Nokia 3220 手机已集成了 NFC 技术，可以用作电子车票，还可在当地零售店和旅游景点作为折扣忠诚卡使用。

5.2.6 家庭射频

1．家庭射频概念

家庭射频（HomeRF）是由 HomeRF 工作组开发的，它是在家庭区域范围内的计算机和电子设备之间实现无线数字通信的开放性工业标准，为家庭用户建立具有互操作性的音频和数据通信网带来了便利。

2．家庭射频频段

HomeRF 是 IEEE 802.11 与数字增强无绳电话（Digital Enhanced Cordless Telephone，DECT）的结合。HorneRF 在开放的 2.46Hz 频段工作，采用跳频扩频技术，跳频速率为 50 跳/秒，共有 75 个带宽为 1MHz 的跳频信道，室内覆盖范围约 45m，调制方式为恒定包络的 FSK 调制，且分为 2FSK 与 4FSK 两种，采用 FSK 调制可以有效抑制无线通信环境下的干扰和衰落。在 2FSK 方式下，最大的数据传输速率为 1Mbit/s ；在 4FSK 方式下，速率可达 2Mbit/s。在新的 HomeRF 2.X 标准中，采用了宽带跳频（Wide Band Frequency Hopping，WBFH）技术来增加跳频带宽，由原来的 1MHz 跳频信道增加到 3MHz 和 5MHz，跳频的速率也提高到 75 跳/秒，数据传输速率峰值达 10Mbit/s。

3．家庭射频通信协议

HomeRF 是对现有无线通信标准的综合和改进。HomeRF 把共享无线接入协议（SWAP）作为网络的技术指标，当进行数据通信时，采用简化的 IEEE 802.11 标准，沿用类似于以太网技术中的载波监听多路访问 / 冲突避免（Carrier Sense Multiple Access with Collision Aviodance，CSMA / CA）方式；当进行语音通信时，则采用 DECT 无线通信标准，使用 TDMA 技术。HomeRF 对流媒体提供了真正意义上的支持，其规定了高级别的优先权并采用了带有优先权的重发机制，这样就满足了播放流媒体所需的高带宽、低干扰、低误码要求。

4．家庭射频应用前景

目前 HomeRF 技术仅获得了少数公司的支持，并且由于在抗干扰能力等方面与其他技术标准相比仍存在不少缺陷，这些使 HomeRF 技术的应用和发展前景受到限制，再加上这一标准推出后，市场策略定位不准、后续研发与技术升级进展迟缓。因此，从 2000 年之后，HomeRF 技术开始走下坡路，2001 年 HomeRF 的普及率降至 30％，逐渐丧失市场份额。尤其是芯片制造巨头英特尔公司决定在其面向家庭无线网络市场的 AnyPoint 产品系列中增加对 IEEE 802.11b 标准的支持后，HomeRF 的发展前景更为不乐观，HomeRF 很难冲出家庭应用的限制。

5.3　无线局域网

5.3.1　无线局域网概述

1．无线局域网定义

无线局域网（Wireless-Local Area Network，WLAN）是利用无线通信技术在一定的局部范围内建立的网络，是计算机网络与无线通信技术相结合的产物，它以无线多址信道作为传输媒介，提供传统有线局域网 LAN 的功能，能够使用户真正实现随时、随地、随意地接入宽带网络。

WPAN（无线个域网）是以个人为中心来使用的无线个人区域网，它实际上就是一个低功率、小范围、低速率和低价格的电缆替代技术。与 WPAN 相比，WLAN 却是同时为许多用户服务的无线局域网，它是一个大功率、中等范围、高速率的局域网。

无线局域网使用无线连接把分布在数公里范围内的不同物理位置的计算机设备连在一起，使这些计算机设备在网络软件的支持下可以相互通信和资源共享。

2．无线局域网优势

无线局域网的主要优势有以下 4 点。

（1）安装便捷。在网络建设中，一般施工周期最长、对周边环境影响最大的是网络布线施工工程。在施工过程中，往往需要破墙掘地、穿线架管。而 WLAN 最大的优势就是免去或减少了网络布线的工作量，一般只要安装一个或多个接入点（Access Point，AP）设备，就可建立覆盖整个建筑或地区的局域网络。

（2）使用灵活。在有线网络中，网络设备的安放位置受网络信息点位置的限制。而 WLAN 建成后，在无线网的信号覆盖区域内任何一个位置都可以接入网络。

（3）经济节约。由于有线网络缺少灵活性，所以，要求网络规划者要尽可能地考虑未来发展的需要，这就往往导致预设大量利用率较低的信息点。而一旦网络的发展超出了设计规划，又要花费较多费用进行网络改造。而 WLAN 则可以避免或减少以上情况的发生。

（4）易于扩展。WLAN 有多种配置方式，能够根据需要灵活选择。这样，WLAN 就能胜任从只有几个用户的小型局域网扩展到有上千用户的大型网络，并且能够提供像"漫游（Roaming）"等有线网络无法提供的特性。

3. 无线局域网应用领域

无线局域网的主要应用领域如下。

（1）接入网络信息系统，如电子邮件、文件传输和终端仿真等。

（2）难以布线的环境，如老建筑、布线困难或昂贵的露天区域、城市建筑群、校园和工厂等。

（3）频繁变化的环境，例如，频繁更换工作地点和改变位置的零售商、生产商，以及野外勘测、试验、军事、公安和银行等。

（4）使用便携式计算机等可移动设备进行快速网络连接。

（5）用于远距离信息的传输，例如，在林区进行火灾、病虫害等信息的传输；公安交通管理部门进行交通管理等。

（6）专门工程或高峰时间所需的暂时局域网，例如，学校、商业展览、建设地点等人员流动较强的地方，利用无线局域网进行信息的交流；零售商、空运和航运公司高峰时间所需的额外工作站等。

（7）流动工作者可得到信息的区域，例如，需要在医院、零售商店或办公室区域流动时得到信息的医生、护士、零售商、白领工作者等。

（8）办公室、家庭办公室用户，以及需要方便快捷地安装小型网络的用户。

5.3.2 无线局域网标准

以 IEEE 802.11 协议为基础的无线局域网在标准之争中脱颖而出，成为目前占主导地位的无线局域网标准。1990 年 IEEE 802 标准化委员会成立 IEEE 802.11 无线局域网标准工作组，主要研究在 2.4 GHz 开放频段工作的无线设备和网络发展的全球标准。1997 年 6 月，提出 IEEE 802.11 标准，别名为 Wi-Fi（Wireless Fidelity），它是一种无线保真技术。我们常说的"WLAN"指的就是符合 802.11 系列协议的无线局域网技术。

目前 802.11X 技术主要有 802.11a/b/g，802.11n 技术尚在完善中。WLAN 主要技术标准概述如表 5.1 所示。

表 5.1	WLAN 主要技术标准			
标准号	IEEE 802.11a	IEEE 802.11b	IEEE 802.11g	IEEE 802.11n
标准发布时间	1999 年 9 月	1999 年 9 月	2003 年 6 月	2009 年 9 月
工作频率范围	5.150GHz～5.350GHz 5.475 GHz～5.725GHz 5.725GHz～5.850GHz	2.4GHz～ 2.4835GHz	2.4 GHz～ 2.4835GHz	2.4GHz～2.4835GHz 5.150GHz～5.850GHz
非重叠信道数	24	3	3	15
物理速率（Mbit/s）	54	11	54	600
实际吞吐量(Mbit/s)	24	6	24	100 以上
频宽	20MHz	20MHz	20MHz	20MHz/40MHz
调制方式	OFDM	CCK/DSSS	CCK/DSSS/OFDM	MIMO-OFDM/DSSS/CCK
兼容性	802.11a	802.11b	802.11b/g	802.11a/b/g/n
室内覆盖	约 30m	约 30m	约 30m	约 70m
室外覆盖	约 45m	约 100m	约 100m	约 250m

802.11 协议族中包括如下协议标准。

802.11 采用直接序列展频（扩频）技术（DSSS）或跳频展频技术（FHSS），制定了在 RF 射频频段 2.4GHz 上的运用，并且提供了 1Mbit/s、2Mbit/s 和基础信号传输方式与服务的传输速率规格。

802.11a 是 802.11 的衍生版，在 5.8GHz 频段提供了最高 54Mbit/s 的速率规格。

802.11b，即 Wi-Fi 标准，IEEE 802.11b 高速无线网路标准是在 2.4GHz 频段上运用 DSSS 技术，将原来无线网络的传输速度提升至 11Mbit/s。

802.11g 在 2.4GHz 频段上提供高于 20Mbit/s 的速率规格。

802.11n 可在 2.4GHz 频段上工作，也可在 5GHz 频段上工作，与以前的 IEEE 802.11b/g/a 设备兼容通信。

5.3.3 无线局域网的组成与拓扑结构

1. WLAN 的网络组成

如图 5.6 所示，WLAN 的网络主要由 WLAN 终端设备和 WLAN 接入系统两部分组成。

图 5.6 WLAN 的网络结构

（1）WLAN 终端设备

用户可通过内置 WLAN 无线模块的终端设备（Station，STA）（如 PC、PDA、手机等）或终端+WLAN 网卡的方式获得互联网接入服务和数据通信服务。目前 WLAN 网卡主要支持

IEEE 802.11a/b/g 协议，后续应能支持 IEEE802.11n 协议，同时还应能支持 IEEE802.11i 协议进行认证加密。

（2）WLAN 接入系统

WLAN 接入系统由接入点设备 AP 和业务接入控制设备（AC）组成，完成 WLAN 用户的接入控制，WLAN 接入认证点则由 AP 设备实现。

连接在 WLAN 中的终端设备称为端站（STA），端站（STA）是无线网络终端设备，STA 通过无线链路接入 AP。

AP 通过无线链路和 STA 进行通信。AP 上行方向与 AC 通过有线链路连接。AP 是特殊的工作站，类似蜂窝中的基站，位于基本服务区（Basic Service Area，BSA）的中心，固定不动。

接入控制器（Access Controller，AC）在无线局域网和外部网之间充当网关功能。AC 将来自不同 AP 的数据进行汇聚，与 Internet 相连。AC 支持用户安全控制、业务控制、计费信息采集以及对网络的监控。

2．WLAN 的网络的拓扑结构

WLAN 按照物理拓扑结构可以分为单区网（SCN）和多区网（MCN）两类网络结构。

从逻辑上可以分为对等式（Ad Hoc）和基础结构式（Infrastructure）两类网络结构。802.11 无线局域网拓扑结构如图 5.7 所示。

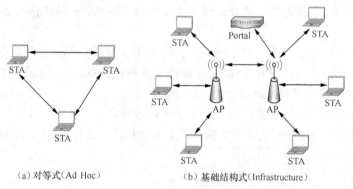

（a）对等式（Ad Hoc）　　　　（b）基础结构式（Infrastructure）

图 5.7　802.11 无线局域网拓扑结构

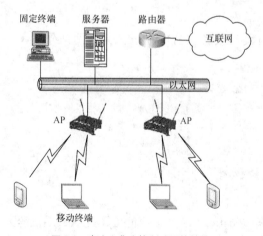

图 5.8　有中心集中控制式网络结构

从控制方式上可以分为无中心分布式和有中心集中控制式网络结构。有中心集中控制式网络结构如图 5.8 所示。

从与外网连接上可以分为独立和非独立网络结构。

3．802.11 的网络模型

基本服务集（Basic Service Set，BSS）是 802.11 LAN 的基本组成模块。工作站之间的通信在基本服务区中进行，只要位于基本服务区，工作站就可以跟同一个 BSS 的其他成员通信。

基本服务区（BSA）是构成无线局域网的最小单元。BSA 近似于蜂窝电话网中的小区，但它和小区有明显的差异。蜂窝电话网中的小区采用集中控制方式组网，也就是说网络中的工作站一定要经过小区中的基站方可相互通信，但 BSA 的组网方式并不限于集中控制式。

（1）独立型网络模式（Independent BSS）

独立型网络模式如图 5.9 所示。独立型网络模式由一组相互通信的工作站构成，能互相进行无线通信的 STA 可以组成一个 BSS，无需 AP 支持，站点间可相互通信。如果一个站移出 BSS 的覆盖范围，它将不能与 BSS 的其他成员通信。

独立型网络模式是最基本的 IEEE802.11 无线局域网形式；它的特点是分布式对等（peer to peer）拓扑；至少包括两个工作站（STA），没有 AP 转接，工作站之间直接通信；各站点竞争公用信道；随时需要随时构建，称作自组织网络（Ad Hoc）；该模式结构简单，组网迅速，使用方便，抗毁性强；可用于军事、临时组网；适于小规模、小范围系统。

（2）基础结构型网络模式（infrastructure BSS）

基础结构型网络模式如图 5.10 所示。基础结构型网络模式的特点是：它是由多个工作站（STA）组成的集合；是只包括一个 AP 的单区结构；集中式基础结构型（Infrastructure）拓扑；BSS 内的工作站间不能直接通信，必须依赖 AP 进行数据传输；BSS 覆盖范围由 AP 决定；同一个 BSS 的各个工作站具有相同的 BSS 标识符（BSS Identifier，BSSID），在 IEEE802.11 中，BSSID 是 AP 的 MAC 地址。AP 管理各站同步、移动性、节能等；为接入骨干网提供一个逻辑接入点。

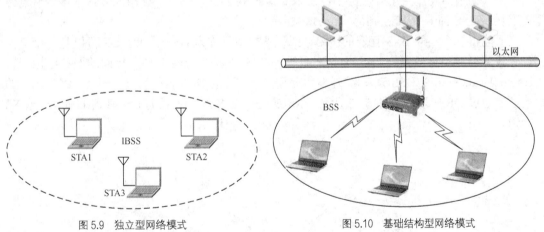

图 5.9　独立型网络模式　　　　　图 5.10　基础结构型网络模式

站点 AP 负责基础结构型网络所有的通信，包括同一服务区中所有移动节点间的通信。位于基础结构型网络模式服务集中的移动工作站如有必要跟其他移动式工作站通信，必须经过两个步骤：首先，由初始对话的工作站将帧传递给 AP；其次，由 AP 将此帧转送至目的地。既然所有通信都必须通过接入点，那么基础结构型网络模式所对应的基本服务区域就相当于 AP 的传送范围。AP 提供到有线网络的连接，并为站点提供数据中继功能。

（3）扩展服务集合（ESS）

扩展服务集合（ESS）网络模式如图 5.11 所示。由多个 BSS 可以构成的扩展网络，称为扩展服务集（ESS）网络。一个 ESS 网络内部的 STA 可以互相通信，是采用服务集标识符（Service Set indentifier，SSID）的多个 BSS 形成的更大规模的虚拟 BSS。在同一个 BSS 内，所有 STA 和 AP 必须具有相同的 SSID，否则无法进行通信。

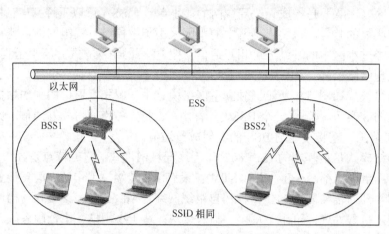

图 5.11　扩展服务集合（ESS）网络模式

连接 BSS 的组件称为分布式系统（Distribution System，DS）。扩展服务集合的特点是：ESS 属 Infrastructured 网，它是多 AP 模式的拓扑，ESS 范围数公里。如果一个业务区由多个 ESS 组成，每个 ESS 分配一个 ESS 标识符（ESS Identifier，ESSID），ESA 中的所有 AP 共享同一个 ESSID。相同 ESSID 的无线网络间可以进行漫游，所有不同的 ESSID 组成一个网络标识符（NID），属于一个逻辑网段，通常称一个 IP 子网。

一个移动节点使用某 ESS 的 SSID 加入到该扩展服务集中，一旦加入 ESS，移动节点便可实现从该 ESS 的一个 BSS 到另一个 BSS 的漫游。

只要能将多个不同 BSS 互连的网络（或设备）都可称为 DS。因此，DS 可以是一个交换机、有线网络或者无线网络。所有位于同一个 ESS 的接入点将会使用相同的服务组标识符（Service Set Indentifier，SSID），这通常就是用户所谓的网络"名称"。位于不同 BSS 之间的站点通信通过 DS 实现，如图 5.12 所示。SSID 是一个 ESS 的网络标识，BSSID 是一个 BSS 的标识。

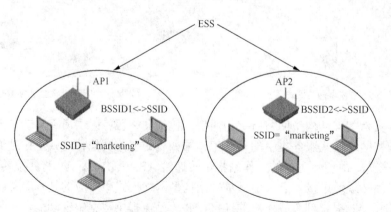

图 5.12　不同 BSS 之间的站点通信通过 DS 实现

BSSID 实际上就是 AP 的 MAC 地址，用来标识 AP 管理的 BSS，在同一个 AP 内 BSSID 和 SSID 一一映射。在一个 ESS 内 SSID 是相同的，但对于 ESS 内的每个 AP 与之对应的 BSSID 是不相同的。如果一个 AP 可以同时支持多个 SSID 的话，则 AP 会分配不同的 BSSID 来对应这些 SSID。

5.3.4　Wi-Fi 联盟

无线保真技术（Wireless Fidelity，Wi-Fi）是一种短程无线传输技术，能够在数百英尺范围内支持互联网接入的无线电信号。Wi-Fi 的第一个版本发表于 1997 年，其中定义了介质访问接入控制层（MAC 层）和物理层。规定了无线局域网的基本网络结构和基本传输介质，规范了物理层（PHY）和介质访问层（MAC）的特性。物理层采用红外、DSSS（直接序列扩频）或 FSSS（调频扩频）技术。1999 年又增加了 IEEE 802.11a 和 IEEE 802.11g 标准。Wi-Fi 传输速率最高可达 54MP，能够广泛支持数据、图像、语音和多媒体等业务。

Wi-Fi 是一个无线网路通信技术的品牌，由 Wi-Fi 联盟（Wi-Fi Alliance）所持有，是一种可以将个人计算机、手持设备（如 PDA、手机）等终端以无线方式互相连接的技术。目的是改善基于 IEEE 802.11 标准的无线网路产品之间的互通性。

Wi-Fi 拼音音译为"waifai"，是 Wi-Fi 组织发布的一个业界术语，中文译为"无线相容认证"。

Wi-Fi 最高带宽为 11Mbit/s，在信号较弱或有干扰的情况下，带宽可调整为 5.5Mbit/s、2Mbit/s 和 1Mbit/s。其主要特性为速度快，可靠性高，在开放性区域，通信距离可达 305m，在封闭性区域，通信距离为 76m～122m，方便与现有的有线以太网络整合，组网的成本较低。

能够访问 Wi-Fi 网络的地方被称为热点。Wi-Fi 热点是通过在互联网连接上安装访问点来创建的。当一台支持 Wi-Fi 的设备（如 Pocket PC）遇到一个热点时，这个设备可以用无线方式连接该网络。大部分热点都位于供大众访问的地方，如机场、咖啡店、旅馆、书店以及校园等。

5.3.5　无线网络接入设备

Wi-Fi 是由 AP（Access Point）和无线网卡组成的无线网络。AP 一般称为网络桥接器或接入点，它被当作传统的有线局域网络与无线局域网络之间的桥梁，因此，任何一台装有无线网卡的 PC 均可透过 AP 去分享有线局域网络或广域网络的资源，其工作原理相当于一个内置无线发射器的 HUB 或者是路由，而无线网卡则是负责接收由 AP 所发射信号的 CLIENT 端设备。

1. 无线网卡

（1）USB 无线网卡：内置微型无线网卡和天线，可以直接插入计算机 USB 端口。
（2）台式机无线网卡：使用台式机无线网卡和外置天线，插入计算机主板相应槽口。
（3）支持 Wi-Fi 的笔记本：笔记本电脑内置无线网卡芯片与天线，方便使用。
无线网卡实物如图 5.13 所示。

2. 接入点

接入点通常由标准以太网线连接到有线网络上，并通过天线与无线设备进行通信。
在有多个接入点时，用户可以在接入点之间漫游切换。接入点的有效范围是 20~500m。根据技术、配置和使用情况，一个接入点可以支持 15～250 个用户。
接入点常见的就是一个无线路由器，如果无线路由器连接了一条 ADSL 线路或别的上网线路，则又被称为"热点"。

现在市面上常见的无线路由器多为 54Mbit/s 速度，再上一个等级就是 108Mbit/s 的速度，当然这个速度并不是上网的速度，上网的速度主要是取决于 Wi-Fi 热点的互联网线路。无线路由器实物如图 5.14 所示。

图 5.13　无线网卡　　　　　　　　　　　　　　　　　图 5.14　无线路由器

5.3.6　无线网络架设

一般架设无线网络的基本配备就是无线网卡和一台 AP。有线宽带网络到户后，连接到一台 AP，然后在计算机中安装一块无线网卡即可。

普通的家庭有一个 AP 已经足够，甚至用户的邻里得到授权后，则无需增加端口，也能以共享的方式上网。在网络建设完备的情况下，802.11b 的真实工作距离可以达到 100m 以上。下面介绍无线网络集中组网方式。

1. 室内组网

（1）室内对等连接

室内对等（peer to peer）连接方式下的局域网，不需要单独具有总控接转功能的接入设备 AP（Access Point），所有的基站都能对等地相互通信。室内对等连接方式组网结构如图 5.15

所示。并不是所有号称兼容 802.11 标准的产品都具有这种工作模式，无线产品对应的这种模式是 AdHoc Demo Mode。在 AdHoc Demo Mode 模式的局域网中，一个基站会自动设置初始站，对网络进行初始化，使所有同域（SSID 相同）的基站成为一个局域网，并且设定基站协作功能，允许有多个基站同时发送信息。这样在 MAC 帧中，就同时有源地址、目的地址和初始站地址。在目前，

图 5.15　对等方式

这种模式采用了 NetBEUI 协议，不支持 TCP/IP，因此较适合未建网的用户，或组建临时性的网络，如野外作业、临时流动会议等，每台计算机仅需一片网卡，经济实惠。

（2）室内中心模式

室内中心模式方式以星形拓扑为基础，以接入点 AP 为中心，所有的基站通信要通过 AP 接转。如图 5.16 所示，当室内布线不方便、原来的信息点不够用或计算机相对移动时，可以利用此无线组网模式解决问题。室内中心模式可以使插有无线网卡的客户共享有线网资源，实现有线无线随时随地共享连接。

2. 室外点对点

室外点对点工作原理是在两个有线局域网间，通过两台无线接入点将它们连接在一起，实现两个有线局域网之间资源共享。室外点对点模式如图 5.17 所示。

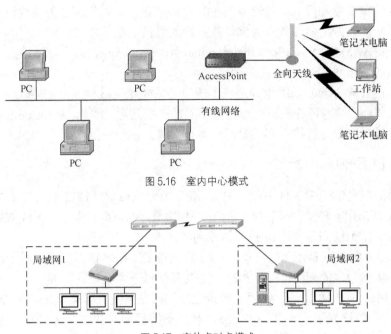

图 5.16　室内中心模式

图 5.17　室外点对点模式

3．中继组网

中继组网利用无线信道作为企业网的干线，用于大楼与大楼之间的数据传输。中继组网模式如图 5.18 所示。

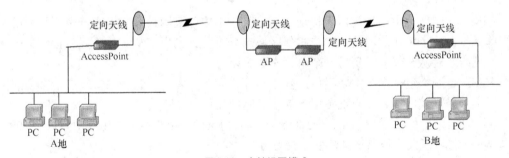

图 5.18　中继组网模式

5.4　无线城域网

5.4.1　无线城域网基本概念

长期以来，"最后一英里"问题主要依赖于有线接入技术，如电缆（Cable）、数字用户线（xDSL）、光纤等。

随着无线通信的快速发展，无线宽带接入技术也加入到这一行列中。以 IEEE802.16 标准为基础的无线城域网技术，覆盖范围达几十千米，传输速率高、提供灵活、经济、高效的组网方式，支持固定（IEEE802.16d）和移动（IEEE802.16e）宽带无线接入，解决有线方式无法覆盖到地区的宽带接入问题，有较为完备的 QoS 机制，可以根据业务需要提供实时、非实时不同速率要求的数据传输服务，为宽带数据接入提供了新的方案。

无线城域网 WiMAX（Wireless Metropolitan Area Network，即全球微波互联接入）是以无线方式构成的城域网。

无线局域网（WLAN）不能很好地应用于室外的宽带无线接入（BWA）。在带宽和用户数方面将受到限制，同时还存在着通信距离等其他一些问题。因此，IEEE 决定制定一种新的全球标准，以满足宽带无线接入和"最后一英里"接入市场的需要。

5.4.2 IEEE 802.16 标准

与为无线局域网制定 802.11 标准一样，IEEE 为无线城域网推出了 802.16 标准，同时业界也成立了类似 Wi-Fi 联盟的 WiMAX 论坛。IEEE 的 802.16 工作组是无线城域网标准的制订者，而 WiMAX 论坛则是 802.16 技术的推动者。

最早的 IEEE 802.16 标准是在 2001 年 12 月获得批准的，该标准是针对 10GHz～66GHz 高频段视距环境而制定的无线城域网标准。主要包括以下两个正式标准。

（1）802.16d（802.16-2004）是固定宽带无线接入空中接口标准（2GHz～66GHz 频段）。

（2）802.16 的增强版本，即 802.16e，它是支持移动性的宽带无线接入空中接口标准（2GHz～6GHz 频段），它向下兼容 802.16-2004。

802.16 标准是一种无线城域网技术，它能向固定、携带和移动的设备提供宽带无线连接，它的服务区范围高达 50 km，用户与基站之间不要求视距传播，每个基站提供的总数据速率最高为 280 Mbit/s。

5.4.3 WiMAX 系统构成

WiMAX 网络使用原理类似于移动电话。某一定地理范围被分成多个一系列重叠的区域称为单元。每一个单元的覆盖范围与相邻区域部分重叠。当用户从一个单元旅行到另一个单元时，无线连接从一个单元到另一个单元递送关闭。

WiMAX 网络包括两个主要组件：基站和订户设备。WiMAX 基站安装在一个立式高塔或高楼上广播无线信号。订户设备用于接收 WiMAX 信号。

Wi-Fi 的传输功率一般在 1mW～100mW 之间，而一般的 WiMAX 的传输功率大约 100kW，所以 Wi-Fi 的功率大约是 WiMAX 的一百万分之一。

WiMAX 技术于 2006 年开始用于笔记本电脑和 PDA。常见的移动 WiMAX 设备包括掌上电脑、手机、WiMAX 网卡和 USB modem 等。另外还有具备 WiMAX 功能的笔记本电脑。

需要注意的是，WiMAX 连接需要一个 WiMAX—启用设备和订阅 WiMAX 宽带服务。

WiMAX 利用无线发射塔或天线来提供面向互联网的高速连接。WiMAX 的接入速率最高达 75Mbit/s，胜过有线 DSL 技术，最大距离可达 50km，它可以替代现有的有线和 DSL 连接方式，为最后 1km 提供无线宽带接入。因而，WiMAX 可应用于固定、简单移动、便携、游牧和自由移动 5 类应用场景。

WiMAX 相对于 Wi-Fi 的优势主要体现在 Wi-Fi 解决的是无线局域网的接入问题，而 WiMAX 解决的是无线城域网的问题。Wi-Fi 只能把互联网的连接信号传送到约 100m 远的地方，WiMAX 则能把信号传送 50km 远。

Wi-Fi 网络连接速度为 54Mbit/s，而 WiMAX 为 70Mbit/s。有专家认为，WiMAX 的覆盖范围和传输速度将对 3G 构成威胁。802.16 无线城域网服务范围的示意图如图 5.19 所示。

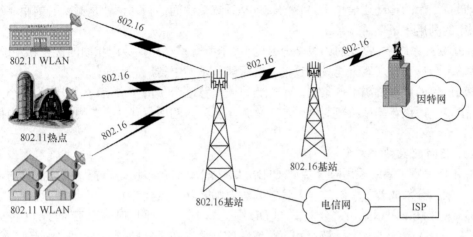

图 5.19　802.16 无线城域网服务范围的示意图

5.5　移动通信网络

5.5.1　移动通信网基本概念

广域计算机网（Wide Area Network，WAN）简称广域网。广域网在地理上可以跨越很大的距离，联网的计算机之间可以跨越省界、国界甚至洲界，网络之间也可通过特定方式进行互联，使局域资源共享与广域资源共享相结合，形成了地域广大的远程处理和局域处理相结合的网际网系统。

世界上第一个广域网是 ARPANET 网，它利用电话交换网互联分布在美国各地不同型号的计算机和网络。ARPANET 的建成和成功运行，为许多国家和地区的远程大型网络提供了经验，也使计算机网络的优越性得到证实，最终产生了 Internet，Internet 是现今世界上最大的广域计算机网络。

移动通信（Mobile communication）网络是一个广域的通信网络，是指通信双方或至少有一方在运动中处于进行信息传输和交换的通信方式。

移动通信系统包括无绳电话、无线寻呼、陆地蜂窝移动通信、卫星移动通信等。移动体之间通信联系的传输手段只能依靠无线电通信，因此，无线通信是移动通信的基础。下面介绍 3 种通信系统。

（1）模拟系统

模拟系统采用频分多址（FDMA）技术。频分多址技术是指将给定的频谱资源划分为若干个等间隔的频道（或称信道）供不同的用户使用。在模拟移动通信系统中，频道带宽通常等于传输一路模拟话音所需的带宽，如 25 kHz 或 30 kHz。在单纯的 FDMA 系统中，通常采用频分双工（FDD）的方式来实现双工通信。为了使同一部电台的收发之间不产生干扰，收发频率间隔必须大于一定的数值。

针对模拟系统，可以想象一个很大的房间被做成很多的隔断，每一个隔断里有一对人正在交谈。由于隔断的分隔，谈话者不会听到其他人的交谈，这就是 FDMA 频分多址系统，也是我国最早采用的移动通信技术。它的缺点是系统受房间面积（也就是频率）的限制很大，无线频率的利用率很低。

在 FDMA 系统中，收发的频段是分开的，由于所有移动台均使用相同的接收和发送频段，所以移动台与移动台之间不能直接通信，必须经过基站中转。

移动通信的频率资源十分紧缺，不能为每一个移动台预留一个信道，只能为每个基站配置好一组信道，供该基站所覆盖的区域（称为小区）内的所有移动台共用，这就是多信道共用问题。

（2）GSM 蜂窝数字系统

GSM 蜂窝数字系统采用时分多址（TDMA）技术。时分多址是指把时间分割成周期性的帧，每一帧再分割成若干个时隙（无论帧或时隙都是互不重叠的）。

TDMA 系统既可以采用频分双工（FDD）方式，也可以采用时分双工（TDD）方式。在频分双工（FDD）方式中，上行链路和下行链路的帧分别在不同的频率上。在时分双工（TDD）方式中，上下行链路的帧都在相同的频率上。

在 FDD 方式中，上行链路和下行链路的帧结构既可以相同，也可以不同。

在 TDD 方式中，通常将某频率上一帧中一半的时隙用于移动台发送，另一半的时隙用于移动台接收，收发工作在相同频率上。

针对 GSM 蜂窝数字系统，可以想象把隔断做得大些，这样一个隔断可容纳几对交谈者。但大家交谈有一个原则：只能同时有一对人讲话。如果再把交谈的时间按交谈者的数目分成若干等份，就成为一个 TDMA（时分多址）系统。这种系统受容量的限制很大，即一个隔断中有几个人是确定的，如果人数已满，则无法进入。

（3）CDMA 数字通信系统

CDMA 数字通信系统采用码分多址（Code-Division Multiple Access，CDMA）技术。

FH-CDMA 类似于 FDMA，但使用的频道是动态变化的。FH-CDMA 中各用户使用的频率序列要求相互正交（或准正交），即在一个 PN 序列周期对应的时间区间内，各用户使用的频率，在任一时刻都不相同（或相同的概率非常小）。

在 FH-CDMA 系统中，每个用户根据各自的伪随机（PN）序列，动态改变其已调信号的中心频率。各用户的中心频率可在给定的系统带宽内随机改变，该系统带宽通常要比各用户已调信号（如 FM、FSK、BPSK 等）的带宽宽得多。

在 DS-CDMA 系统中，所有用户在相同的中心频率上工作，输入数据序列与 PN 序列相乘得到宽带信号。不同的用户（或信道）使用不同的 PN 序列。这些 PN 序列（或码字）相互正交，从而可像在 FDMA 和 TDMA 系统中利用频率和时隙区分不同用户一样，利用 PN 序列（或码字）来区分不同的用户。

混合码分多址的形式有种多样，如 FDMA 和 DS-CDMA 混合、TDMA 与 DS-CDMA 混合（TD/CDMA）、TDMA 与跳频混合（TDMA/FH）、FH-CDMA 与 DS-CDMA 混合（DS/FH-CDMA）等。

针对 CDMA 数字通信系统，可以想成一个宽敞的房间内正在进行聚会，宾客在两两一对进行交谈。假设每一对人使用一种语言，有说中文的，有说英语的，也有日语的，等等，所有交谈的人都只懂一种语言。于是对于正在交谈的每一对人来说，别人的交谈声就成了一个背景噪声。在这里"宽敞的房间"就是 CDMA 扩频通信所采用的宽带载波，交谈者所有的语言就是区分不同用户的码，交谈者就是 CDMA 的用户，这就构成了一个 CDMA（码分多址）通信系统。如果能够很好的控制背景噪声，那么这个系统中就可以容纳很多的用户，而且不受容量的限制。

5.5.2 移动通信的发展

移动通信在不同时期，有不同的需求和不同的业务。早期的需求是保证语音质量，提供基本的通话能力，业务单一，服务质量不高，保密性差，运营成本高，频谱利用率低。当前的需求是大容量，提供低速率数据，有一定的保密性，提高语音服务质量，在业务方面要保证高质量语音，简短低速数据业务和短消息，运营成本降低，频谱利用率提高，有少许增值业务。在未来会有更多新的需求，如有更大容量，更高的频谱利用率、高速数据接入、更高服务质量、更安全的服务和更低的运营成本；在业务方面要求有更高语音质量、高速移动接入、定位业务、多媒体、电子商务和个性化服务；对运营商来讲，运营成本更低、频谱利用率更高、多种业务、提高服务质量、提高市场竞争力。图 5.20 所示是移动通信的发展历程。

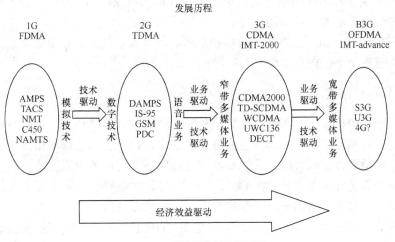

图 5.20 移动通信的发展历程

1．第一代移动通信（1G）

第一代移动通信主要采用的是模拟技术和频分多址（FDMA）技术。第一代移动通信的应用是模拟语音通信。

1982 年，为了解决大区制容量饱和的问题，美国贝尔实验室发明了高级移动电话系统 AMPS。

AMPS 提出了"小区制""蜂窝单元"的概念，同时采用频率复用（Frequency Division Multiplexing，FDM）技术，解决了公用移动通信系统所需要的大容量要求和频谱资源限制的矛盾。

在 100km 范围之内，改进型移动电话系统（Improved Mobile Telephone System，IMTS）使每个频率上只允许一个电话呼叫；AMPS 可以允许 100 个 10km 的蜂窝单元，保证每个频率上有 10～15 个电话呼叫。

每一个蜂窝单元有一个基站负责接收该单元中电话的信息。基站连接到移动电话交换局（Mobile Telephone Switching Office，MTSO）。MTSO采用分层机制，低级MTSO负责与基站之间的直接通信；高级MTSO则负责低级MTSO之间的业务处理。

当电话在蜂窝单元之间移动时，基站之间会通信，从而交换控制权，避免信道分配不均导致信号冲突。基站对于电话用户控制权的转换也称为"移交"。

2. 第二代移动通信（2G）

第二代移动通信主要采用的是数字的时分多址（TDMA）技术和码分多址（CDMA）技术。第二代移动通信的主要应用是数字语音通信。

第二代移动通信技术使用数字制式，支持传统语音通信、文字和多媒体短信，并支持一些无线应用协议。主要有如下两种工作模式。

（1）GSM移动通信（900/1800MHz）。GSM在900/1800MHz频段上移动通信工作，无线接口采用TDMA技术，核心网移动性管理协议采用MAP协议。

（2）CDMA移动通信（800MHz）。CDMA在800MHz频段上移动通信工作，核心网移动性管理协议采用IS-41协议，无线接口采用窄带码分多址（CDMA）技术。

CDMA在蜂窝移动通信网络中的应用容量在理论上可以达到AMPS容量的20倍。CDMA还可以区分并分离多个同时传输的信号。

CDMA的特点是：抗干扰性好、抗多径衰落、保密安全性高、容量质量之间可以权衡取舍、同频率可在多个小区内重复使用。

3. 第三代移动通信（3G）

第三代移动通信技术是指支持高速数据传输的蜂窝移动通信技术。第三代移动通信网络能将高速移动接入和基于互联网协议的服务结合起来，提高无线频谱利用效率，还提供包括卫星在内的全球覆盖并实现有线、无线及不同无线网络之间业务的无缝连接。

第三代移动通信技术以宽带CDMA技术为主，能同时提供话音和数据业务的移动通信系统，所以，第三代移动通信的应用主要是数字语音与数据通信。

第三代移动通信技术（3G）可以提供所有2G的信息业务，同时保证更快的速度，以及更全面的业务内容，如移动办公、视频流服务等。

3G服务能够同时传送声音及数据信息，速率一般在几百kbit/s以上。

3G的主要特征是可提供移动宽带多媒体业务，包括高速移动环境下支持144kbit/s速率，步行和慢速移动环境下支持384kbit/s速率，室内环境则应达到2Mbit/s的数据传输速率，同时保证高可靠的服务质量。

人们发现从2G直接跳跃到3G存在较大的难度，于是出现了一个2.5G（也有人称后期2.5G为2.75G）的过渡阶段。

4. 第四代移动通信技术（4G）

4G是第四代移动通信（4rd-generation，4G）及其技术的简称，它是集3G与WLAN于一体并能够传输高质量视频图像以及图像传输质量与高清晰度电视不相上下的技术产品。第四代移动通信技术的概念可称为宽带接入和分布网络，具有非对称的超过2Mbit/s的数据传输能力。它包括宽带无线固定接入、宽带无线局域网、移动宽带系统和交互式广播网络。

4G 系统能够以 100Mbit/s 的速度下载数据，比拨号上网快 2000 倍，上传的速度也能达到 20Mbit/s。而在用户最为关注的价格方面，4G 与固定宽带网络在价格方面不相上下。此外，4G 可以部署在 DSL 和有线电视调制解调器没有覆盖的地方，然后再扩展到整个地区。

移动通信技术代际比较，如表 5.2 所示。

表 5.2　　　　　　　　　　　　　　移动通信技术代际比较

代际	1G	2G	2.5G	3G	4G
信号	模拟	数字	数字	数字	数字
制式	/	GSM、CDMA	GPRS	WCDMA、CDMA2000、TD-SCDMA	TD-LTE
主要功能	语音	数字	窄带	宽带	广带
典型应用	通话	短信、彩信	蓝牙	多媒体	高清

5.5.3　移动通信标准

1．CDMA 码分多址技术

CDMA 是近年来在数字移动通信进程中出现的一种先进的无线扩频通信技术，具有频谱利用率高、语音质量好、保密性强、掉话率低、电磁辐射小、容量大、覆覆盖广等特点，可以大量减少投资并降低运营成本。

CDMA 最早由美国高通公司推出，CDMA 也有 2 代、2.5 代和 3 代技术。中国联通推出的 CDMA 属于 2.5 代技术。

CDMA 被认为是第 3 代移动通信技术的首选。

CDMA 利用展频的通信技术，可以减少手机之间的干扰，增加用户的容量；而且手机的功率做得比较低，不但可以增加使用时间，更重要的是可以降低电磁波辐射对人的伤害。

2．3 种 3G 标准

我国采用的 3 种 3G 标准分别是 CDMA2000、WCDMA 和 TD-SCDMA。

（1）CDMA2000。CDMA2000（Code Division Multiple Access 2000）是一个 3G 移动通信 CDMA 框架标准。它是国际电信联盟 ITU 的 IMT-2000 标准认可的无线电接口。

CDMA2000 由美国高通北美公司为主导提出，目前使用 CDMA 的地区只有日、韩和北美。

CDMA2000 与另两个主要的 3G 标准 WCDMA 和 TD-SCDMA 不兼容。

（2）WCDMA。宽带码分多址（Wide band Code Division Multiple Access，WCDMA）是一种 3G 蜂窝网络。一般认为 WCDMA 的提出是部分厂商为了绕开专利陷阱而开发的，其方案已经尽可能地避开了高通专利。

WCDMA 源于欧洲和日本几种技术的融合，采用直扩（MC）模式，载波带宽为 5MHz，数据传送可达到 2Mbit/s（室内）及 384kbit/s（移动空间）。它采用 MCFDD（频分双工模式）双工模式，与 GSM 网络有良好的兼容性和互操作性。

WCDMA 的主要技术指标是支持高速数据传输（慢速移动时 384kbit/s，室内走动时 2Mbit/s），异步 BS，支持可变速传输，帧长 10ms，码片速率 3.84Mbit/s。

WCDMA 采用了最新的异步传输模式（ATM）微信元传输协议，能够在一条线路上允许传送更多的语音呼叫，呼叫数由现有的 30 个提高到 300 个，在人口密集的地区线路将不再容易堵塞。

另外，WCDMA 还采用了自适应天线和微小区技术，大大提高了系统的容量。

WCDMA 产业化的关键技术包括射频和基带处理技术，具体包括射频、中频数字化处理、RAKE 接收机、信道编解码、功率控制等关键技术和多用户检测、智能天线等增强技术。

（3）TD-SCDMA（TimeDivision-Synchronous Code Division Multiple Access）。TD-SCDMA 是由我国信息产业部电信科学技术研究院提出，与德国西门子公司联合开发的 3G 网络。

TD-SCDMA 的主要技术是同步码分多址技术、智能天线技术和软件无线技术。TD-SCDMA 采用 TDD 双工模式，载波带宽为 1.6MHz。TDD 是一种优越的双工模式，能使用各种频率资源，能节省未来紧张的频率资源，而且设备成本相对比较低。

另外，TD-SCDMA 拥有独特的智能天线技术，能大大提高系统的容量，特别是对 CDMA 系统的容量能增加 50%，而且降低了基站的发射功率，减少了干扰。

TD-SCDMA 软件无线技术使不同系统间的兼容性也易于实现。

当然 TD-SCDMA 也存在一些缺陷，它比另外两种技术要欠缺技术的成熟性。

3．第四代移动通信（4G）技术与标准

（1）4G 系统网络结构及其关键技术

4G 移动系统网络结构可分为物理网络层、中间环境层和应用网络层。第四代移动通信系统主要是以正交频分复用（Orthogonal Frequency Division Multiplexing，OFDM）技术为核心。

正交频分复用技术的主要思想是将信道分成若干正交子信道，将高速数据信号转换成并行的低速子数据流，并将其调制到在每个子信道上进行传输。

（2）4G 通信特征

4G 通信具有以下的特征。

a．通信速度快。

b．网络频谱宽。

c．通信灵活。

d．智能性能高。

e．兼容性能平滑。

f．提供各种增殖服务。

g．高质量的多媒体通信。

h．频率使用效率高。

i．通信费用便宜。

（3）4G 的各种标准

在 2012 年世界无线电通信大会上，LTE-Advanced 和 WirelessMAN-Advanced（802.16m）技术规范通过审议，正式被确立为 IMT-Advanced（俗称"4G"）国际标准，我国主导制定的 TD-LTE-Advanced 同时成为 IMT-Advanced 国际标准，标志着我国在移动通信标准制定领域再次走到了世界前列，为 TD-LTE 产业的后续发展及国际化提供了重要基础。

① LTE-Advanced。LTE-Advanced 是 LTE 的演进，LTE-Advanced 包含 TDD 和 FDD 两种制式，其中 TD-SCDMA 能够进化到 TDD 制式，而 WCDMA 网络能够进化到 FDD 制式。

LTE-Advanced 的主要技术参数是：带宽是 100MHz；峰值速率是下行 1Gbit/s，上行 500Mbit/s；峰值频谱效率是下行 30bit/s/Hz，上行 15bit/s/Hz。它的特点是针对室内环境进行优化；有效支持新频段和大带宽应用；峰值速率大幅提高；频谱效率有限改进。

LTE-Advanced 的主要新技术有多频段协同与频谱整合、中继技术（Relay Station，RS）、协同多点传输、家庭基站带来的挑战、物理层传输技术。

② WirelessMAN-Advanced。WirelessMAN-Advanced 实际上就是 WiMax 的升级版，即 IEEE802.16m 标准，802.16 系列标准在 IEEE 正式称为 WirelessMAN，而 WirelessMAN-Advanced 即为 IEEE802.16m。其中，802.16m 最高可以提供 1Gbit/s 无线传输速率，还将兼容未来的 4G 无线网络。802.16m 可在"漫游"模式或高效率/强信号模式下，提供 1Gbit/s 的下行速率。该标准还支持"高移动"模式，能够提供 1Gbit/s 速率。它的主要优势是提高网络覆盖、改建链路预算、提高频谱效率、提高数据和 VOIP 容量、功耗节省。目前的 WirelessMAN-Advanced 有 5 种网络数据规格，其中极低速率为 16kbit/s，低速率数据及低速多媒体为 144kbit/s，中速多媒体为 2Mbit/s，高速多媒体为 30Mbit/s，超高速多媒体则达到了 30Mbit/s～1Gbit/s。

③ TD-LTE-Advanced。TD-LTE-Advanced（LTE-Advanced TDD 制式）是中国具有自主知识产权的新一代移动通信技术。它吸纳了 TD-SCDMA 的主要技术元素，体现了我国通信产业界在宽带无线移动通信领域的最新自主创新成果。

2004 年，中国在标准化组织 3GPP 提出了第三代移动通信 TD-SCDMA 的后续演进技术 TD-LTE，主导完成了相关技术标准。

2007 年，按照"新一代宽带无线移动通信网"重大专项的要求，中国政府面向国内组织开展了 4G 技术方案征集遴选。经过 2 年多的攻关研究，对多种技术方案进行分析评估和试验验证，最终中国产业界达成共识，在 TD-LTE 基础上形成了 TD-LTE-Advanced 技术方案。目前 TD-LTE-Advanced 已获得欧洲标准化组织 3GPP 和亚太地区通信企业的广泛认可和支持。在 4G 国际标准制定过程中，TD-LTE-Advanced 将面临其他候选技术的挑战。

在无线移动通信标准的发展演进中，TD-SCDMA 的一些特点越来越受到重视，LTE 等各项后续标准也采纳了这些技术，并且吸收了一些 TD-SCDMA 的设计思想。TDD 双工技术、正交频分复用技术（OFDM）、基于 MIMO/SA 的多天线技术是 TD-LTE-Advanced 标准的三个关键技术。

a. 基于 TDD 的双工技术。在 TDD 方式里面，TDD 时间切换的双工方式是在一个帧结构中定义了它的双工过程。通过国内各家企业的共同合作与努力，在 2007 年 10 月份，形成了一个单独完整的双工帧结构的 LTE-TDD 规范。在讨论 TDD 系统的同时要考虑频分双工（FDD）系统，在 TDD/FDD 双模中，LTE 规范提供了技术和标准的共同性。

b. 正交频分复用技术（OFDM）。OFDM 有两个关键点，一是 OFDM 技术和多输入多输出（MIMO）技术如何结合，使移动通信系统性能进一步提升；二是 OFDM 技术在蜂窝移动通信组网的条件下，如何克服同频组网带来的问题。

c. 基于 MIMO/SA 的多天线技术。基于 MIMO/SA 的多天线技术是通过波束赋形，提供覆盖和干扰协调能力的技术。

MIMO 技术通过多大线提供不同的传输能力，提供空间复用的增益，这两种技术在 LTE 以及 LTE 的后续演进系统中是非常重要的技术。我国同时也很关注 MIMO 技术和多天线技术在后续演进上的结合。

5.5.4 移动通信系统的组成

1. 移动通信系统的组成

移动通信是移动体之间的通信，或移动体与固定体之间的通信。移动体可以是人，也可以是汽车、火车、轮船、收音机等处于移动状态的物体。

移动通信包括无线传输、有线传输及信息的收集、处理和存储等，使用的主要设备有无线收发信机、移动交换控制设备和移动终端设备。

移动通信无线服务区由许多正六边形小区覆盖而成，呈蜂窝状，通过接口与公众通信网（PSTN、ISDN、PDN）互联。

移动通信系统包括移动交换子系统（SS）、操作维护管理子系统（OMS）、基站子系统（BSS）和移动台（MS），是一个完整的信息传输实体。移动通信系统的组成如图 5.21 所示。

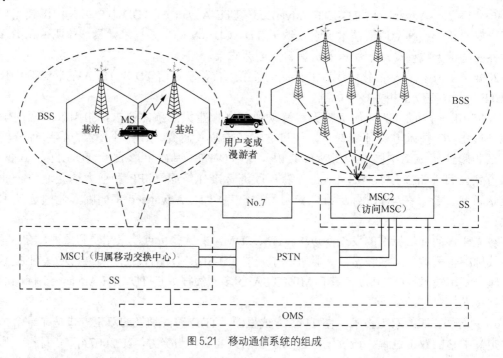

图 5.21　移动通信系统的组成

移动通信中建立呼叫是由 BSS 和 SS 共同完成的；BSS 提供并管理 MS 和 SS 之间的无线传输通道，SS 负责呼叫控制功能，所有的呼叫都是经由 SS 建立连接的；OMS 负责管理控制整个移动网。

MS 也是一个子系统。它实际上是由移动终端设备和用户数据两部分组成的，移动终端设备称为移动设备；用户数据存放在一个与移动设备可分离的数据模块中，此数据模块称为用户识别卡（SIM）。

2．移动通信的工作频段

早期的移动通信主要使用 VHF（Very High Frequency，甚高频）和 UHF（Ultra High Frequency，特高频）频段。

目前，大容量移动通信系统均使用 800MHz 频段（CDMA）或 900MHz 频段（GSM），有的已经开始使用 1800MHz 频段（GSM1800），该频段用于微蜂窝（Microcell）系统。第三代移动通信使用 2.4GHz 频段。

3．移动通信的工作方式

从传输方式的角度来看，无线通信分为单向传输（广播式）和双向传输（应答式）。

单向传输只用于无线电寻呼系统。

双向传输有单工、双工和半双工 3 种工作方式。

单工通信是指通信双方电台交替地进行收信和发信，根据收、发频率的异同，又可分为同频单工和异频单工。图 5.22 所示为单工通信模块示意图。

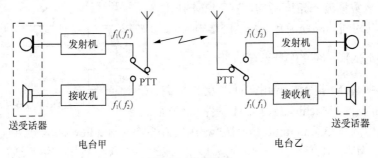

图 5.22　单工通信

双工通信是指通信双方电台同时进行收信和发信。图 5.23 所示为双工通信模块示意图。

半双工通信的组成与双工通信相似，移动台采用类似单工的"按讲"方式，即按下按讲开关，发射机才工作，而接收机则是一直处于工作的状态。

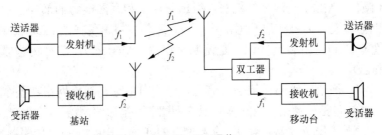

图 5.23　双工通信

4．移动通信的组网

移动通信采用无线蜂窝式小区覆盖和小功率发射的模式。蜂窝式组网放弃了点对点传输和广播覆盖模式，把整个服务区域划分成若干个较小的区域（Cell，在蜂窝系统中称为小区），各小区均用小功率的发射机（即基站发射机）进行覆盖，许多小区像蜂窝一样能布满（即覆盖）任意形状的服务地区。

5.6 M2M 通信技术

M2M 是 Machine-to-Machine 的简称，即"机器对机器"的缩写，也有人理解为人对机器（Man-to-Machine）、机器对人（Machine-to-Man）等，旨在通过通信技术来实现人、机器和系统三者之间的智能化、交互式无缝连接。

M2M 设备是能够回答包含在一些设备中的数据的请求或能够自动传送包含在这些设备中的数据的设备。

M2M 聚焦在无线通信网络应用上，是物联网应用的一种主要方式。

现在，M2M 应用遍及电力、交通、工业控制、零售、公共事业管理、医疗、水利、石油等多个行业，涉及车辆防盗、安全监测、自动售货、机械维修、公共交通管理等领域。

5.6.1 M2M 系统框架

从体系结构方面考虑，M2M 系统由机器、网关、IT 系统构成，从数据流的角度考虑，在 M2M 技术中，信息总是以相同的顺序流动，如图 5.24 所示。

5.6.2 M2M 系统的组成与功能

无论哪一种 M2M 技术与应用，都涉及 5 个重要的技术部分：机器（Machines）、M2M 硬件（M2M

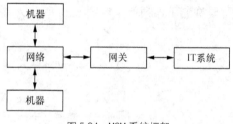

图 5.24　M2M 系统框架

Hardware）、通信网络（Communication Network）、中间件（Middleware）、应用（Applications）。

（1）机器。实现 M2M 的第一步就是从机器或设备中获得数据，然后通过网络把它们发送出去。使机器"开口说话"（talk），让机器具备信息感知、信息加工（计算能力）、无线通信能力。

使机器具备"说话"能力的基本方法有两种，一是生产设备的时候嵌入 M2M 硬件；二是对已有机器进行改装，使其具备通信和联网能力。

（2）M2M 硬件。M2M 硬件是使机器获得远程通信和联网能力的部件。主要进行信息的提取，从各种机器或设备那里获取数据，并传送到通信网络。现在的 M2M 硬件共分为 5 种：一是嵌入式硬件；二是可组装硬件；三是调制解调器（Modem）；四是传感器；五是识别标识（Location Tags）。

（3）通信网络。通信网络的作用是将信息传送到目的地。通信网络在整个 M2M 技术框架中处于核心地位，包括广域网（无线移动通信网络、卫星通信网络、Internet、公众电话网）、局域网（以太网、无线局域网 WLAN）、个域网（ZigBee、Bluetooth、传感器网络）。

在 M2M 技术框架中的通信网络中，有两个主要参与者，即网络运营商和网络集成商。

（4）中间件。中间件包括 M2M 网关、数据收集/集成部件两部分。

网关是 M2M 系统中的"翻译员"，它获取来自通信网络的数据，将数据传送给信息处理系统。网关的主要功能是完成不同通信协议之间的转换。典型产品如 Nokia 的 M2M 网关。

数据收集/集成部件是将数据变成有价值的信息。对原始数据进行不同加工和处理，并将结果呈现给需要这些信息的观察者和决策者。这些中间件包括：数据分析和商业智能部件、异常情况报告和工作流程部件、数据仓库和存储部件等。

（5）应用。M2M 产品主要集中在模块产品与卡类产品中。

① M2M 模块产品。M2M 模块中通常作为核心部件出现的是 M2M 无线通信模块。M2M 无线通信模块嵌入在机器终端里面，使其具备网络通信能力，这使 M2M 无线通信模块成为 M2M 终端的核心部件。

M2M 无线通信模块的设计目标是用于工业领域，因此，M2M 模块产品必须在工业恶劣环境下的应用。

常见的有 SMD 特殊封装的模块产品，将 M2M 模块焊接在设备主板上，除了温度要求达到-40℃～105℃以外，还要求起到防震作用。这种产品主要应用在交通运输、物流管理和地震监控等应用领域。AnyData、华为、摩托罗拉、高通和中兴等公司都已推出 M2M 模块产品。

② 卡类产品。目前各个行业迫切需要能够满足恶劣环境下的高低温卡类产品，主要是将 M2M 卡插入到采集设备中，能够起到登录网络、鉴权作用，从而实现数据采集和收集功能。当前的 M2M 卡类产品主要根据不同行业应用可划分为二类：第一类是普通 SIM 卡产品形态，主要应用在对环境要求不高的领域，要求工作温度在-25℃～85℃范围内；第二类是 M2M 卡，主要满足对工作温度要求比较高的应用。

在车载系统、远程抄表、无人值守的气象和水利监控设备、煤矿和制造业施工监控等应用中，这些领域环境比较恶劣，工作温度要求在-40℃～105℃，并且要求 M2M 卡能够防湿和抗腐蚀性。

随着集成化的不断提高，未来 M2M 将是机卡一体化的标准终端产品，该标准终端将目前采集设备的通信模块和 SIM 模块集成在一起，外围预留标准的电源接口和其他行业应用接口。这种 M2M 标准终端发展取决于各个行业应用的需求。从长远来看，它将是 M2M 终端发展的一种趋势。

M2M 应用遍布各个领域，主要包括交通领域（物流管理、定位导航）、电力领域（远程抄表和负载监控）、农业领域（大棚监控、动物溯源）、城市管理（电梯监控、路灯控制）、安全领域（城市和企业安防）、环保（污染监控、水土检测）、企业（生产监控和设备管理）以及家居（老人和小孩看护、智能安防）等。

5.7　6LoWPAN

5.7.1　6LoWPAN 的技术简介

6LowPAN 是 "IPv6 over Low power Wireless Personal Area Networks"（基于 IPv6 的低功率无线个域网）的缩写，是低速无线个域网标准。6LoWPAN 是一种低功耗的无线网状网络，其中每个节点都有自己的 IPv6 地址，允许节点使用开放标准直接连接到互联网。

互联网工程工作小组（Internet Engineering Task Force，IETF）于 2004 年 11 月正式成立了 IPv6 over LR_WPAN（6LoWPAN）工作组，着手制定基于 IPv6 的低速无线个域网标准，旨在将 IPv6 引入以 IEEE802.15.4 为底层标准的无线个域网。该工作组的研究重点为适配层、路由、包头压缩、分片、IPv6、网络接入和网络管理等技术。

6LoWPAN 技术是一种在 IEEE 802.15.4 标准基础上传输 IPv6 数据包的网络体系，可用于构建无线传感器网络。6LoWPAN 规定其物理层和 MAC 层采用 IEEE 802.15.4 标准，上层采用 TCP/IPv6 协议栈。6LoWPAN 与 TCP/IP 参考模型对比如图 5.25 所示。

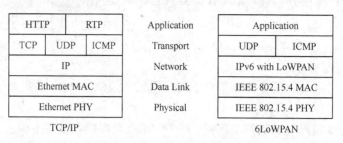

图 5.25　6LoWPAN 与 TCP/IP 参考模型对比

6LoWPAN 协议栈参考模型与 TCP/IP 的参考模型大致相似，区别在于 6LoWPAN 底层使用的 IEEE 802.15.4 标准，而且因低速无线个域网的特性，在 6LoWPAN 的传输层没有使用 TCP 协议。

6LowPAN 技术底层采用 IEEE 802.15.4 规定的 PHY 层和 MAC 层，网络层采用 IPv6 协议。802.15.4 不仅是 ZigBee 应用层和网络层协议的基础，也为无线 HART、ISA100、WIA-PA 等工业无线技术提供了物理层和 MAC 层协议。同时 802.15.4 还是传感器网络使用的主要通信协议规范。

5.7.2　6LoWPAN 的应用

随着 LR-WPAN（低速无线个域网）的飞速发展及下一代互联网技术的日益普及，6LoWPAN 技术将广泛应用于智能家居、环境监测等多个领域。

例如，在智能家居中，可将 6LoWPAN 节点嵌入到家具和家电中。通过无线网络与互联网互联，实现智能家居环境的管理。

5.8　几种无线网络的比较

图 5.26 所示是无线传输频段与协议比较图。典型的无线低速网络协议有蓝牙（802.15.1 协议）、紫蜂 ZigBee（802.15.4 协议）、超波段或 UWB（802.15.3）、红外以及近距离无线通信 NFC 等无线低速网络协议。这些短距离无线通信技术分别具有不同的优点和缺点，适用于不同的物联网应用场景。

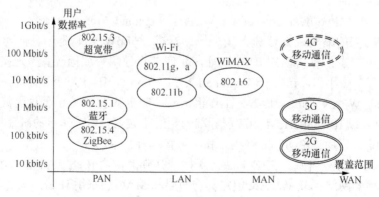

图 5.26　几种无线网络的比较

5.9　Internet 技术

5.9.1　Internet 概念

"Inter"在英语中的含义是"交互的"，"net"是指"网络"。简单地讲，Internet 是一个计算机交互网络，又称网际网。Internet 是一个全球性的巨大的计算机网络体系，它把全球数万个计算机网络、数千万台主机连接起来，包含了难以计数的信息资源，向全世界提供信息服务。

Internet 是全球性的、最具影响力的计算机互联网，也是世界范围的信息资源宝库。它对推动科学、文化、经济和社会的发展有着不可估量的作用。

目前，Internet 能为人们提供的主要功能有电子邮件服务、数据检索、电子公告板、远程登录服务和商业应用等 5 大类。

Internet 具有全球性、开放性与平等性 3 个特点。

5.9.2　Internet 的物理结构与工作模式

1．Internet 的物理结构

Internet 的物理结构是指与连接 Internet 相关的网络通信设备之间的物理连接方式，即网络的拓扑结构。网络通信设备包括网间设备和传输媒体（数据通信线路），常见的网间设备有：多协议路由器、网络交换机、数据中继器、调制解调器；常见的传输媒体有：双绞线、同轴电缆、光缆、无线媒体。

Internet 主要由通信线路、路由器（Router）、主机（服务器与客户机）以及信息资源等 4 个部分组成。

（1）通信线路

通信线路是 Internet 的基础设施，各种各样的通信线路负责将 Internet 中的路由器与主机连接起来，Internet 中的通信线路分为两类：有线通信线路和无线通信信道。这些通信线路有的是公用数据网提供的，有的是有关单位自己建设的。

（2）路由器

路由器是 Internet 中最重要的设备之一，它负责将 Internet 中的各个局域网或广域网连接起来，是连接网络与网络的桥梁。

（3）主机

主机是 Internet 中不可缺少的成员，它是信息资源和服务的载体。Internet 中主机既可以是巨型机、大型机，也可以是一台普通的 PC 或笔记本电脑，所有连接在互联网上的计算机统称为主机。

按照在 Internet 中的用途，将主机分为两大类，即服务器和客户机。所谓服务器就是 Internet 信息资源与服务的提供者，通常要求具有较高的性能和较大的存储容量。服务器根据其所提供的服务功能不同，又分为 WWW 服务器、文件服务器、电子邮件服务器、FTP 服务器等。客户机是 Internet 信息资源与服务的使用者，客户机可以是任意一台普通计算机。

（4）信息资源

信息资源是用户最为关心的问题之一。怎样较好、有效地组织信息资源，使用户方便、快捷地获取信息资源一直是 Internet 的发展方向。WWW 服务器的出现使信息资源的组织更加合理化，搜索引擎的出现使信息的查询变得更加方便、迅速。

2．Internet 的工作模式

Internet 采用客户机/服务器（Client/Server，C/S）模式，C/S 模式简单地讲就是基于企业

内部网络的应用系统，通过它可以充分利用两端硬件环境的优势，将任务合理分配到 Client 端和 Server 端来实现，降低系统的通信开销。

理解客户（Client）、服务器（Server）以及它们间的关系对掌握 Internet 的工作原理至关重要。客户软件运行在客户机（本地机）上，而服务器软件则运行在 Internet 的某台服务器上用以提供信息服务。只有客户软件与服务器软件协同工作才能保证用户获取所需的信息。

5.9.3 Internet 通信协议

Internet 通信协议即传输控制协议/网际协议（Transport Control Protocol/Internet Protocol，TCP/IP）。它是国际互联网 Internet 采用的协议标准。TCP/IP 协议早期用于 ARPANet 网络，后来开放后用于民用才诞生了 Internet。TCP/IP 的特点是灵活，支持任意规模的网络，可以连接所有的计算机，具有路由功能，且地址是分级的，容易确定并找到网上的用户，提高了网络带宽的利用率。

TCP/IP 的缺点是设置复杂。每个节点至少需要一个 IP 地址、一个子网掩码、一个默认网关、一个主机名。

TCP/IP 是一种异构网络互连的通信协议，其目的在于通过它实现各种异构网络或异种机之间的互连通信。它同样也适用在一个局域网中用来实现异种机的互连通信。

运行 TCP/IP 协议的网络是一种采用包（或称分组）交换的网络。TCP/IP 协议是由 100 多种协议组成的协议栈。

TCP 协议是传输控制协议，属于传输层，用于建立虚电路方式提供信源与信宿机之间可靠的面向连接的服务。IP 协议是互联网络协议，属于网络层，用于提供数据包协议服务，负责网际主机间无连接、不纠错的网际寻址及数据包传输。

TCP/IP 通常被认为是一个四层协议系统，如图 5.27 所示。

应用层（application layer）：包含各种网络应用协议。如 HTTP、FTP、telnet、SMTP、DNS、SNMP 等协议。

传输层（transport layer）：负责在源主机和目的主机的应用程序间提供端—端的数据传输服务。主要有 TCP 和 UDP 两个传输协议。

网络层（internet layer）：负责将分组从信源传送到信宿，主要解决路由选择、拥塞控制和网络互联等问题。如最重要的 IP 协议。

网络接口层（network access layer）：负责将 IP 分组封装成帧格式并传输；或将从物理网络接收到的帧解封，取出 IP 分组交给网络互联层。当前几乎所有的物理网络上都可运行 TCP/IP 协议。

TCP/IP 协议应用展示如图 5.28 所示。

图 5.27 TCP/IP 协议系统

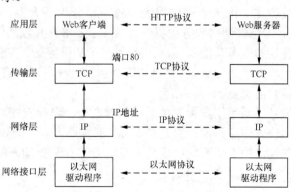

图 5.28 TCP/IP 协议应用展示

5.9.4 域名与域名服务器

1．IP 地址

为了实现 Internet 上不同计算机之间的通信，除使用相同的通信 TCP/IP 协议之外，每台计算机都必须有一个与其他计算机不重复的地址，它相当于通信时每个计算机的身份证号。

网络之间互连的协议（Internet Protocol，IP）是为计算机网络相互连接进行通信而设计的协议。接入 Internet 的计算机与接入电话网的电话相似，每台计算机或路由器都有一个由授权机构分配的号码，称为 IP 地址。

2．IP 地址表示方法

为了便于记忆，实际使用 IP 地址时，将组成 IP 地址的二进制数用 4 个十进制数（0~255）表示，每相邻两个字节对应的十进制数间以英文句号点分隔。具体表示方法可用点分十进制法或后缀标记法。例如：192.168.101.5，这种记录方法称为点分十进制地址。

3．IP 地址的组成

IP 地址采用层次方式按逻辑网络的结构进行划分。一个 IP 地址由网络地址、主机地址两部分组成。其中，网络地址用来标识一个逻辑网络，主机地址用来标识网络中的一台主机。

4．IP 地址的分类

IP 地址可以分为五类，如图 5.29 所示。

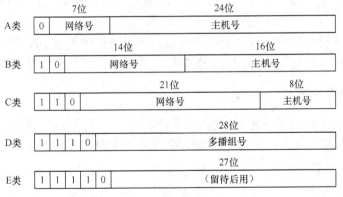

图 5.29 IP 地址的分类

A 类地址将 IP 地址前 8 位（第 1 字节）作为网络 ID（并且前 1 位必须以 0 开头），后 24 位（第 2、3、4 字节）作为主机 ID，所以网络 ID 的范围是 1（00000001）～127（01111111）。由于主机 ID 不能全 0 和全 1，所以主机 ID 的范围是 0.0.1（00000000.00000000.00000001）～255.255.254（11111111.11111111.11111110）；由此可见 A 类地址的地址范围是：1.0.0.1～126.255.255.254。A 类 IP 地址结构适用于有大量主机的大型网络。

A 类每个网段可容纳主机数目的计算公式是

$$2^n - 2 = 主机数目$$

n 是主机位数 24 位，-2 是因为有两个全 1 和全 0 的地址。所以 A 类每个网段的主机数目等于 $2^{24}-2=16777214$。

B 类地址将 IP 地址前 16 位（第 1、2 字节）作为网络 ID（并且前 2 位必须以 10 开头），后 16 位（第 3、4 字节）作为主机 ID 所以，网络 ID 的范围是 128.0（10000000.00000000）～191.255（10111111.11111111）。由于主机 ID 不能全 0 和全 1，所以主机 ID 的范围是 0.1（00000000.00000001）～255.254（11111111.11111110）。由此可见 B 类地址的地址范围是：128.0.0.1～191.255.255.254。B 类 IP 地址适用于有一定数量主机的中型网络。

C 类 IP 地址，C 类地址的前三位为 "110"，其网络空间号长度为 21 位，主机号空间长度为 8 位，C 类 IP 地址的适用范围为 192.0.0.0～223.255.255.255，C 类 IP 地址适用于少量主机的小型网络。

C 类地址将 IP 地址前 24 位（第 1、2、3 字节）作为网络 ID（并且前 3 位必须以 110 开头），后 8 位（第 4 字节）作为主机 ID，所以网络 ID 的范围是 192.0（11000000.00000000）～223.255（11011111.11111111）。由于主机 ID 不能全 0 和全 1，所以主机 ID 的范围是 1（00000001）～254（11111110）。由此可见 C 类地址的地址范围是：192.0.0.1 到 223.255.255.255。

D 类 IP 地址，D 类地址的前四位为 "1110"；E 类 IP 地址的前五为 "11110"，其中 A、B、C 三类由 Internet 网络信息信心在全球范围内统一分配，D、E 类为特殊地址。

5. 子网掩码

与 IP 地址一样，子网掩码也是由 4 个 8 位的 32 位二进制组成，子网掩码不能单独存在，它必须结合 IP 地址一起使用。子网掩码的主要功能有两个：一是用来区分一个 IP 地址内的网络号和主机号；二是用来将一个网络划分为多个子网。通过使用掩码，把子网隐藏起来，使外部网络看不见它。子网掩码的格式是：与 IP 地址网络号部分和子网号部分相对应的位值为 "1"；与 IP 地址主机号部分相对应的位值为 "0"。

如果一个网络没有被分成多个子网，则默认的子网掩码值是：A 类网络的子网掩码为 255.0.0.0；B 类网络的子网掩码是 255.255.0.0；C 类网络的子网掩码是 255.255.255.0。

6. IP 地址的分配方法

TCP/IP 协议需要针对不同的网络进行不同的设置，且每个节点一般需要一个 "IP 地址"、一个 "子网掩码" 和一个 "默认网关"。IP 地址的分配有静态分配和动态分配两种方法。

7. 域名

域名管理系统（Domain Name System，DNS）是域名解析服务器的意思，它在互联网的作用是把域名转换成为网络可以识别的 IP 地址。

Internet 的域名结构是由 TCP/IP 协议集的域名管理系统（DNS）来定义的。DNS 将整个 Internet 划分为多个顶级域名，并为每个顶级域名规定了通用的顶级域名。Internet 主机域名的排列原则是：低层的子域名在前面；而它们所属的高层域名在后面。Internet 域名一般格式如下。

四级域名，三级域名，二级域名，顶级域名

顶级域名的划分采用了两种划分模式，即组织模式与地理模式。以地理模式划分的顶级域名，例如，cn 代表中国，fr 代表法国，uk 代表英国，ca 代表加拿大。

二级域名分配主要有 ac 是指科研机构、com 是指商业组织、edu 是指教育机构、gov 是指政府部门、int 是指国际组织、Mil 是指军事部门、net 是指网络支持中心、org 是指各种非营利性组织等。

域名解析的工作流程如下。

（1）当 Internet 应用程序收到用户输入的主机域名，将向 IP 地址的另一主机域名服务器询问主机域名的 IP 地址。

（2）如果域名服务器在本地找到主机域名对应的 IP 地址，会将该 IP 地址发送给请求查询的主机。

（3）当源主机得到主机域名的 IP 地址后，就可以利用该 IP 地址向目的主机发出访问请求。

5.9.5　Internet 接入技术

随着互联网技术的不断发展和完善，接入网络的带宽被人们分为窄带和宽带。网络接入技术与网络接入方式的结构密切相关，发生在连接网络与用户的最后一段路程称"最后一千米"。Internet 服务提供者（ISP）是用户 Internet 接入的入口。

1．Internet 接入技术的概念

Internet 接入技术通常是指一个 PC 或局域网与 Internet 相互连接的技术，或者是两个远程局域网之间的相互连接技术。Internet 接入技术目前流行的是电信网络、计算机网络和有线电视网络。

（1）电信网

通过 Modem 拨号接入 Internet，通过综合业务数字网络（ISDN）接入 Internet，通过数字数据网络（DDN）专线接入 Internet，通过 xDSL 接入 Internet，接入灵活，价格便宜。

（2）计算机以太网

局域网传输方式，采用基带传输，通过双绞线和传输设备实现 10Mbit/s～1Gbit/s 的网络传输。大部分企事业单位采用以太网接入，家庭少用，价格贵。

（3）有线电视网

有线电视网（CATV）覆盖范围很广，充分利用有线电视网是一种相对比较经济、高性能的宽带接入方案。将原来完全基于同轴电缆的单向有线电视改造为双向传输的光纤同轴混合网，并提供 ISP 接入服务。接入的介质包括电话线或数据专线等。

2．主要 Internet 接入技术

（1）个人接入的上网方式主要有如下方式。

① 使用 56k MODEM 网络和 MODEM 调制解调器拨号上网。

② 使用 ADSL（非对称数字用户线路）宽带网络和 MODEM 调制解调器拨号上网。

③ 使用路由器或局域网接入。

④ 使用无限网卡接入无线网络。

⑤ 使用手机上网。

⑥ 使用笔记本上网。可以直接将电话线插在笔记本上进行 MODEM 拨号上网，或者直接插网线（双绞线）进行 ADSL 上网，或者使用路由器或局域网接入上网，或者直接打开无线网络设置进行无线上网等。

（2）基于电话铜线的 Internet 接入技术

① 普通 Modem 接入。Modem 是 Modulator 和 Demodulator 的缩写，即调制解调器，也就是我们俗称的"猫"。普通 Modem 接入技术属于窄带接入技术，用户通过电话线利用 Modem 与 ISP 端服务器连接，从面实现 Internet 接入。但这种 Internet 接入方式主要存在两个缺陷：一是由于这种接入方式要占用电话线的语音通道，因而无法实现语音和数据的同时传输，即在上网时无法接听电话；二是这种接入方式的最高传输速率仅为 56kbit/s，而这样的速率目前已远远不能满足人们对 Internet 的应用需求，所以这种 Internet 接入方式正在渐渐淡出 Internet 接入市场。

② N-ISDN（窄带 ISDN）接入。综合业务数字网（Integrated Services Digital Network, ISDN）在中国电信通常被称为一线通。它是以电话综合数字网为基础发展成的通信网，能提供端—端的数字连接，用来承载包括话音和非话音在内的多种电信业务，用户能够通过有限的一组标准多用途用户、网络接口接入这个网络，享用各种类型的网络服务。相对于 Modem 拨号上网方式，通过 ISDN 上网在线路传输的速度和质量上都有一个质的飞跃，但是 ISDN 也已经属于过时的技术且收费标准偏高，目前正在淡出 Internet 接入市场。

③ 数字用户线路（xDSL）接入。xDSL 是 DSL（Digital Subscriber Line）的统称，意为数字用户线路，是以铜轴电话线为传输介质的点对点传输技术。xDSL 实质上是一系列超级 Modem，它们的传输速率要远远高于普通的模拟 Modem，甚至能够提供比普通模拟 Modem 快 300 倍的兆级传输速率。

ADSL 是一种非对称的数字用户环路，即用户线的上行速率和下行速率不同，根据用户使用各种多媒体业务的特点，上行速率较低，下行速率则比较高，特别适合传输多媒体信息业务。ADSL 可直接利用用户现有的电话线路，在线路两侧各安装一台 ADSL 调制解调器即可。

ADSL 提供三条独立的信息通道：第一是传输速率为 1.544Mbit/s～8.192Mbit/s 下行单向数据传输通道，这个传输通道因不同距离的最高传输速率不同。距离长度在 2 公里以内传输速率为 7.8Mbit/s，3 公里时约为 5Mbit/s，5 公里左右为 2Mbit/s，而距离到 8 公里时信号已不可测得。第二是传输速率为 16kbit/s～640kbit/s 的上行双向较低速率的数据通道。第三是模拟电话语音通道。

使用 ADSL 接入 Internet 基本过程是：首先连接硬件设备并安装网卡驱动程序；然后再安装拨号软件并创建拨号连接；最后是拨号连接 Internet。

（3）光纤同轴电缆混合网（HFC）接入技术

光纤同轴电缆混合网（Hybrid Fiber Coaxial, HFC）是一种新型的宽带网络，也可以说是有线电视网的延伸。它采用光纤从交换局到服务区，而在进入用户的"最后 1 公里"采用有线电视网同轴电缆。我国 HFC 频谱配置表如表 5.3 所示。

表 5.3 我国 HFC 频谱配置表

频段	数据传输速率	用途
5Mbit/s～50MHz	320kbit/s～5Mbit/s 或 640kbit/s～10Mbit/s	上行非广播数据通信业务
50Mbit/s～550MHz		普通广播电视业务
550Mbit/s～750MHz	30.342Mbit/s 或 42.884Mbit/s	下行数据通信业务，如数字电视和 VOD（视频点播）等
750MHz 以上	暂时保留以后使用	

HFC 接入技术是以有线电视网为基础，采用模拟频分复用技术、综合应用模拟和数字传输技术、射频技术和计算机技术所产生的一种宽带接入网技术。

以这种方式接入 Internet 可以实现 10Mbit/s～40Mbit/s 的带宽，用户可享受的平均速度是200kbit/s~500kbit/s，最快可达 1500kbit/s，用它可以非常惬意地享受宽带多媒体业务，并且可以绑定独立 IP。

HFC 支持双向信息的传输，因而其可用频带划分为上行频带和下行频带。上行频带是指信息由用户终端传输到局端设备所需占用的频带；下行频带是指信息由局端设备传输到用户端设备所需占用的频带。各国目前对 HFC 频谱配置还未取得完全的统一。

HFC 接入系统如图 5.30 所示。HFC 接入网是前端系统和用户终端之间的连接部分，包括馈线网（即干线）、配线以及引入线。馈线网是前端到服务区光节点之间的部分，为星型拓扑结构。配线是服务区光节点到分支点之间的部分，采用同轴电缆，为树型结构，覆盖范围可达 5km～10km。最后一段为引入线，是分支点到用户之间的部分，它负责将分支器的信号引入到用户，使用复合双绞线的连体电缆（软电缆）作为物理媒介，与配线网的同轴电缆不同。

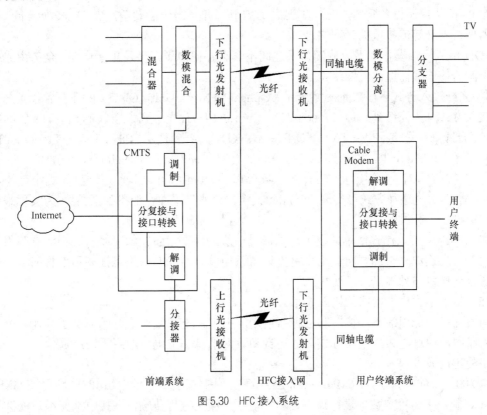

图 5.30　HFC 接入系统

用户终端系统指以电缆调制解调器（Cable Modem，CM）为代表的用户室内终端设备连接系统。Cable Modem 是一种将数据终端设备连接到 HFC 网，使用户能和 CMTS（Cable Modem Terminal Systems，电缆调解器终端系统）进行数据通信，访问 Internet 等信息资源的连接设备。它主要用于有线电视网进行数据传输，传输速率高，彻底解决了由于声音图像的传输而引起的阻塞问题。

（4）光纤接入技术

光纤接入网（Optical Access Network，OAN）是指在接入网中用光纤作为主要传输媒介来实现信息传输的网络形式，它不是传统意义上的光纤传输系统，而是针对接入网环境所专门设计的光纤传输网络。

① 光纤接入网的网络结构。光纤接入网的基本结构包括用户、交换局、光纤、电/光交换模块（E／O）和光／电交换模块（O／E），如图 5.31 所示。由于交换局交换的和用户接收的均为电信号，而在主要传输介质光纤中传输的是光信号，因此两端必须进行电／光和光／电转换。

图 5.31　光纤接入网基本结构示意图

② 光纤接入网的分类，从光纤接入网的网络结构看，按接入网室外传输设施中是否含有源设备，OAN 可以划分为有源光网络（Active Optical Network，AON）和无源光网络（Passive Optical Network，PON），前者采用电复用器分路，后者采用光分路器分路，两者均在发展中。

AON 指从局端设备到用户分配单元之间均用有源光纤传输设备，如光电转换设备、有源光电器件、光纤等连接成的光网络。

PON 指从局端设备到用户分配单元之间不含有任何电子器件及电子电源，全部由光分路器等无源器件连接而成的光网络。

③ 光纤接入方式。根据光网络单元（Optical Network Unit，ONU）所在位置，光纤接入网的接入方式分为光纤到路边（Fiber To The Curb，FTTC）、光纤到大楼（Fiber To The Building，FTTB）、光纤到办公室（Fiber To The Office，FTTO）、光纤到楼层（Fiber To The Floor，FTTF）、光纤到小区（Fiber To The Zone，FTTZ）和光纤到户（Fiber To The Home，FTTH）。

④ FTTx+LAN 接入，将光纤接入结合以太网技术可以构成高速以太网接入，即 FTTx+LAN，通过这种方式可实现"千兆到大楼，百兆到层面，十兆到桌面"，为实现最终光纤到户提供了一种过渡。

FTTx+LAN 接入比较简单，在用户端通过一般的网络设备，如交换机、集线器等将同一幢楼内的用户连成一个局域网，用户室内只需添加以太网 RJ45 信息插座和配置网卡，在另一端通过交换机与外界光纤干线相连即可。

（5）基于电力供电网络的接入技术

随着互联网应用的不断扩展和各种新技术的出现，电力线通信开始应用于高速数据接入和室内组网，通过电力线载波方式传送语音和数据信息，把电力网用于网络通信，以节省通信网络的建设成本。

电力线通信技术利用 1.6MHz～30MHz 频带范围传输信号。在发送时，利用 GMSK 或 OFDM 调制技术将用户数据进行调制，然后在电力线上进行传输，在接收端先经过滤波器将调制信号滤出，再经过解调，就可得到原通信信号。目前可达到的通信速率依具体设备不同在 4.5Mbit/s～45Mbit/s 之间（目前也有厂家开发出 200Mbit/s 的产品）。PLC（电力上网）设备分局端和调制解调器，局端负责与内部 PLC 调制解调器的通信并与外部网络的连接。在通信时，来自用户的数据进入调制解调器调制后，通过用户的配电线路传输到局端设备，局端将信号解调出来，再转到外部的 Internet。现有的各种网络应用有语音、电视、多媒体业务、远程教育等，这些应用都可通过电力线向用户提供，以实现接入和室内组网的多网合一。

（6）无线接入

无线接入技术是指从业务节点到用户终端之间的全部或部分传输设施采用无线手段，向用户提供固定和移动接入服务的技术。可以把无线接入广义地分为固定无线接入（FWA）和移动无线接入。固定无线接入又称无线本地环路（WLL），用户终端是固定或只有有限的移动性。无线接入要求在接入的计算机内插入无线接入卡，得到无线接入网 ISP 的服务，便可实现与 Internet 接入。移动无线接入指用户终端移动时的接入，包括移动蜂窝通信网（GSM、CDMA、TDMA、CDPD）、无线寻呼网、无绳电话网、集群电话网、卫星全球移动通信网以及个人通信网等。下面简要介绍 4 种接入技术。

① 卫星通信接入。由于卫星广播具有覆盖面大、传输距离远、不受地理条件限制等优点，在我国复杂的地理条件下，利用卫星通信作为宽带接入网技术，是一种有效方案并且有很大的发展前景。

目前，应用卫星通信接入 Internet 主要有两种方案，它们是全球宽带卫星通信系统和数字直播卫星接入技术。

② LMDS 接入技术。本地多点分配业务（Local Multipoint Distribution Service，LMDS），传输容量可与光纤比拟，同时又兼有无线通信经济和易于实施等优点。作为一种新兴的宽带无线接入技术，LMDS 为交互式多媒体应用及大量电信服务提供经济、简便的解决方案，并且可以提供高速 Internet 接入、远程教育、远程计算、远程医疗还可以用于局域网互联等。

LMDS 工作于毫米波段，以高频（20GHz～43GHz）微波为传输介质，以单点对多点的固定无线通信方式，提供宽带双向语音、数据及视讯等多媒体传输，其可用频带至少 1GHz，上行速率为 1.544Mbit/s～2Mbit/s，下行可达 51.84Mbit/s～155.52Mbit/s。LMDS 实现了无线"光纤"到楼，是最后一公里光纤的灵活替代技术。

③ WAP 技术。无线应用协议（Wireless Application Protocol，WAP）是由 WAP 论坛制定的一套全球化无线应用协议标准。它基于已有的 Internet 标准，如 IP、HTTP、URL 等，并针对无线网络的特点进行了优化，使互联网的内容和各种增值服务适用于手机用户和各种无线设备用户。WAP 独立于底层的承载网络，可以运行在多种不同的无线网络之上。

WAP 网络架构由三部分组成，即 WAP 网关、WAP 手机和 WAP 内容服务器。

④ 移动蜂窝接入。移动蜂窝接入采用蜂窝无线组网方式，在终端和网络设备之间通过无线信道连接起来，进而实现用户在活动中的相互通信。其主要特征是终端的移动性，并具有越区切换和跨本地网自动漫游功能。移动蜂窝接入业务是指经过由基站子系统和移动交换子系统等设备组成蜂窝移动通信网提供的话音、数据、视频图像等业务。

移动蜂窝接入主要包括基于第一代模拟蜂窝系统的 CDPD 技术，基于第二代数字蜂窝系统的 GSM 和 GPRS，以及在此基础上的改进数据率 GSM 服务（Enhanced Datarate for GSM Evolution，EDGE）技术，目前正向第三代蜂窝系统（the third Generation，3G）发展。

GSM 在我国已得到了广泛应用；GPRS 可提供 115.2kbit/s 传输速率，甚至 230.4kbit/s 的传输速率，GPRS 称为 2.5 代；而 EDGE 则被称为 2.75 代，因为它的速率已达第三代移动蜂窝通信下限 384kbit/s，并可提供大约 2Mbit/s 的局域数据通信服务，为平滑过度到第三代打下了良好基础。未来的 3G 将达到 2Mbit/s 速率，实现较快速的移动通信 Internet 无线接入。

第三代移动通信系统是宽带数字通信系统，它的目标是提供移动宽带多媒体通信，多址方式基本都采用 CDMA 多址接入，属于宽带 CDMA 移动通信技术。第三代移动通信系统能提供多种类型的高质量多媒体业务，能实现全球无缝覆盖，具有全球漫游能力并可以与固定网络相兼容。它可以实现小型便携式终端在任何时候、任何地点进行任何种类的通信。接入 Internet 技术比较如表 5.4 所示。

表 5.4　　接入 Internet 技术比较

接入方式	优势	劣势
拨号	接入成本最低，简单方便	带宽最低，服务质量难以保证
ADSL	充分利用电信现有网络资源，对各种业务支持能力较强	价格高于拨号方式，传输质量受传输距离影响较大，很难达到理论值
DDN	专线接入独享带宽，传输速率高	租用价格昂贵，要单独设立传输线路
以太网	简单方便，带宽大	目前只适合居民集中居住区域，要单独架设网络，前期投入比较大
Cable Modem	利用有线电视网络，带宽大，普及性高	对有线电视网络双向改造投资很大
无线	适用于不方便布线或移动的场合，可以随时获取信息	带宽比以太网接入小，服务质量易受环境影响

5.9.6　IPv6

当初实现 IP 协议标准化的时候，几乎没有人能预见到 IPv4 提供的 43 亿地址会被分配得这么快。现在物联网的增长加快了这一趋势。在物联网中，联入互联网的每一个装置或传感器都需要一个 IP 地址，这个数量是巨大的。

IPv6 是 "Internet Protocol Version 6" 的缩写，也被称作下一代互联网协议，它是由 IETF 设计的用来替代现行的 IPv4 协议的一种新的 IP 协议。

在 IPv6 中，每个 IP 地址占 128 位地址，每 16 位为一组，每个分组写成 4 个十六进制数，它是 IPv4 地址长度的 4 倍。如此定义的 IP 地址可以适应 Internet 在较长时期内的发展需要。

思考与练习

一、简答题

1. 简述无线局域网和传统的有线网络相比具有的显著特点。
2. 简述何为隐藏点 "hidden node" 问题。
3. 黑客通常采取哪些方式入侵无线局域网？
4. 什么是 "瘦" AP 和 "胖" AP？
5. 室内安装 WLAN 设备时应当选择怎样的位置？
6. 简述 IEEE802.11 定义的开放式验证这一用户访问认证机制。
7. 简述 IEEE802.11 定义的共享密钥验证这一用户访问认证机制。

二、单选题

1. WLAN 技术使用了哪种介质？（　　）
　　A. 无线电波　　B. 双绞线　　　　C. 光纤　　　　D. 同轴电缆
2. 什么 WLAN 设备被安装在计算机内或者附加到计算机上，提供到无线网络的接口？（　　）
　　A. 接入点　　　B. 天线　　　　C. 网络适配器　　D. 中继器

3. 蓝牙设备工作在哪一个 RF 频段？（　　　）

　　A．900MHz　　　B．2.4GHz　　　C．5.8GHz　　　D．5.2GHz

4. 一个学生在自习室里使用无线连接到他的实验合作者的笔记本电脑，他正在使用的是什么无线模式？（　　　）

　　A．Ad-hoc 模式　　B．基础结构模式　　C．固定基站模式　　D．漫游模式

5. 当一名办公室工作人员把他的台式计算机连接到一个 WLAN BSS 时，要用到什么无线网络模式？（　　　）

　　A．Ad-hoc　　　B．基础结构模式　　C．固定基站模式　　D．漫游模式

6. 有关无线 AP 描述错误的是（　　　）。

　　A．无线 AP 是无线网和有线网之间沟通的桥梁

　　B．由于无线 AP 的覆盖范围是一个向外扩散的圆形区域

　　C．应当尽量把无线 AP 放置在无线网络的中心位置

　　D．各无线客户端和无线 AP 的直线距离最好不要超过 50m

7. 允许无线局域网节点在 WLAN 外共享一个共同的公共 IP 地址的因特网网关服务是什么？（　　　）

　　A．DHCP　　　B．IP　　　C．NAT　　　D．TCP

8. 当一台无线设备想要与另一台无线设备关联时，必须在这两台设备之间使用什么密码？（　　　）

　　A．BSS　　　B．ESS　　　C．IBSS　　　D．SSID

9. （　　　）是一种无限数据与语音通信的开放性全球规范，以低成本的短距离无线连接为基础，可为固定的或移动的终端设备提供接入服务。

　　A．Bluetooth 技术　　　　　　B．IrDA 技术

　　C．NFC 技术　　　　　　　　D．ZigBee 技术

10. （　　　）是一种利用红外线进行点对点通信的技术，是第一个实现无线个人网 WPAN 的技术。

　　A．Bluetooth 技术　　　　　　B．IrDA 技术

　　C．NFC 技术　　　　　　　　D．ZigBee 技术

11. （　　　）的主要技术特点是：数据传输率低，功耗低，成本低，网络容量大，有效范围小，工作频段灵活。

　　A．Bluetooth 技术　　　　　　B．IrDA 技术

　　C．NFC 技术　　　　　　　　D．ZigBee 技术

12. （　　　）是一种无线载波通信技术，主要应用于小范围、高分辨率，能够穿透墙壁、地面和身体的雷达和图像系统。

　　A．OFDM 技术　　　　　　　B．IrDA 技术

　　C．QPSK 技术　　　　　　　D．UWB 技术

13. IEEE802.11g 标准、IEEE802.11a 及 IEEE802.11b 标准相比独有的优点为（　　　）。

　　A．速度最高　　　　　　　　B．具有向下兼容能力

　　C．功耗更低　　　　　　　　D．距离更远

14. 有关无线路由器描述错误的是（　　　）。

　　A．无线路由器是一种单纯型 AP 和宽带路由器的结合体

B．无线路由器借助于路由器功能，可实现家庭无线网络中的 Internet 连接共享，实现 ADSL 和小区宽带的无线共享接入

C．无线路由器可以把通过它把无线和有线连接的终端都分配到一个子网，这样子网内的各种设备交换数据就非常方便。即除了 AP 功能，还可以让所有的无线客户端共享上网。

D．无线路由器都不具有宽带拨号的功能。

15．（　　）承担着 IP 地址和相应信息的动态地址的自动分配任务。

A．网络地址转换 NAT　　　　　　　　B．DHCP 动态主机分配协议
C．DNS 域名功能　　　　　　　　　　D．MAC 地址克隆

16．ZigBee 堆栈是在（　　）标准基础上建立的。

A．IEEE 802.15.4　　　　　　　　　　B．IEEE 802.11.4
C．IEEE 802.12.4　　　　　　　　　　B．IEEE 802.13.4

17．ZigBee（　　）是协议的最底层，承付着和外界直接作用的任务。

A．物理层　　　　　　　　　　　　　B．MAC 层
C．网络/安全层　　　　　　　　　　　D．支持/应用层

18．ZigBee（　　）负责设备间无线数据链路的建立、维护和结束。

A．物理层　　　B．MAC 层　　　C．网络/安全层　　　D．支持/应用层

19．ZigBee（　　）建立新网络，保证数据的传输。

A．物理层　　　B．MAC 层　　　C．网络/安全层　　　D．支持/应用层

20．ZigBee（　　）根据服务和需求使多个器件之间进行通信。

A．物理层　　　B．MAC 层　　　C．网络/安全层　　　D．支持/应用层

21．ZigBee 的频带为（　　），传输速率为20kbit/s 适用于欧洲。

A．868MHz　　　B．915MHz　　　C．2.4GHz　　　D．2.5GHz

22．ZigBee 的频带为（　　），传输速率为250kbit/s 全球通用。

A．868MHz　　　B．915MHz　　　C．2.4GHz　　　D．2.5GHz

23．ZigBee 网络设备（　　）发送网络信标、建立一个网络、管理网络节点、存储网络节点信息、寻找一对节点间的路由消息、不断接收信息。

A．网络协调器　　　　　　　　　　　B．全功能设备（FFD）
C．精简功能设备（RFD）　　　　　　　D．路由器

24．ZigBee 网络设备（　　）可以担任网络协调者，形成网络，让其他的 FFD 或是精简功能装置（RFD）连结，具备控制器的功能，可提供信息双向传输。

A．网络协调器　　　　　　　　　　　B．全功能设备（FFD）
C．精简功能设备（RFD）　　　　　　　D．交换机

25．ZigBee 网络设备（　　），只能传送信息给 FFD 或从 FFD 接收信息。

A．网络协调器　　　　　　　　　　　B．全功能设备（FFD）
C．精简功能设备（RFD）　　　　　　　D．交换机

26．ZigBee（　　）：增加或者删除一个节点，节点位置发生变动，节点发生故障等，网络都能够自我修复，并对网络拓扑结构进行相应的调整，无需人工干预，保证整个系统仍然能正常工作。

A．自愈功能　　　B．自组织功能　　　C．碰撞避免机制　　　D．数据传输机制

27. ZigBee（　　）：无需人工干预，网络节点能够感知其他节点的存在，并确定连结关系，组成结构化的网络。

    A．自愈功能　　　B．自组织功能　　C．碰撞避免机制　　D．数据传输机制

三、**多选题**（在每小题列出的几个选项中至少有两个符合题目要求，请将其选项序号填写在题后括号内）

1. 物联网的主要特征是（　　）。

    A．全面感知　　　B．功能强大　　　C．智能处理　　　D．可靠传送

2. 运用云计算、数据挖掘及模糊识别等人工智能技术，对海量的数据和信息进行分析和处理，对物体实施智能化的控制，指的是（　　）。

    A．可靠传递　　　B．全面感知　　　C．智能处理　　　D．互联网

第 **6** 章　**数据与管理技术**

本章主要内容

本章主要介绍了数据库技术、物联网海量数据存储与搜索、数据挖掘、云计算技术和物联网中间件技术等内容。

本章建议教学学时

本章教学学时建议为 8 学时。

- 数据库技术　　　　　　　　　　　　　　　2.5 学时；
- 物联网海量数据存储与搜索　　　　　　　　2.0 学时；
- 数据挖掘　　　　　　　　　　　　　　　　1 学时；
- 云计算技术　　　　　　　　　　　　　　　1.5 学时；
- 物联网中间件技术　　　　　　　　　　　　1 学时。

本章教学要求

要求了解物联网数据的特点，熟悉支撑物联网的数据库技术特点与应用，熟悉物联网海量数据存储与搜索的原理，了解数据挖掘技术与应用以及物联网数据挖掘的意义，了解云计算定义与云计算系统的体系结构，熟悉云计算服务层次与典型云计算平台的应用，了解物联网中间件的概念与应用。

6.1　数据库技术

6.1.1　物联网数据的特点

相比传统的互联网，物联网数据的特点是具有海量性、实时性、多样性、关联性及语义性。

1. 海量性

物联网中的数据量巨大，物联网最主要的特征之一是节点的海量性，除了人和服务器之外、物品、设备、传感网等都是物联网的组成节点，其数量规模远大于互联网；同时，物联网节点的数据生成频率也远高于互联网，例如，传感节点多数处于全时工作状态，数据流就源源不断。如果传感网是部署在更为敏感的应用场合时（如智能电网、建筑检测等），则要求传感器有更高的数据传输率，每天的数据量可达到 TB 以上。在未来，若是地球上的每个人、每件物品都能互联互通，那么，产生的数据量会更加令人瞠目结舌。

　　下面简单介绍存储单位的概念，最小存储单元是位，用比特（Binary Digits，bit）表示，可以存放一个一位二进制数，即 0 或 1。最常用的存储单位是字节（Byte），由 8 个二进制位组成一个字节（B）。容量一般用千字节（Kilobyte，KB）、兆字节（简称"兆"）（Megabyte，MB）、吉字节（又称"千兆"）（Gigabyte，GB）、太字节（又称"百万兆字节"）（Terabyte，TB）来表示，2^{10} B =1KB，2^{20} B=1MB，2^{30} B=1GB，2^{40} B =1TB。它们之间的关系如下。

1KB =1024B

1MB =1024KB

1GB =1024MB

1TB =1024GB

2. 实时性

　　物联网中的数据速率较高。一方面，由于物联网中数据的海量性，必然要求骨干网汇聚更多的数据，数据的传输速率要求更高；另一方面，由于物联网与真实物理世界直接关联，很多情况下需要实时访问、控制相应的节点和设备，因此，需要高速的数据传输速率来支持相应的实时性。

3. 多样化

　　物联网的应用包罗万象，从智慧城市、智慧交通、智慧物流、商品溯源，到智能家居、智慧医疗、安防监控等，无一不是物联网应用范畴。在不同领域、不同行业，需要面对不同类型、不同格式的应用数据，因此，物联网中数据多样性更为突出。数据的多样性必将带来处理数据的复杂性。

　　（1）不同的网络导致数据具有不同的格式。例如，同样是温度，有的网络将其称为"温度"，有的网络将其称为"Temperature"，有的网络以摄氏度为单位，有的网络则以华氏度为单位。

　　（2）不同的设备导致数据具有不同的精度。例如，同样是测量环境中的二氧化碳浓度，有些设备能达到 0.1ppm 的分辨率，而有些设备仅有 1ppm 的分辨率。

　　（3）不同的测量时间、测量条件导致数据具有不同的值。物联网中物体的一个显著特征就是动态性，在同一个十字路口使用同样的传感器去测量行人流量，这个值会随着上下班高峰等时间条件而变化，也会随着温度、降雨等自然条件而变化。

　　（4）物联网对数据真实性的要求更高。物联网是真实物理世界与虚拟信息世界的结合，其对数据的处理以及基于处理的数据来进行的决策将直接影响物理世界，物联网中数据的真实性显得尤为重要。

4. 关联性及语义性

　　物联网中的数据绝对不是独立的。描述同一个实体的数据在实践上具有关联性；描述不同实体的数据在空间上具有关联性；描述实体的不同维度之间也具有关联性。不同的关联性组合会产生丰富的语义。

6.1.2　支撑物联网的数据库技术

1. 数据库概念

　　数据库是长期存储在计算机内有组织的、大量的、共享的数据集合，它可以供各种用户共享且具有最小的冗余度和较高的数据与程序的独立性。

由于有多种程序并发地使用数据库，所以，需要能有效地及时处理数据，并提供安全性和完整性。这样就必须有一个软件系统，即数据库管理系统（Database Management System，DBMS），它可以在数据库建立、运行和维护时对数据库进行统一控制，以保证数据的安全性和完整性，同时在多用户使用数据库时实施并发控制，在发生故障后对系统进行恢复。

数据库管理系统是位于用户与操作系统之间的一层数据管理软件，为用户或应用程序提供访问数据库 DB 的方法，包括 DB 的建立、查询、更新以及各种数据控制。DB 总是基于某种数据模型，这些数据模型主要有层次模型、网状模型、关系模型和面向对象模型。层次模型是用树型结构表示实体间联系的数据模型。网状模型是用有向图结构表示实体类型及实体间联系的数据模型。关系模型是由若干个关系模式组成的集合，其主要特征是用二维表格结构表达实体集，用外键表示实体间联系。面向对象模型是通过对象和类的概念来建立的数据库模型，是面向对象技术与数据库技术结合的产物。

2. 数据库设计

数据库设计技术是指对于一个给定的应用环境，构造最优的数据库模式，建立数据库及应用系统，使之能够有效地存储数据，满足各种用户的应用需要。

数据库设计包含结构设计和行为设计两方面。早期的数据库设计致力于对数据模型和建模方法的研究，注重结构特性的设计而忽略了对行为的设计，一般将结构设计与行为设计分开进行。

现代数据库设计运用软件工程的思想和方法，提出了各种设计准则和规程，这些都属于规范设计法，下面介绍 4 种规范设计法。

（1）新奥尔良（New Orleans）方法。它将数据库设计分为需求分析（分析用户要求）、概念分析（信息分析和定义）、逻辑分析（设计实现）和物理实现（物理数据库设计）4 个阶段。

（2）基于 E-R 模型的数据库设计方法。实体—联系图（Entity-Relationship Diagram，E-R），是指提供了表示实体型、属性和联系的方法，用来描述现实世界的概念模型。E-R 方法是"实体—联系方法"，它是描述现实世界概念结构模型的有效方法。通常用矩形框代表实体，用连接相关实体的菱形框表示关系，用椭圆形或圆角矩形表示实体（或关系）的属性，并用直线把实体（或关系）与其属性连接起来。联系可分为 3 种类型，第一类是一对一联系（1∶1），例如，一个部门有一个经理，而每个经理只在一个部门任职，则部门与经理的联系是一对一的。第二类是一对多联系（1∶N），例如，某校教师与课程之间存在一对多的联系"教学"，即每位教师可以教多门课程，但是每门课程只能由一位教师来教。第三类是多对多联系（M∶N），例如，学生与课程间的联系"学"是多对多的，即一个学生可以学多门课程，而每门课程可以有多个学生来学。因此联系也可能有属性。

（3）基于 3NF（第 3 范式）的设计方法。该方法以关系数据库理论为指导来设计数据库的逻辑模型，该方法需要利用关系规范化理论对所设计的关系模型进行规范，一般要求将关系模式规范到 3NF 以上。

（4）基于对象定义语言设计方法。这是面向对象的数据库设计方法，该方法用面向对象的概念和术语来说明数据库结构。用对象定义语言（Object Definition Language，ODL）描述面向对象数据库结构设计，可以将其直接转换为面向对象的数据库。

规范设计法从本质上看仍然是手工设计方法，其基本思想是过程迭代和逐步求精。数据库设计包括需求分析阶段；概念结构设计阶段；逻辑结构设计阶段；数据库物理设计阶段；数据库实现阶段；数据库运行和维护等 6 个阶段。

3. 常用数据库介绍

（1）关系数据库。关系数据库是建立在关系模型基础上的数据库，借助于集合代数等数学概念和方法来处理数据库中的数据。现实世界中的各种实体以及实体之间的各种联系均用关系模型来表示。

标准数据查询语言 SQL 就是一种基于关系数据库的语言，这种语言执行对关系数据库中数据的检索和操作。

关系模型由关系数据结构、关系操作集合、关系完整性约束三部分组成。

传统的关系数据库具有数据结构化、最低冗余度、较高的程序与数据独立性、易于扩充、易于编制应用程序等优点，目前较大的信息系统都是建立在结构化数据库设计之上的。然而，随着越来越多企业海量数据的产生，使非结构化数据的应用日趋扩大，以及对海量数据快速访问、有效地备份恢复机制、实时数据分析等的需求不断增加。因此，在物联网中还需要使用一些新兴数据库系统。

关系数据库作为一项有近半个世纪历史的数据处理技术，仍可在物联网中使用，为物联网的运行提供支撑。

（2）非关系型数据库（NoSQL）。非关系型数据库（Not Only SQL，NoSQL）意为"不仅仅是 SQL"。传统的关系数据库在将来大量出现的物联网应用中，暴露了很多难以克服的问题。例如，传统的关系数据库难以满足对数据库高并发读写的需求、对海量数据的高效率存储和访问的需求、对数据库的高可扩展性和高可用性的需求。

NoSQL 数据库大致可以分为以下的 4 类。

① 键值（Key-Value）存储数据库。高性能 Key-Value 数据库的主要特点是具有极高的并发读写性能，Redis、Tokyo Cabinet 和 Flare 这 3 个 Key-Value DB 都是用 C 语言编写的，它们的性能都相当出色，除了出色的性能，它们还有自己独特的功能。

② 列存储数据库。列存储数据库通常是用来应对分布式存储的海量数据。键仍然存在，但是它们的特点是指向了多个列，这些列是由列家族来安排的。如 Cassandra、Hbase、Riak。

③ 文档型数据库，文档型数据库可以看作是键值数据库的升级版，允许数据库之间嵌套键值，而且文档型数据库比键值数据库的查询效率更高，如 CouchDB、MongoDb。国内也有文档型数据库如 SequoiaDB，已经开源。面向文档的非关系数据库主要解决的问题不是高性能的并发读写，而是保证海量数据存储的同时，具有良好的查询性能。

④ 图形（Graph）数据库。图形结构的数据库同其他行列以及刚性结构的 SQL 数据库不同，它是使用灵活的图形模型，并且能够扩展到多个服务器上。NoSQL 数据库没有标准的查询语言（SQL），因此进行数据库查询需要制定数据模型。许多 NoSQL 数据库都有 REST 式的数据接口或者查询 API。

（3）实时数据库。实时数据库（Real Time Data Base，RTDB）是数据库系统发展的一个分支，是数据库技术结合实时处理技术产生的。

实时数据库系统是开发实时控制系统、数据采集系统、CIMS 系统的支撑软件。实时数据库已经成为企业信息化的基础数据平台。

在流程行业中，大量使用实时数据库系统进行控制系统监控、先进控制和优化控制，并为企业的生产管理和调度、数据分析、决策支持以及远程在线浏览提供实时数据服务和多种数据管理功能。

针对不同行业、不同类型的企业，实时数据库的数据来源方式也各不相同。总的来说数据的主要来源有 DCS 控制系统、由组态软件和 PLC 建立的控制系统、数据采集系统、关系数据库系统、直接连接硬件设备和通过人机界面人工录入的数据。

实时数据库结构由采集站 DA、数据服务器、WEB 服务器以及客户端组成，同时和关系数据库进行有效的数据交换，DCS 的数据经过 DA 进行采集，由 DA Server 送到数据服务器，数据服务器再有效地送给其他客户端。

（4）分布式数据库系统。分布式数据库（Distributed Data Base，DDB）是传统数据库技术与网络技术相结合的产物。一个分布式数据库是物理上分散在计算机网络各节点上，但在逻辑上属于同一系统的数据集合。它包含分布式数据库管理系统（DDBMS）和分布式数据库（DDB）。

分布式数据库管理系统（DDBMS）支持分布式数据库的建立、使用与维护，负责实现局部数据管理、数据通信、分布式数据管理以及数据字典管理等功能。

分布式数据库在物联网系统中将有广泛的应用前景。

在分布式数据库系统中，一个应用程序可以对数据库进行透明操作，数据库中的数据分别在不同的局部数据库中存储，由不同的 DBMS 进行管理，在不同的机器上运行，由不同的操作系统支持，被不同的通信网络连接在一起。

一个应用程序通过网络的连接可以访问分布在不同地理位置的数据库。它的分布性体现在数据库中的数据不存储在同一场地。更确切地讲，不存储在同一计算机的存储设备上，这就是与集中式数据库的区别。从用户的角度看，一个分布式数据库系统在逻辑上和集中式数据库系统一样，用户可以在任何一个场地执行全局应用。就好像那些数据是存储在同一台计算机上似的，由单个数据库管理系统（DBMS）管理一样，用户并没有感觉到什么不一样。

在集中式数据库中，尽量减少冗余度是系统目标之一，因为冗余数据浪费存储空间，而且容易造成各副本之间的不一致性。减少冗余度的目标是用数据共享来达到的，而在分布式数据库中却希望增加冗余数据，在不同的场地存储同一数据的多个副本，其原因如下。

① 提高系统的可靠性、不会因一处故障而造成整个系统的瘫痪。

② 提高系统性能可以根据距离选择离用户最近的数据副本进行操作，减少通信代价，改善整个系统的性能。

分布式数据库特点是具有数据独立性、位置透明性，集中和节点自治相结合，支持全局数据库的一致性、可恢复性、复制透明性和易于扩展性。

分布式数据库系统的目标是适应部门分布的组织结构，降低费用；提高系统的可靠性和可用性；充分利用数据库资源；逐步扩展处理能力和系统规模。

（5）多媒体数据库。多媒体数据库（Multimedia Data Base，MDB）是传统数据库技术与多媒体技术相结合的产物，它以数据库的方式存储计算机中的文字、图形、图像、音频和视频等多媒体信息。

多媒体数据库管理系统（MDBMS）是一个支持多媒体数据库的建立、使用与维护的软件系统，负责实现对多媒体对象的存储、处理、检索和输出等功能。

（6）并行数据库。并行数据库（Parallel Data Base，PDB）是传统数据库技术与并行技术相结合的产物，它在并行体系结构的支持下，实现数据库操作处理的并行化，以提高数据库的效率。

超级并行机的发展推动了并行数据库技术的发展。并行数据库的设计目标是提高大型数据库系统的查询与处理效率，而提高效率的途径不仅是依靠软件手段，更重要的是依靠硬件的多 CPU 的并行操作来实现。

6.2　物联网海量数据存储与搜索

6.2.1　常见数据存储方式

早期海量信息采用大型服务器进行存储，基本都是以服务器为中心的处理模式，使用直接附加存储（Direct Attached Storage，DAS），存储设备（包括磁盘阵列，磁带库，光盘库等）作为服务器的外设使用。为了能够共享大容量数据，采用高速度存储设备，并且不占用局域网资源的海量信息传输和备份，就需要专用存储区域网络（Storage Area Network，SAN）来实现。

随着计算机系统的迅速发展，存储系统体系结构先后经历了直接附加存储（Direct Attached Storage，DAS）体系结构、网络附加存储（Network Attached Storage，NAS）体系结构和存储局域网络（Storage Area Network，SAN）体系结构等 3 种主要类型的发展。

1．直接附加存储

在 DAS 方式中，存储设备通常是利用 SCSI 接口电缆直接接到服务器。I/O（输入 / 输出）请求直接发送到存储设备。DAS 依赖于服务器，其本身是硬件的堆叠，不带有任何存储操作系统。这是一种直接与主机系统相连接的存储设备，DAS 是计算机系统中最常用的数据存储方法，但这种存储方式有如下缺点。

（1）可扩展性差。服务器内部广泛使用的 SCSI 通道的个数和可连接的硬盘数、连接的距离以及连接的可靠性都是有限的。

（2）网络负载大。系统的性能低。采用 DAS 方式，重要业务数据的备份需要在局域网上传输，会造成较大的网络负载，并且传送的性能也很差，还需要占用服务器的 CPU 资源，对业务会有很大的影响。

（3）存储分散。可管理性差，管理成本高。目前存储一般分散在服务器上，而不同的应用可能会采用不同厂家的产品并购置不同的软件，为此系统管理员需要掌握不同存储产品的管理技能，增加不少负担。

2．网络附加存储

网络附加存储（NAS）是指将存储设备通过标准的网络拓扑结构（如以太网），连接到一群计算机上，具备资料存储功能的装置。因此，也称网络附加存储为"网络存储器"或者"网络磁盘阵列"。

NAS 包括存储设备和集成在一起的简易服务器，可以实现涉及文件存取和管理的所有功能。在 NAS 存储结构中，存储系统不再通过 I/O 总线附属于某个特定的服务器或客户机，而是直接通过网络接口与网络直接相连，由用户通过网络访问。NAS 是一种专业的网络文件存储及文件备份设备，它基于 LAN（局域网），按照 TCP/IP 协议进行通信，以文件的 I/O（输入 / 输出）方式进行数据传输。在 LAN 环境下，NAS 已经完全可以实现异构平台之间的数据级共享，如 NT、UNIX 等平台的共享。NAS 可以应用在任何网络环境当中，主服务器和客户端可以非常方便地在 NAS 上存取任意格式的文件。

NAS 应用和维护简单，只需要将 NAS 设备通过网卡接入现有的 LAN，而磁带库则通过备份服务器接入 LAN。通过 LAN 备份 NAS 设备和其他服务器的数据部署简单又快捷，不仅提高了现有网络的使用率，保护了用户的投资，而且还降低了系统管理员的维护难度。低成本、易安装，适用于工作组级和部门级的存储，或者可用于如 Web 服务需要高效存取文件的环境。将分布、独立的数据整合为大型、集中化管理的数据中心。NAS 可在线扩容和增加设备，支持多种协议管理软件、日志文件系统、快照和镜像等功能并做到真正的即插即用。

NAS 的缺点是安全性差。由于存储设备直接与以太网相连，其安全性存在着一定的问题。通常为了保障安全性，需要设置防火墙。大量数据存储都通过网络完成，增加了网络的负载，特别不适合于音频、视频数据的存储。灾难恢复也比较困难，通常需要制订一个专门的方案。

3. 存储区域网络

存储区域网络（Storage Area Network，SAN）是一种通过光纤集线器、光纤路由器、光纤交换机等连接设备将磁盘阵列、磁带等存储设备与相关服务器连接起来的高速专用子网。

存储区域网络主要由接口（如 SCSI、光纤通道、ESCON 等）、连接设备（交换设备、网关、路由器、集线器等）和通信控制协议（例如，IP 和 SCSI 等）3 个部分组成。由这 3 个组件再加上附加的存储设备和独立的 SAN 服务器，就构成了一个 SAN 系统。

SAN 是建立在存储协议基础之上的可使服务器与存储设备之间进行 "any to any" 连接通信的存储网络系统。它可以实现多服务器共享一个阵列子系统、共享一个自动库，从而实现数据共享和集中管理，进而完成快速、大容量和安全可靠的数据存储。它是提供企业商务数据或运营商数据的存储和备份管理的网络。基于网络化的存储，SAN 与传统的存储和备份技术相比，拥有更大的容量和更强的性能。

通过专门的存储管理软件，可以直接在 SAN 的大型主机、服务器或其他服务端电脑上添加硬盘和磁带设备。通常 SAN 被配置成网络的后端部分，存在于数据中心或服务器之后，采用光纤通道等存储专用协议连接成高速专用网络。采用双存储处理器以提高性能，而模块化的磁盘阵列则具有高度可扩充性。磁盘阵列、光纤交换机、磁带库和服务器之间采用冗余的光纤进行连接，可以保证整个系统的可靠性和数据流量的负载均衡。通过磁带库对磁盘阵列的数据进行定期备份，可以保证数据的完整性和可靠性。备份数据通过 SAN 网络进行传输，不占用局域网的带宽和服务器的资源，极大地提高了整个系统的性能。

对于大数据量存储，需要实时访问数据的单位，推荐使用 SAN 进行数据的存储和备份。它完全采用光纤连接，数据传输速度非常快，对于所有的应用都可以很好地满足。实现了数据的集中管理，可以方便地进行数据的备份，同时形成的一个包含所有数据的数据中心，易于实现信息共享。使用专用的 SAN 交换机，使 SAN 技术不受基于 SCSI 存储结构的布局限制，可以在线增加存储容量，具有良好的可伸缩性。

存储区域网络 SAN 缺点是属于高端应用，采用专用协议，部署复杂，维护人员需要经过一定培训，投资较大。

4．3 种网络存储结构的比较

从具体功能上讲，3 种网络存储结构分别适用于不同的应用环境。

（1）直接附加存储（DAS）是将存储系统通过缆线直接与服务器或工作站相连，一般包括多个硬盘驱动器。与主机总线适配器通过电缆或光纤连接，在存储设备和主机总线适配器之间不存在其他网络设备，实现了计算机内存储到存储子系统的跨越。

（2）网络附加存储（NAS）是文件级的计算机数据存储架构，计算机可以连接到一个仅为其他设备提供基于文件级数据存储服务的网络。

（3）存储区域网络（SAN）是通过网络方式连接存储设备和应用服务器的存储架构，由服务器、存储设备和 SAN 连接设备组成。SAN 的特点是存储共享，支持服务器在 SAN 上直接启动。

5．物联网数据存储

物联网时代是海量数据的时代，物联网数据存储将使用数据中心的模式。数据中心是一整套复杂的设施。它不仅包括计算机系统和其他与之配套的设备（如通信、存储系统），还包含冗余的数据通信连接、环境控制设备、监控设备以及各种安全装置。

计算机网络的飞速发展导致全球信息总量迅猛增长，据统计 2010 年全球产生的信息达到 1.2ZB（12 亿 TB），标志着世界进入 ZB 时代。

IDC 预测全球数据量从 2006～2011 年 5 年将增长 10 倍，而物联网中对象的数量将庞大到以百亿为单位。由于物联网中的对象积极参与业务流程的需求、高强度计算需求和数据的持续在线可获取的特性，导致了网络化存储和大型数据中心的诞生。

物联网对海量信息存储的需求促进了物联网网络存储技术、海量数据查询技术以及面向物联网的关系型数据库技术的发展。

6.2.2　数据搜索

1．搜索引擎技术概述

搜索引擎（search engine）是指根据一定的策略、运用特定的计算机程序搜集互联网上的信息，对信息进行组织和处理后，将处理后的信息显示给用户，为用户提供检索服务的系统。

万维网（World Wide Web，WWW）还没有出现时，加拿大麦吉尔大学（University of McGill）计算机学院的师生于 1990 年开发出 Archie，人们通过 FTP 共享交流资源。Archie 和搜索引擎的基本工作方式一样，即自动搜集信息资源、建立索引、提供检索服务，所以 Archie 被公认为现代搜索引擎的鼻祖。

有了万维网后，人们开发了全文索引引擎，国外的代表有 Google，国内则有著名的百度搜索。它们从互联网提取各个网站的信息，建立起数据库，并检索与用户查询条件相匹配的记录，按一定的排列顺序返回结果。根据搜索结果来源的不同，全文搜索引擎可分为两类，一类是拥有自己的检索程序（Indexer），俗称"爬虫"（Spider）程序或"机器人"（Robot）程序，能自建网页数据库，搜索结果直接从自身的数据库中调用，上面提到的 Google 和百度就属于此类；另一类则是租用其他搜索引擎的数据库，并按自定的格式排列搜索结果，如 Lycos 搜索引擎。

2. Web 搜索引擎

（1）搜索引擎的组成。搜索引擎一般由搜索器、索引器、检索器和用户接口 4 个部分组成。搜索器的功能是在互联网中漫游、发现和搜集信息；索引器的功能是理解搜索器所搜索到的信息，从中抽取出索引项，用于表示文档以及生成文档库的索引表；检索器的功能是根据用户的查询在索引库中快速检索文档，进行相关度评价，对将要输出的结果进行排序，并能按用户的查询需求合理反馈信息；用户接口的作用是接纳用户查询、显示查询结果、提供个性化查询项。

（2）Web 搜索引擎的原理。其原理通常是首先用爬虫（Spider）进行全网搜索，自动抓取网页；然后将抓取的网页进行索引，同时也会记录与检索有关的属性，中文搜索引擎中还需要对中文进行分词；最后接受用户查询请求，检索索引文件并按照各种参数进行复杂的计算，产生结果并返回给用户。

搜索引擎的评价指标有响应时间、查全率、查准率和用户满意度等。其中响应时间是从用户提交查询请求到搜索引擎给出查询结果的时间间隔，响应时间必须在用户可以接受的范围之内。查全率是指查询结果集中信息的完备性。查准率是指查询结果集中符合用户要求的数目与结果总数之比。用户满意度是一个难以量化的概念，除了搜索引擎本身的服务质量外，它还和用户群体、网络环境有关系。

在搜索引擎可以控制的范围内，其核心是对搜索结果的排序，即如何把最合适的结果排到前面。

总的来说，Web 搜索引擎的 3 个重要问题分别是响应时间、关键词搜索和搜索结果排序。一般来说合理的响应时间体现在"秒"这个数量级上，关键词搜索是指得到合理的匹配结果，搜索结果排序是指如何对海量的结果数据排序。所以，设计搜索引擎的体系结构时需要考虑信息采集、索引技术和搜索服务 3 个模块的设计。

（1）信息采集模块。Web 搜索引擎的信息采集模块的主要功能是执行基于超文本传输协议（Hyper-Text Transfer Protocol，HTTP），从 Web 上收集页面信息，即 Web "爬虫"程序。

（2）索引技术。索引技术利用网络爬虫程序，网络爬虫程序根据 HTTP 协议，发送请求，并通过 TCP 连接接受服务器的应答。由于 Web 搜索引擎需要抓取数以亿计的页面，所以建立快速分布式的网络爬虫程序才能满足搜索引擎对性能和服务的要求，其物理实现可能是一组终端。

网络"爬虫"程序的基本结构是：首先网络爬虫程序从统一资源定位器（Uniform Resoure Locator，URL）链接库读取一个或多个 URL 作为初始输入并进行域名解析；然后根据域名解析结果（IP）访问 Web 服务器，建立 TCP 连接，发送请求，接受应答，储存接受数据，并分析提取链接信息（URL）并把信息放入 URL 链接库里。

信息采集优化需要考虑到网络连接优化策略、持久性连接和多进程并发设计等方面的问题。由于网络"爬虫"程序会频繁调用域名系统，所以域名系统缓存可提高"爬虫"程序性能。

相关域名系统的缓存策略有 LRU（Least Recently Used）算法、LFU（Lease Frequently Used）算法和 FIFO（First-In、First-Out）算法。LRU 算法是将最近最少使用的内容替换出 Cache 缓存；LFU 算法是将访问次数最少的内容替换出 Cache 缓存；FIFO 算法是在 Cache 缓存中执行数据的先进先出流程方法。

（3）搜索服务。搜索服务的主要功能是结果显示，首先接受用户的输入，提交用户搜索请求，然后根据搜索结果列表合理地展示给用户，并在保护隐私的前提下，记录用户使用行为的详细信息，以便提高下次服务的满意度。

Web 上的数据每时每刻都在变化，所以随时存在检索到的页面信息已经不存在的可能。

Web 搜索引擎为了提高服务质量，需要对搜索到的页面信息进行快照，以便在原来页面信息失效的情况下，保证用户能够通过快照功能查看页面。

3. 物联网搜索引擎

在物联网时代，首先需要从智能物体角度思考搜索引擎与物体之间的关系，主动识别物体并提取有用信息；其次需要从用户角度出发，利用多模态信息，使查询结果更精确、更智能、更定制化。

物联网中存在海量的分布式资源（包括传感器、探测设备和驱动装置等），未来物联网中的物品可以根据自身的特定能力、所处的环境情况（传感器的类型、驱动装置的状态及服务的提供情况等）、位置等，对这些普遍存在的信息和数据进行独立的或者类别化的搜索与发现。

物联网的搜索与发现服务不仅可以服务于人类，方便人类进行各种操作。同时，这些搜索与发现服务也将为各种软件、系统、应用及自动化的物品所使用，帮助它们收集各种分布于成千上万组织、机构、地点的完整信息和状态数据，帮助它们明确所处环境中的基础设施配备情况，满足智慧物品的运动、操作、加热或者制冷及网络通信与数据处理等需求。

通用身份验证机制与细粒度的访问控制机制整合到一起，就可以允许物联网中资源持有者限制具体物品的发现权限，控制哪些物品、人员可以使用他们的资源或者和他们所持有的特定物品之间建立起关联。

6.3　数据挖掘

随着信息技术的高速发展，人们积累的数据量急剧增长，动辄以 TB 计量，如何从海量的数据中提取有用的知识成为当务之急。数据挖掘是为顺应这种需要应运而生发展起来的数据处理技术。它是知识发现（Knowledge discovery in database，KDD）的关键步骤。

6.3.1　数据挖掘技术的发展需求

现代科学技术可以方便地把大量信息存储起来，以至于存储的信息以令人难以置信的速度疯狂增长。大量信息在给人们带来方便的同时也带来了问题，庞大的信息被转换成数据存储在数据库当中。一方面规模庞大、纷繁复杂的数据体系让使用者漫无头绪、无从下手；另一方面在这些大量数据的背后却隐藏着很多具有决策意义的、有价值的信息。那么，如何发现这些有用的知识，使之为管理决策和经营战略发展提供服务呢？面对这一挑战，数据开采和知识发现（KDD）技术应运而生。

数据挖掘的核心模块技术历经了数十年的发展，其中包括数理统计、人工智能、机器学习等。目前，这些成熟的技术，加上高性能的关系数据库引擎及广泛的数据集成，使数据挖掘技术在当前的数据仓库环境中进入了实用的阶段。

在电子数据处理的初期，人们就试图通过某些方法来实现自动决策支持，在当时，机器学习成为人们关心的焦点。机器学习的过程就是将一些已知的并已被成功解决的问题作为范例输入计算机，机器通过学习这些范例，总结并生成相应的规则，这些规则具有通用性，使用它们可以解决某一类的问题。

随后，随着神经网络技术的形成和发展，人们的注意力转向知识工程，知识工程不同于机器学习需要给计算机输入范例，让它生成出规则，而是直接给计算机输入已被代码化的规则，计算机通过使用这些规则来解决某些问题。专家系统就是这种方法所得到的成果，但它有投资大、效果不甚理想等缺点。

上世纪 80 年代人们又在新的神经网络理论的指导下，重新回到机器学习的方法上，并将其成果应用于处理大型商业数据库。

现在，人们逐渐开始使用数据挖掘，其中有许多工作可以由统计方法来完成，因此，人们认为数据挖掘最好的策略是将统计方法与数据挖掘有机地结合起来。

6.3.2 数据挖掘的定义

1. 技术上的定义

数据挖掘（Data Mining）就是从大量的、不完全的、有噪声的、模糊的、随机的实际应用数据中，提取隐含在其中的、人们事先不知道的、潜在有用的信息和知识的过程。数据挖掘是一门交叉学科，它集成了许多学科中成熟的工具和技术，包括数据库技术、统计学、机器学习、模型识别、人工智能、神经网络等相关技术。

2. 商业角度的定义

数据挖掘是一种新的商业信息处理技术，它是对商业数据库中的大量业务数据进行抽取、转换、分析和其他模型化处理，从中提取辅助商业决策的关键性数据的过程。

企业数据量非常大，而其中真正有价值的信息却很少，因此，从大量的数据中经过深层分析，获得有利于商业运作、提高竞争力的信息，就像从矿石中淘金一样，数据挖掘也因此得名。

数据挖掘与传统的数据分析（如查询、报表、联机应用分析）有本质区别，数据挖掘是在没有明确假设前提下去挖掘信息、发现知识。数据挖掘所得到的信息应具有先前未知、有效和可实用 3 个特征。

先前未知的信息是指该信息是预先未曾预料到的，即数据挖掘是要发现那些不能靠直觉发现的信息或知识，甚至是违背直觉的信息或知识，挖掘出的信息越是出乎意料，就可能越有价值。

在商业应用中最典型的例子就是沃尔玛连锁店通过数据挖掘发现了小孩尿布和啤酒之间有着惊人的联系。

6.3.3 数据挖掘系统的体系结构与任务

数据挖掘是一个复杂的过程，通常的数据挖掘结构也比较复杂。典型的数据挖掘体系结构图如图 6.1 所示。这是一个三层结构，从下向上分别是数据、挖掘引擎、用户界面。根据信息存储格式，用于挖掘的对象有关系数据库、面向对象数据库、数据仓库、文本数据源、多媒体数据库、空间数据库、时态数据库、异质数据库及 internet 等。

数据挖掘主要流程如下。

（1）定义问题。清晰地定义出业务问题，确定数据挖掘的目的。

（2）数据准备。选择数据，在大型数据库和数据仓库目标中提取数据挖掘的目标数据集并进行数据预处理，进行数据再加工，包括检查数据的完整性、一致性，去除噪声，填补丢失的域，删除无效数据等。

（3）数据挖掘。根据数据功能的类型和数据的特点选择相应的算法，在净化和转换过的数据集上进行数据挖掘。

（4）结果分析。对数据挖掘的结果进行解释和评价，将结果转换成能够最终被用户理解的知识。

（5）知识的运用。将分析所得到的知识集成到业务信息系统的组织结构中。

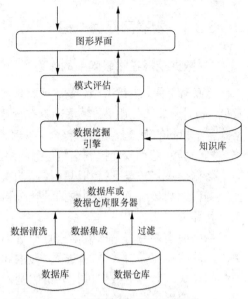

图 6.1　数据挖掘系统的体系结构

数据挖掘的方法主要有神经网络法、遗传算法、决策树法、粗集法、覆盖正例排斥反例法、统计分析法和模糊集法。

数据挖掘的任务主要是关联分析、聚类分析、分类、预测、时序模式和偏差分析等。

（1）关联分析（association analysis）。关联分析是通过分析数据或记录间的关系，决定哪些事情将一起发生，即哪些事情存在关联。两个或两个以上变量的取值之间存在某种规律性，就称为关联。关联分为简单关联、时序关联和因果关联。关联分析的目的是找出数据库中隐藏的关联网。

（2）聚类分析（clustering）。聚类是把数据按照相似性归纳成若干类别，同一类中的数据彼此相似，不同类中的数据相异。

聚类分析可以建立宏观的概念，发现数据的分布模式以及可能的数据属性之间的相互关系。聚类和分类的区别是聚类不依赖于预先定义好的类，也不需要训练集。

（3）分类（classification）。分类就是找出一个类别的概念描述，它代表了这类数据的整体信息，即该类的内涵描述，并用这种描述来构造模型，一般用规则或决策树模式表示。分类可被用于规则描述和预测。

（4）预测（predication）。预测是通过分类或估值起作用的，也就是说，通过分类或估值得出模型，该模型用于对未知变量的预测。这种预测是需要时间来验证的，即必须经过一定时间后，才知道预测准确性是多少。预测关心的是精度和不确定性，通常用预测方差来度量。

（5）时序模式（time-series pattern）。时序模式是指通过时间序列搜索出的重复发生概率较高的模式。与回归一样，时序模式也是用已知的数据预测未来的值，但这些数据随变量所处时间的不同而改变。

（6）偏差分析（deviation）。在偏差中包括很多有用的知识，数据库中的数据存在很多异常情况，发现数据库中数据存在的异常情况是非常重要的。偏差检验的基本方法就是寻找观察结果与参照之间的差别。

数据挖掘技术在商业上的实际应用十分丰富，业务应用中常见的例子有客户细分、客户保留、目标营销、客户拓展、欺诈检测、购物篮分析、信用打分、信用风险评估、投资组合管理、行情分析、安全管理、客户盈利能力分析、资源管理、利润分析、交叉销售、增量销售、客户服务等。

6.3.4　物联网数据挖掘

1．数据挖掘在物联网中的作用

互联网将信息互联互通，物联网将现实世界的物体通过传感器和互联网连结起来，并通过云存储、云计算实现云服务。物联网具有行业应用的特征，依赖云计算对采集到的各行各业、数据格式各不相同的海量数据进行整合、管理、存储，并在整个物联网中提供数据挖掘服务，实现预测、决策功能，进而反向控制这些传感网络，达到控制物联网中客观事物运动和发展进程的目的。

数据挖掘是决策支持和过程控制的重要技术，它是物联网中的重要一环。物联网中的数据挖掘已经从传统意义上的数据统计分析、潜在模式发现与挖掘，转向物联网中不可缺少的工具和环节。

物联网需要对海量的数据进行更透彻的感知，要求对海量数据进行多维度整合与分析，更深入的智能化需要普适性的数据搜索和服务，需要从大量数据中获取潜在有用的、可被人理解的模式。对海量数据进行分析的基本类型有关联分析、聚类分析和演化分析等。这些需求分析都使用了数据挖掘技术。

由于对于物联网的研究还处于初级阶段。因此，目前有一些物联网数据挖掘还处于研究阶段，这些研究主要包括 3 个方面：一些研究集中于管理和挖掘 RFID 数据流；一些研究偏好于提问、分析和挖掘由各种 IOT 服务产生的对象数据运动，如 GPS 装置、RFID 传感器网络等；其他研究是传感器数据的知识发现。

2．物联网数据挖掘模型

（1）IOT 多层数据挖掘模型

根据 IOT 式样和 RFID 数据挖掘框架，人们提出了 IOT 多层数据挖掘模型，并将其分为四层，即数据收集层、数据管理层、事件处理层和数据挖掘服务层。如图 6.2 所示。

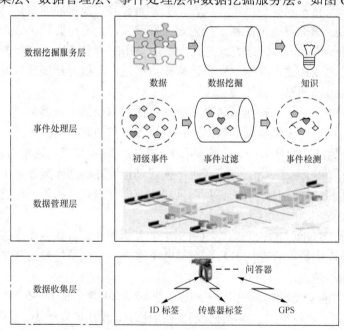

图 6.2　IOT 多层数据挖掘模型

　　数据收集层采用一些设备（如 RFID 阅读器和接收器等），来收集各种智能对象的数据，这些数据分别是 RFID 流数据、GPS 数据、卫星数据、位置数据和传感器数据等。不同类型的数据需要不同的收集策略。

　　在数据采集过程中，一系列如节能、误读、重复读取、容错、数据过滤和通信等问题，都需要被妥善解决。

　　数据管理层适用于在集中或分布式的数据库或数据仓库区管理收集的数据。在目标识别、数据抽象和压缩后，一系列数据被保存在相应数据库或数据仓库中。例如 RFID 数据，原始的数据流格式是 EPC、位置、时间，EPC 被标记为智能对象的 ID。然后再利用数据仓库去储存和管理相关数据，包括信息表、停留表和地图表。另外，也可以采用 XML 语言去表述 IOT 数据。智能对象可以通过物联网数据管理层相互连接。

　　事件处理层能有效地分析 IOT 事件。因此，可以在事件处理层实现基于事件的提问分析。将观察到的原始时间过滤后，就可获得复杂事件或用户关注的事件，然后就可以根据事件集合、组织和分析数据。

　　数据挖掘服务层建立在数据管理和事件处理的基础上。各种基于对象或基于事件的数据挖掘服务，如供应链管理、库存管理和优化等，都体现了服务至上。

　　（2）IOT 分布式数据挖掘模型

　　跟一般的数据相比，IOT 数据有自己的特色，例如，IOT 数据是大规模的、分布式的、时间相关的和位置相关的，同时，数据的来源是各异的，节点的资源是有限的。这些特征带来了很多集中数据挖掘式样的问题。第一，大量的 IOT 数据储存在不同的地点，因此，通过中央模式很难挖掘分布式数据。第二，IOT 数据很庞大，需要实时处理，所以，如果采用中央结构，对硬件中央节点的要求非常高。第三，考虑到数据安全性、隐私、容错、商业竞争、法律约束和其他方面，将所有相关数据放在一起的战略通常是不可行的。第四，节点的资源是有限的，将数据放在中心节点的策略没有优化昂贵资源传输。在大多数情况下，中心节点不需要所有的数据，但是需要估计一些参数，所以可以在分布式节点中预处理原始数据，再将必要信息传送给接收者。

　　IOT 分布式数据挖掘模型不仅可以解决分布式存储节点带来的问题，也将复杂的问题分解成简单的问题。因此，高性能需求、高存储能力和计算能力都降低。在提出的 IOT 分布式数据挖掘模型中，全局控制节点是整个数据挖掘系统的核心。它选择数据挖掘算法和挖掘数据集合，之后引导包含这些数据集合的辅助节点，这些辅助节点从各种智能对象收到原始数据，这些原始数据通过数据过滤、数据抽象和压缩进行预处理，保存在局部数据仓库中。通过事件过滤、复杂事件检测和局部节点数据挖掘来获得局部模型。根据全局控制节点的需要，这些局部模型受控于全局控制节点并且聚集起来形成全局模型，辅助节点互相交换对象数据、处理数据和信息。基于联合管理机制的多层代理控制着整个过程。

　　（3）IOT 基于网格的数据挖掘模型

　　网格计算是新型的计算设备，能够实现异构、大规模和高性能应用。同 IOT 一样，网格计算也开始受到来自工业和研究机构的关注。网格的基本理念就是同电力资源一样利用网格计算资源，各种计算资源、数据资源和服务资源都可以被存取或便捷使用。IOT 的基本理念是通过互联网连接到各种智能对象，如此智能对象就变得聪明、环境敏感且远程合用。所以可以认为智能对象是一种网格计算资源，可以使用网格数据挖掘服务去实现 IOT 数据挖掘操作。

基于网格的 IOT 数据挖掘模型与网格数据挖掘的不同是硬件和软件资源的部分。IOT 提供多种类型的硬件，如 RFID 标签、RFID 阅读器、WSM、WSAN 和传感器网络等。同时 IOT 也提供多种软件资源，如事件处理算法、数据仓库和数据挖掘应用等。人们可以充分利用网格数据挖掘和 IOT 数据挖掘的高水平服务来挖掘客户。

（4）IOT 多层技术集成角度的数据挖掘模型

物联网是下一代互联网发展的重要方向，同时，还有很多新的方向，如可信网络、无所不在的网络、网格计算和云计算等。因此，从多层次技术集成的角度出发，提出了相应的 IOT 数据挖掘模型。在该模型中，数据来自环境敏感的个人、智能对象或环境。采用 128 位的 IPv6 地址，并且提供各种无所不在的方式去访问未来网络。如内部网/互联网、FTTx/xDSL、传感器设备、RFID、移动访问（2.5G、3G、4G）等。

6.4 云计算技术

6.4.1 云计算定义

云计算（Cloud computing），是一种基于互联网的计算方式，通过这种方式，共享的软硬件资源和信息可以按需提供给计算机和其他设备。

狭义的云计算指的是厂商通过分布式计算和虚拟化技术搭建数据中心或超级计算机，以免费或按需租用方式向技术开发者或企业客户提供数据存储、分析以及科学计算等服务，即是指 IT 基础设施（硬件、平台、软件）的交付和使用模式，如亚马逊数据仓库出租生意。

广义的云计算是指厂商通过建立网络服务器集群，向各种不同类型客户提供在线软件服务、硬件租借、数据存储、计算分析等不同类型的服务。广义的云计算包括了更多的厂商和服务类型，即是指服务的交付和使用模式，例如，国内用友、金蝶等管理软件厂商推出的在线财务软件，谷歌发布的 Google 应用程序套装等。

通俗的理解云计算的"云"就是存在于互联网上的服务器集群上的资源，它包括硬件资源（如服务器、存储器、CPU 等）和软件资源（如应用软件、集成开发环境等），本地计算机只需要通过互联网发送一个需求信息，远端就会有成千上万的计算机为用户提供需要的资源并将结果返回到本地计算机，这样，本地计算机几乎不需要做什么，所有的处理都由云计算提供商所提供的计算机群来完成。

6.4.2 云计算的技术发展

云计算（Cloud Computing）是结合网格计算（Grid Computing）、分布式计算（Distributed Computing）、并行计算（Parallel Computing）、效用计算（Utility Computing）、网络存储（Network Storage Technologies）、虚拟化（Virtualization）、负载均衡（Load Balance）等传统计算机和网络技术发展融合的产物。

云计算和移动化是互联网的两大发展趋势。云计算为移动互联网的发展注入动力。IT 和电信企业将基于已有的基础进行价值延伸，力求在"端"—"管"—"云"的产业链中占据有利位置甚至获得主导地位。电信运营商在数据中心、用户资源、网络管理经验和服务可靠性等方面具有优势，目前他们主要通过与 IT 企业的合作逐步推出云计算服务。

云计算是物联网智能信息分析的核心要素。云计算技术的运用，使数以亿计的各类物品的实时动态管理变为可能。随着物联网应用的发展、终端数量的增长，可借助云计算处理海量信息，进行辅助决策，提升物联网信息处理能力。因此，云计算作为一种虚拟化、硬件/软件运营化的解决方案，可以为物联网提供高效的计算和存储能力，为泛在链接的物联网提供网络引擎。

未来云计算主要朝 3 个方向发展，一是手机上的云计算，二是云计算时代资源的融合，三是云计算的商业发展。

6.4.3　云计算系统的体系结构

1．云计算逻辑结构

云计算平台是一个强大的"云"网络，连接了大量并发的网络计算和服务，可利用虚拟化技术扩展每一个服务器的能力，将各自的资源通过云计算平台结合起来，提供超级计算和存储能力。云计算逻辑结构如图 6.3 所示。

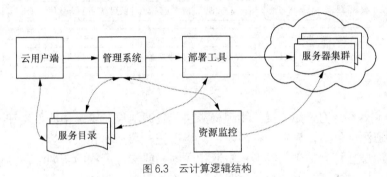

图 6.3　云计算逻辑结构

（1）云用户端，它不仅提供云用户请求服务的交互界面，而且也是用户使用云的入口，用户通过 Web 浏览器可以注册、登录、定制服务、配置和管理用户。

（2）服务目录，云用户在取得相应权限（付费或其他限制）后可以选择或定制的服务列表，也可以对已有服务进行退订的操作，在云用户端界面生成相应的图标或列表的形式展示相关的服务。

（3）管理系统和部署工具，提供管理和服务，对用户授权、认证、登录进行管理，还可以管理可用计算资源和服务，根据用户请求并转发到相应的程序，调度资源并智能地部署资源和应用，动态地部署、配置和回收资源。

（4）资源监控，监控和计量云系统资源的使用情况，完成节点同步配置、负载均衡配置和资源监控，确保资源能顺利分配给合适的用户。

（5）服务器集群，虚拟的或物理的服务器，由管理系统管理，负责高并发量的用户请求处理、大运算量计算处理、用户 Web 应用服务，云数据存储时采用相应数据切割算法、采用并行方式上传和下载大容量数据。

用户可通过云用户端从列表中选择所需的服务，其请求通过管理系统调度相应的资源，并通过部署工具分发请求、配置 Web 应用。

2．云计算技术体系结构

由于云计算分为 IaaS、PaaS 和 SaaS 3 种类型，不同的厂家又提供了不同的解决方案，所以，目前还没有一个统一的技术体系结构；但综合不同厂家的方案，可以得出一个供商榷的云计算技术体系结构，它的体系结构如图6.4所示。

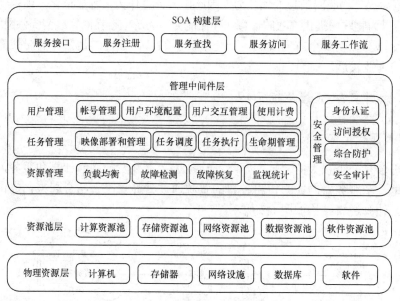

图6.4　云计算技术体系结构

云计算技术体系结构分为4层：物理资源层、资源池层、管理中间件层和SOA构建层。

（1）物理资源层包括计算机、存储器、网络设施、数据库和软件等。

（2）资源池层是将大量相同类型的资源构成同构或接近同构的资源池，如计算资源池、数据资源池等。构建资源池大多数是物理资源的集成和管理工作。

（3）管理中间件层负责对云计算的资源进行管理，并对众多应用任务进行调度，使资源能够高效、安全地为应用提供服务。

（4）SOA构建层将云计算能力封装成标准的Web Services服务，并纳入到SOA体系进行管理和使用，包括服务注册、查找、访问和构建服务工作流等。

管理中间件和资源池层是云计算技术的最关键部分，SOA构建层的功能更多依靠外部设施提供。

6.4.4　云计算服务层次

目前，云计算的主要服务形式有软件即服务（Software-as-a-Service，SaaS）、平台即服务（Platform-as-a-Service，PaaS）和基础设施即服务（Infrastructure as a Service，IaaS）。PaaS基于IaaS实现，SaaS的服务层次又在PaaS之上，三者面向不同的需求。IaaS提供的是用户直接访问底层计算资源、存储资源和网络资源的能力；PaaS提供的是软件业务运行的环境；SaaS是将软件以服务的形式通过网络传递到客户端。3种云计算模式的关系如图6.5所示。

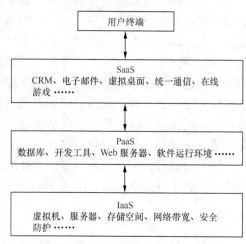

图6.5　3种云计算模式的关系

1. 软件即服务（SaaS）

SaaS 是最成熟、知名度最高的云计算服务类型，在云计算之前软件即服务就已经是一个非常流行的概念了。SaaS 的目标是将一切业务运行的后台环境放入云端，通过一个瘦客户端（通常是 Web 服务器）向最终用户直接提供服务。最终用户按需向云端请求服务，而本地无需维护任何基础构架或软件运行环境。所有人都可以在上面使用各式各样的软件服务，参与者则是世界各地的软件开发者。

SaaS 服务提供商将应用软件统一部署在自己的服务器上，用户根据需求通过互联网向厂商订购应用软件服务，服务提供商根据客户所定软件的数量、时间的长短等因素收费，并且通过浏览器向客户提供软件的模式。

客户不再像传统模式那样花费大量资金在硬件、软件、维护人员上，只需要支付一定的租赁服务费用，通过互联网就可以享受到相应的硬件、软件和维护服务，这是网络应用最具效益的营运模式。对于小型企业来说，SaaS 是采用先进技术的最好途径。

2. 平台即服务（PaaS）

PaaS 构建在 IaaS 之上，在基础构架之外还提供了业务软件的运行环境，个人网站常常用到的"虚拟主机"实际上就属于 PaaS 范畴，个人站长只需要将网站源代码上传到"虚拟主机"的地址，"虚拟主机"会自动运行这些代码并生成相应的 Web 页面。PaaS 把开发环境作为一种服务来提供，除了形成软件本身运行的环境，PaaS 通常还具备相应的存储接口，这些资源可以直接通过 FTP 等方式调用，用户无需从头进行裸盘的初始化工作。

这是一种分布式平台服务，厂商给客户提供开发环境、服务器平台、硬件资源等服务，用户在其平台基础上定制、开发自己的应用程序并通过其服务器和互联网传递给其他客户。

PaaS 能够给企业或个人提供研发的中间件平台，提供应用程序开发、数据库、应用服务器、试验、托管以及应用服务。打造程序开发平台与操作系统平台，让开发人员可以通过网络撰写程序与服务，一般消费者也可以在上面运行程序。参与者有 Google、微软、苹果、Yahoo 等公司。

3. 基础设施即服务（IaaS）

IaaS 通过虚拟化技术将服务器等计算平台同存储与网络资源打包，通过 API 接口的形式提供给用户，即把厂商的由多台服务器组成的"云端"基础设施，作为计量服务提供给客户。它将内存、I/O 设备、存储和计算能力整合成一个虚拟的资源池，为整个业界提供所需要的存储资源和虚拟化服务器等服务。这是一种托管型硬件方式，用户付费使用厂商的硬件设施。

将基础设备（如 IT 系统、数据库等）集成起来，并且像旅馆一样分隔成不同的房间供企业租用。参与者有英业达、IBM、戴尔、惠普、亚马逊等公司。

IaaS 的优点是用户只需低成本硬件，按需租用相应计算能力和存储能力，大大降低了用户在硬件上的开销。

6.4.5　云计算的核心技术

云计算系统运用了许多技术，其中以编程模型、数据管理技术、数据存储技术、虚拟化技术、云计算平台管理技术最为关键。

1. 编程模型

MapReduce 是 Google 开发的 java、Python、C++编程模型，它是一种简化的分布式编程模型和高效的任务调度模型，用于大规模数据集（大于 1TB）的并行运算。严格的编程模型使云计算环境下的编程十分简单。MapReduce 模式的思想是将要执行的问题分解成 Map（映射）和 Reduce（化简）的方式，先通过 Map 程序将数据切割成不相关的区块，分配（调度）给大量计算机处理，达到分布式运算的效果，再通过 Reduce 程序将结果汇整输出。

2. 海量数据分布存储技术

云计算系统由大量服务器组成，同时为大量用户服务，因此云计算系统采用分布式存储的方式存储数据，用冗余存储的方式保证数据的可靠性。

云计算系统中广泛使用的数据存储系统是 Google 的 GFS 和 Hadoop 团队开发的 GFS 的开源实现 HDFS。GFS 即 Google 文件系统（Google File System），是一个可扩展的分布式文件系统，用于大型的、分布式的、对大量数据进行访问的应用。GFS 的设计思想不同于传统的文件系统，是针对大规模数据处理和 Google 应用特性而设计的。GFS 运行于廉价的普通硬件上，但可以提供容错功能，还可以给大量的用户提供总体性能较高的服务。

一个 GFS 集群由一个主服务器（master）和大量的块服务器（chunkserver）构成，并且可以被许多客户（client）访问。

主服务器存储文件系统所有的元数据，包括名字空间、访问控制信息、从文件到块的映射以及块的当前位置。

GFS 中的文件被切分为 64MB 的块并以冗余存储，每份数据在系统中保存 3 个以上备份。

客户与主服务器的交换只限于对元数据的操作。所有数据方面的通信都直接和块服务器联系，这大大提高了系统的效率，防止主服务器负载过重。

3. 海量数据管理技术

云计算需要对分布的、海量的数据进行处理、分析，因此，数据管理技术必需能够高效地管理大量的数据。云计算系统中的数据管理技术主要是 Google 的 BT（BigTable）数据管理技术和 Hadoop 团队开发的开源数据管理模块 Hbase。

BT 是建立在 GFS、Scheduler、Lock Service 和 MapReduce 之上的一个大型的分布式数据库，与传统的关系数据库不同，它把所有数据都作为对象来处理，形成一个巨大的表格，用来分布存储大规模结构化数据。

4. 虚拟化技术

通过虚拟化技术可实现软件应用与底层硬件相隔离，它包括将单个资源划分成多个虚拟资源的裂分模式，也包括将多个资源整合成一个虚拟资源的聚合模式。

虚拟化技术根据对象可分成存储虚拟化、计算虚拟化、网络虚拟化等，计算虚拟化又分为系统级虚拟化、应用级虚拟化和桌面虚拟化。

5. 云计算平台管理技术

云计算资源规模庞大，服务器数量众多并分布在不同的地点，同时运行着数百种应用，如何有效地管理这些服务器，保证整个系统提供不间断的服务是巨大的挑战。

云计算系统的平台管理技术能够促进大量的服务器协同工作，方便地进行业务部署和开通，快速发现和恢复系统故障，通过自动化、智能化的手段实现大规模系统的可靠运营。

6.4.6 典型云计算平台

1. Google 的云计算平台

Google 的云计算主要由 MapReduce、Google 文件系统（GFS）、BigTable 组成。还有其他云计算组件，包括：Sawzall，它是一种建立在 MapReduce 基础上的领域语言，专门用于大规模的信息处理；Chubby，它是一个高可用、分布式数据锁服务，当有机器失效时，Chubby 使用 Paxos 算法来保证备份。

Google 还在其云计算基础设施之上建立了一系列新型网络应用程序。由于借鉴了异步网络数据传输的 Web2.0 技术，这些应用程序给予用户全新的界面感受和更加强大的多用户交互能力。典型的 Google 云计算应用程序就是 Google 推出的与 Microsoft Office 软件进行竞争的 Docs 网络服务程序。Google Docs 是一个基于 Web 的工具，它有类似于 Microsoft Office 的编辑界面，有一套简单易用的文档权限管理，而且它还记录下所有用户对文档所做的修改。Google Docs 的这些功能令它非常适用于网上共享与协作编辑文档。Google Docs 甚至可以用于监控责任清晰、目标明确的项目进度。当前，Google Docs 已经推出了文档编辑、电子表格、幻灯片演示、日程管理等多个功能的编辑模块，能够替代 Microsoft Office 相应的部分功能。值得注意的是，通过这种云计算方式形成的应用程序非常适合多个用户进行共享以及协同编辑，方便一个小组的人员共同创作。

Google Docs 是云计算的一种重要应用，即可以通过浏览器的方式访问远端大规模的存储与计算服务。云计算能够为大规模的新一代网络应用打下良好的基础。

2. IBM "蓝云" 计算平台

"蓝云" 是基于 IBM Almaden 研究中心的云基础架构，采用了 Xen 和 PowerVM 虚拟化软件、Linux 操作系统映像以及 Hadoop 软件。"蓝云" 计算平台由一个数据中心、IBM Tivoli 部署管理软件和监控软件、IBM WebSphere 应用服务器、IBM DB2 数据库以及开源软件共同组成。

"蓝云" 软件平台的特点主要体现在虚拟机以及对于大规模数据处理软件 Apache Hadoop 的使用上。

3. Amazon 的弹性计算云

亚马逊（Amazon）是互联网上最大的在线零售商，为了应付交易高峰，不得不购买大量的服务器。而在大多数时间，大部分服务器闲置，造成了很大的浪费，为了合理利用空闲服务器，Amazon 建立了自己的云计算平台弹性计算云 EC2（elastic compute cloud），并且是第一家将基础设施作为服务出售的公司。

Amazon 将自己的弹性计算云建立在公司内部的大规模集群计算的平台上，而用户可以通过弹性计算云的网络界面去操作在云计算平台上运行的各个实例（instance）。

使用实例的付费方式由用户的使用状况决定，通过这种方式，用户不必自己去建立云计算平台，节省了设备与维护费用。

6.5 物联网中间件技术

6.5.1 中间件的概念

1. 中间件的定义

中间件在操作系统、网络和数据库上层，应用软件的下层，总的作用是为处于自己上层的应用软件提供运行与开发环境，帮助用户灵活、高效地开发和集成复杂的应用软件。在众多关于中间件的定义中，比较普遍被接受的是互联网数据中心（Internet Data Center，IDC）表述的定义，即中间件是一种独立的系统软件或服务程序，分布式应用软件借助这种软件在不同的技术之间共享资源，中间件则位于客户机服务器的操作系统之上，用于管理计算资源和网络通信。

IDC 对中间件的定义表明，中间件是一类软件，而非一种软件；中间件不仅要实现互联，还要实现应用之间的互操作；中间件是基于分布式处理的软件，最突出的特点是具有网络通信功能。

中间件技术所提供的互操作性，推动了分布式体系架构的演进，该架构通常用于支持并简化那些复杂的分布式应用程序（如 Web 服务器、事务监控器和消息队列软件等）。通过中间件，应用程序可以在多平台或 OS 环境工作。

2. 中间件的特点

在过去的几年中，中间件都是采用面向服务的架构（Service Oriented Architecture，SOA），通过构建在 SOA 基础上的服务可以以一种统一和通用的方式进行交互，实现业务的灵活扩展。

中间件应具有的特点是：满足大量应用的需要；运行于多种硬件和 OS 平台；支持分布计算，提供跨网络、硬件和 OS 平台的透明性应用或服务的交互；支持标准的协议；支持标准的接口。

由于标准接口对于可移植性的重要性，标准协议对于互操作性的重要性，所以中间件已成为许多标准化工作的主要部分。对于应用软件开发，中间件远比操作系统和网络服务更为重要，中间件提供的程序接口定义了一个相对稳定的高层应用环境，不管底层的计算机硬件和系统软件怎样更新换代，只要将中间件升级更新，并保持中间件对外的接口定义不变，应用软件就几乎不需任何修改，从而保护企业在应用软件开发和维护中的重大投资。

6.5.2 中间件的分类

目前，中间件发展很快，已经与操作系统、数据库并列为三大基础软件。中间件主要分为以下 5 类。

1. 数据访问中间件

数据库访问中间件（Database Access Middleware）支持用户访问各种操作系统或应用程序中的数据库。SQL 是该类中间件的其中一种，它允许应用程序和本地或异地的数据库进行通信，并提供一系列的应用程序接口（如 ODBC、JDBC 等）。数据库访问中间件在技术上最成熟，但只局限于与数据库相关的应用。

2．消息中间件

信息中间件（Message Passing），例如电子邮件系统是该类中间件的其中一种。信息中间件可以屏蔽平台和协议上的差异并进行远程通信，实现应用程序之间的协同，如 IBM 的 MQSeries、BEA 的 MessageQ 等，其优点在于提供高可靠的同步和异步通信，缺点在于不同的消息中间件产品之间不能互操作，开放性差。

3．远程过程调用中间件

远程过程调用（Remote Procedure Call，RPC）指客户机向服务器发送关于运行某程序的请求时所需的标准。该类中间件解决了平台异构的问题，但编程复杂且不支持异步操作。

4．事务中间件

事务处理（Transaction Processing，TP）监控器为发生在对象间的事务处理提供监控功能，以确保操作成功实现。事务中间件是在分布、异构环境下提供保证事务完整性和数据完整性的一种平台，如 BEA 的 TUXEDO 和 IBM 的 CICS。事务中间件的优势在于对关键业务的支持，但缺点是机制复杂、对用户要求较高。

5．对象中间件

对象请求代理（Object Request Broker，ORB）为用户提供与其他分布式网络环境中对象通信的接口。在分布、异构的网络计算环境中，对象中间件可以将各种分布对象有机地结合在一起，完成系统的快速集成，是中间件技术发展的主流。主流的对象中间件包括 CORBA、RMI 和 DCOM。

由于网络世界是开放的、可成长的和多变的，分布性、自治性、异构性已经成为信息系统的固有特征。实现信息系统的综合集成，已经成为国家信息化建设的普遍需求，并直接反映了整个国家信息化建设的水平，中间件通过网络互联、数据集成、应用整合、流程衔接、用户互动等形式，已经成为大型网络应用系统开发、集成、部署、运行与管理的关键支撑软件。

6.5.3　物联网中间件

从本质上看，物联网中间件是物联网应用的共性需求，一方面，它受限于底层不同的网络技术和硬件平台，因为物联网中间件研究主要集中在底层的感知和互联互通方面，现实目标包括屏蔽底层硬件及网络平台差异，支持物联网应用开发、运行时共享和开放互联互通，保障物联网相关系统的可靠部署与可靠管理等内容；另一方面，当前物联网应用复杂度和规模还处于初级阶段，物联网中间件支持的大规模物联网应用还存在环境复杂多变、异构物理设备、远距离多样式无线通信、大规模部署、海量数据融合、复杂事件处理、综合运维管理等诸多仍未克服的障碍。

下面按照物联网底层感知及互联互通和面向大规模物联网应用两方面介绍当前物联网中间件。在物联网底层感知及互联互通方面，EPC 中间件和 OPC 中间件的相关规范经过了多年的发展，相关商业产品在业界已被广泛接受和使用。WSN 中间件，以及面向开放互联的 OSGi 中间件，是目前的研究热点。在面向大规模物联网应用方面，面对海量数据实时处理等的需求，传统面向服务的中间件技术将难以发挥作用，而事件驱动架构、复杂事件处理 CEP 中间件则是物联网大规模应用的核心研究内容之一。

1. EPC 中间件

EPC（Electronic Product Code）中间件扮演着电子产品标签和应用程序之间的中介角色。应用程序使用 EPC 中间件所提供的一组通用应用程序接口，即可连到 RFID 读写器，读取 RFID 标签数据。基于此标准接口，即使存储 RFID 标签数据的数据库软件、后端应用程序增加或改由其他软件取代、读写 RFID 读写器种类增加等情况发生时，不需修改应用端也能处理这些问题，避免了多对多连接的维护复杂性等问题。

在 EPC 电子标签标准化方面，美国在世界领先成立了电子产品代码环球协会（EPCGlobal）。主要成员有全球最大的零售商沃尔玛连锁集团、英国 Tesco 集团等 100 多家美国和欧洲的流通企业。并且 EPCGlobal 由美国 IBM 公司、微软、麻省理工学院自动化识别系统中心等信息技术企业和大学进行技术研究支持。

EPCGlobal 主要针对 RFID 编码及应用开发规范方面进行研究，其主要职责是在全球范围内对各个行业建立和维护 EPC 网络，保证供应链各环节信息的自动、实时识别是采用全球统一标准。EPC 技术规范包括标签编码规范、射频标签逻辑通信接口规范、识读器参考实现、Savant 中间件规范、ONS 对象名解析服务规范、PML 语言等内容。

在国际上，目前比较知名的 EPC 中间件厂商有 IBM、Oracle、Microsoft、SAP、Sun、Sybase、BEA 等国际知名企业。由于这些软件厂商自身都具有比较雄厚的技术储备，其开发的 RFID 中间件产品又经过多次在实验室和企业实地测试，RFID 中间件产品的稳定性、先进性、海量数据的处理能力都比较完善，已经得到了企业的认同。并且 EPC 中间件可以与其他 EPC 系统进行无缝对接和集成。

2. OPC 中间件

用于过程控制的 OLE（Object Linking and Embedding，对象连接与嵌入）是一个面向开放工控系统的工业标准。管理这个标准的国际组织是 OPC（OLE for Process Control，OPC）基金会，它由世界上一些占领先地位的自动化系统、仪器仪表以及过程控制系统的公司与微软紧密合作而建立，主要进行面向工业信息化融合方面的研究，目标是促使自动化/控制应用、现场系统/设备和商业/办公室应用之间具有更强大的互操作能力。OPC 是基于微软的 OLE（Active X）、构件对象模型（COM）和分布式构件对象模型（DCOM）的技术，它包括一整套接口、属性和方法的标准集，用于过程控制和制造业自动化系统，现已成为工业界系统互联的缺省方案。

OPC 的诞生为不同供应厂商的设备和应用程序之间的软件接口提供了标准，使其间的数据交换更加简单。OPC 中间件可以向用户提供不依靠于特定开发语言和开发环境的、可以自由组合使用的过程控制软件组件产品。

OPC 是连接数据源（OPC 服务器）和数据使用者（OPC 应用程序）之间的软件接口标准。数据源可以是 PLC、DCS、条形码读取器等控制设备。随控制系统构成的不同，作为数据源的 OPC 服务器，既可以是和 OPC 应用程序在同一台计算机上运行的本地 OPC 服务器，也可以是在另外的计算机上运行的远程 OPC 服务器。

如图 6.6 所示，OPC 接口是适用于很多系统的具有高厚度柔软性的接口标准。OPC 接口既可以适用于通过网络把最下层的控制设备的原始数据提供给作为数据的使用者（OPC 应用程序）的 HMI（硬件监控接口）/ SCADA，批处理自动化程序或更上层的历史数据库等应用程序，也可以适应于应用程序和物理设备的直接连接。

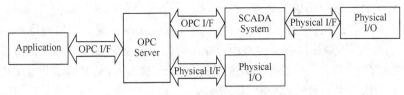

图 6.6 OPC Client/Server 运行关系示意图

3. WSN 中间件

无线传感器网络不同于传统网络,它具有自己独特的特征,如有限的能量、通信带宽、处理和存储能力、动态变化的拓扑,节点异构等。在这种动态、复杂的分布式环境上构建应用程序并非易事。相比 RFID 和 OPC 中间件产品的成熟度和业界广泛应用程度,WSN 中间件还处于初级研究阶段,所需解决的问题也更为复杂。

WSN 中间件主要用于支持基于无线传感器应用的开发、维护、部署和执行,其中包括复杂高级感知任务的描述机制,传感器网络通信机制,协调传感器节点以在各传感器节点上分配和调度任务,对合并的传感器感知数据进行数据融合以得到高级结果,并将所得结果向任务指派者进行汇报等机制。

针对上述目标,目前的 WSN 中间件研究提出了如分布式数据库、虚拟共享元组空间、事件驱动、服务发现与调用、移动代理等许多不同的设计方法。

(1)分布式数据库。基于分布式数据库设计的 WSN 中间件把整个 WSN 网络看成一个分布式数据库,用户使用类似 SQL 的查询命令以获取所需的数据。查询通过网络分发到各个节点,节点判定感知数据是否满足查询条件,决定是否发送数据。典型的分布式数据库有 Cougar、TinyDB、SINA 等。分布式数据库方法把整个网络抽象为一个虚拟实体,屏蔽了系统分布式问题,使开发人员摆脱了对底层问题的关注和繁琐的单节点开发。然而,建立和维护一个全局节点和网络抽象需要整个网络信息,这也限制了分布式数据库系统的扩展。

(2)虚拟共享元组空间。它就是分布式应用利用一个共享存储模型,通过对元组的读、写和移动来实现协同。在虚拟共享元组空间中,数据被表示为元组的基本数据结构,所有的数据操作与查询看上去像是在本地查询和操作一样。虚拟共享元组空间通信范式在时空上都是去耦的,不需要节点的位置或标志信息,非常适合具有移动特性的 WSN,并具有很好的扩展性。但虚拟共享元组空间的实现对系统资源要求也相对较高,与分布式数据库类似,考虑到资源和移动性的约束,把传感器网络中所有连接的传感器节点映射为一个分布式共享元组空间并非易事。典型虚拟共享元组空间有 TinyLime、Agilla 等。

(3)事件驱动。基于事件驱动的 WSN 中间件支持应用程序指定感兴趣的某种特定的状态变化。当传感器节点检测到发生相应事件就立即向相应程序发送通知。应用程序也可指定一个复合事件,只有发生的事件匹配了此复合事件模式才通知应用程序。这种基于事件通知的通信模式,通常采用 Pub/Sub 机制,可提供异步的、多对多的通信模型,非常适合大规模的 WSN 应用,典型事件驱动有 DSWare、Mires、Impala 等。尽管基于事件的范式具有许多优点,然而在约束环境下的事件检测及复合事件检测对于 WSN 来说仍需面临许多挑战,事件检测的时效性、可靠性及移动性支持等仍需要做进一步的研究。

(4)服务发现。基于服务发现机制的 WSN 中间件,可使上层应用通过使用服务发现协议,来定位可满足物联网应用数据需求的传感器节点。例如,MiLAN 中间件可由应用根据自身的传感器数据类型需求，设定传感器数据类型、状态、QoS 及数据子集等信息描述，通过服务发现中间件在传感器网络中的任意传感器节点上进行匹配，寻找满足上层应用的传感器数据。MiLAN 甚至可为上层应用提供虚拟传感器功能，例如，通过对 2 个或多个传感器数据进行融合，以提高传感器数据质量等。由于 MiLAN 采用传统的 SDP、SLP 等服务发现协议，这对资源受限的 WSN 网络类型来说具有一定的局限性。

（5）移动代理（或移动代码）。它可以被动态地注入并运行在传感器网络中。这些可移动代码可以收集本地的传感器数据，然后自动迁移或将自身拷贝至其他传感器节点上运行，并能够与其他远程移动代理（包括自身拷贝）进行通信。SensorWare 是此类型中间件的典型。

除上述提到的 WSN 中间件类型外，还有许多针对 WSN 特点设计的其他方法。另外，在无线传感器网络环境中，WSN 中间件和传感器节点硬件平台（如 ARM、Atmel 等）、适用操作系统（如 TinyOS、ucLinux、Contiki OS、Mantis OS、SOS、MagnetOS、SenOS、PEEROS、AmbitentRT、Bertha 等）、无线网络协议栈（链路、路由、转发、节能）、节点资源管理（时间同步、定位、电源消耗）等功能联系紧密。

4. OSGi 中间件

OSGi（Open Services Gateway initiative）是于 1999 年成立的开放标准联盟。旨在建立一个开放的服务规范，一方面，通过网络向设备提供服务建立开放的标准，另一方面，为各种嵌入式设备提供通用的软件运行平台，以屏蔽设备操作系统与硬件的区别。OSGi 规范基于 JAVA 技术，可为设备的网络服务定义一个标准的、面向组件的计算环境，并提供已开发的像 HTTP 服务器、配置、日志、安全、用户管理、XML 等公共功能标准中间件。OSGi 中间件可以在无需网络设备重启的情况下被设备动态加载或移除，以满足不同应用的不同需求。

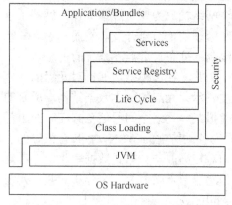

图 6.7 OSGi 框架及组件运行环境

OSGi 规范的核心组件是 OSGi 框架，该框架为应用组件（bundle）提供了一个标准运行环境，包括允许不同的应用组件共享同一个 Java 虚拟机，管理应用组件的生命期（动态加载、卸载、更新、启动、停止等）、Java 安装包、安全、应用间的依赖关系，服务注册与动态协作机制，事件通知和策略管理的功能。OSGi 框架及组件运行环境如图 6.7 所示。

基于 OSGi 的物联网中间件技术早已被广泛地应用到手机和智能 M2M 终端上，在汽车制造业（汽车中的嵌入式系统）、工业自动化、智能楼宇、网格计算、云计算、各种机顶盒、Telematics 等领域都有广泛应用。有业界人士认为，OSGi 是"万能中间件"（Universal Middleware），可以预测，OSGi 中间件平台一定会在物联网产业发展过程中大有作为。

5. CEP 中间件

复杂事件处理（Complex Event Progressing，CEP）技术是于 90 年代中期，由斯坦福大学的 David Luckham 教授提出的，它是一种新兴的基于事件流的技术，它将系统数据看作不同类型的事件，通过分析事件间的关系，如成员关系、时间关系、因果关系以及包含关系等，建立不同的事件关系序列库（即规则库），利用过滤、关联、聚合等技术，最终由简单事件产生高级事件或商业流程。不同的应用系统可以通过它得到不同的高级事件。

复杂事件处理技术可以实现从系统中获取大量信息，进行过滤组合，继而进行判断推理决策的过程，这些信息统称事件，复杂事件处理工具提供规则引擎和持续查询语言技术来处理这些事件。同时复杂事件处理工具还支持从各种异构系统中获取这些事件的能力。获取的手段可以是从目标系统中获取，也可以是已有系统把事件推送给复杂事件处理工具。

物联网应用的一大特点就是对海量传感器数据或事件的实时处理。当为数众多的传感器节点产生大量事件时，必定会让整个系统效能有所延迟。如何有效管理这些事件，以便能更有效地快速回应，已成为物联网应用急需解决的重要议题。

由于面向服务的中间件架构无法满足物联网的海量数据及实时事件处理需求，物联网应用服务流程开始向以事件为基础的 EDA 架构（Event-Driven Architecture）演进。物联网应用采用事件驱动架构为主要目的，使物联网应用系统能针对海量传感器事件，在很短的时间内立即做出反应。事件驱动架构不仅可以依数据/事件发送端决定目的，更可以动态依据事件内容决定后续流程。

复杂事件处理代表一个新的开发理念和架构，具有很多特征，例如分析计算是基于数据流而不是基于简单数据的方式进行的。它不是数据库技术层面的突破，而是整个方法论的突破。目前，复杂事件处理中间件主要面向金融、监控等领域，包括 IBM 流计算中间件 InfoSphere Streams、Sybase、Tibico 相关产品。IBM 流计算中间件与标准数据库处理流程对比如图 6.8 所示。

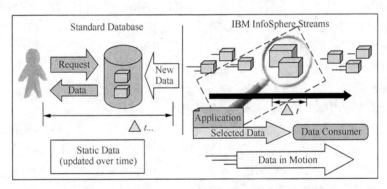

图 6.8　IBM 流计算中间件与标准数据库处理流程对比

另外，由于行业应用的不同，即使是 RFID 应用，也可能因其在商场、物流、健康医疗、食品回溯等领域的不同，而具有不同的应用架构和信息处理模型。针对智能电网、智能交通、智能物流、智能安防、军事应用等领域的物联网中间件，也是当前物联网中间件研究的热点内容。

思考与练习

一、简述题

1. 简述物联网数据的特点。
2. 简述 DBMS 的某种数据模型。

3．简述数据库常用的几种规范设计法。

4．简要介绍物联网常用的数据库及特点。

5．简述实时数据库结构组成与工作原理。

6．简述 Web 搜索引擎工作原理。

7．从商业的角度如何理解数据挖掘的定义。

8．简述数据挖掘在物联网中的作用。

9．简述物联网数据挖掘模型及特点。

10．简要说明云计算的逻辑结构。

11．简要说明云计算的核心技术。

12．简要说明中间件的定义与分类。

二、单选题

1．在物联网中，相比传统的互联网，物联网数据的特点具有海量性、（　　）、多样性、关联性及语义性。

    A．实时性　　　　B．静态性　　　　C．动态性　　　　D．被动型

2．数据最小存储单元是位、最常用的单位是字节（byte），由 8 个二进制位组成一个字节（B）。容量一般用 KB、MB、GB、TB 来表示，2^{30}=（　　）。

    A．1KB　　　　B．1MB　　　　C．1GB　　　　D．1TB

3．随着计算机系统的迅速发展，存储系统体系结构先后经历了 DAS 体系结构、NAS 体系结构和（　　）体系结构 3 种主要类型的发展。

    A．MEM　　　　B．SAN　　　　C．RAM　　　　D．ROM

4．在云计算平台中，（　　）软件即服务。

    A．IaaS　　　　B．PaaS　　　　C．SaaS　　　　D．QaaS

5．在云计算平台中，（　　）平台即服务。

    A．IaaS　　　　B．PaaS　　　　C．SaaS　　　　D．QaaS

6．在云计算平台中，（　　）基础设施即服务。

    A．IaaS　　　　B．PaaS　　　　C．SaaS　　　　D．QaaS

7．（　　）是负责对物联网收集到的信息进行处理、管理、决策的后台计算处理平台。

    A．感知层　　　B．网络层　　　C．云计算平台　　　D．物理层

8．虚拟化技术根据对象可分成存储虚拟化、（　　）、计算虚拟化、网络虚拟化等，计算虚拟化又分为系统级虚拟化、应用级虚拟化和桌面虚拟化。

    A．计算虚拟化　　　　　　　　B．图形虚拟化

    C．平台虚拟化　　　　　　　　D．硬件虚拟化

三、多选题（在每小题列出的几个选项中至少有两个符合题目要求，请将其选项序号填写在题后括号内）

1．物联网编码标识技术作为物联网最为基础的关键技术，编码标识技术体系由编码（代码）、数据载体、数据协议、信息系统、网络解析、发现服务、应用等共同构成的完整技术体系。

    A．层次模型　　　　　　　　　B．网状模型

    C．关系模型　　　　　　　　　D．面向对象模型

    E．树状模型

2. 现代数据库设计方法运用软件工程的思想和方法，提出了各种设计准则和规程，这些都属于规范设计法，下面哪几种是规范设计法？（　　　　）

  A. 新奥尔良（New Orleans）方法 B. 基于 E-R 模型的数据库的设计方法

  C. 基于 3NF（第 3 范式）的设计方法 D. 基于对象定义语的设计方法

  E. 基于可视化的设计方法

3. NoSQL 数据库大致可以分为四类，它们具体是（　　　）。

  A. 键值（Key-Value）存储数据库 B. 列存储数据库

  C. 文档型数据库 D. 图形（Graph）数据库

  E. 实时数据库

4. 数据挖掘是一门交叉学科，它集成了许多学科中成熟的工具和技术，包括（　　　）、神经网络等相关技术。

  A. 统计学 B. 机器学习

  C. 人工智能 D. 模型识别

5. 数据挖掘的方法主要有（　　　）、统计分析方法和模糊集方法。

  A. 神经网络方法 B. 遗传算法

  C. 决策树方法 D. 粗集方法

  E. 覆盖正例排斥反例方法

6. 数据挖掘的任务主要有（　　　）和偏差分析等。

  A. 关联分析 B. 法聚类分析

  C. 分类 D. 预测

  E. 时序模式

7. 物联网中间件有（　　　）。

  A. EPC 中间件 B. OPC 中间件

  C. WSN 中间件 D. OSGi 中间件

  E. CEP 中间件

8. 云计算是结合网格计算、（　　　）、虚拟化、负载均衡等传统计算机和网络技术发展融合的产物。

  A. 网格计算 B. 分布式计算

  C. 并行计算 D. 效用计算

  E. 网络存储

9. 广义的云计算指厂商通过建立网络服务器集群，向各种不同类型客户提供（　　　）等不同类型的服务。

  A. 在线软件服务 B. 硬件租借

  C. 数据存储 D. 计算分析

  E. 并行计算

第 **7** 章 共性技术

本章主要内容

本章主要介绍了标识和解析技术、安全和隐私技术、物联网的服务平台技术和物联网标准等内容。

本章建议教学学时

本章教学学时建议 1.5 学时。

- 标识和解析技术   0.5 学时；
- 安全和隐私技术   0.5 学时；
- 物联网的服务平台技术与物联网标准   0.5 学时。

本章教学要求

要求了解物联网标识和解析技术、了解物联网安全性的意义、熟悉物联网安全的层次、了解物联网中间件的概念与应用、了解物联网的服务平台技术与物联网标准。

7.1 共性技术概述

物联网共性技术涉及网络的不同层面，主要包括架构技术、标识和解析技术、安全和隐私技术、网络管理技术等。

物联网架构技术目前处于概念发展阶段。物联网需具有统一的架构、清晰的分层，支持不同系统的互操作性，适应不同类型的物理网络，适应物联网的业务特性。物联网构架技术在第 2 章已经介绍，下面主要介绍物联网其他共性技术。

7.2 标识和解析技术

7.2.1 物联网标识概念

在物联网中，为了实现人与物、物与物的通信以及各类应用，需要利用标识来对人和物等对象、终端和设备等网络节点以及各类业务应用进行识别，并通过标识解析与寻址等技术进行翻译、映射和转换，以获取相应的地址或关联信息。

物联网标识用于在一定范围内唯一识别物联网中的物理和逻辑实体、资源、服务，使网络、应用能够基于其对目标对象进行控制和管理，以及进行相关信息的获取、处理、传送与交换。

物联网编码标识技术是物联网最为基础的关键技术,编码标识技术体系是由编码(代码)、数据载体、数据协议、信息系统、网络解析、发现服务、应用等共同构成的完整技术体系。物联网中的编码标识已成为当前的焦点和热点问题,部分国家和国际组织都在尝试提出一种适合于物联网应用的编码。我国物联网编码标识存在的突出问题是编码标识不统一,方案不兼容,物联网应用无法实现跨行业、跨平台和规模化。

7.2.2 物联网标识体系

物联网编码标识标准体系总体框架包括基础通用标准、标识技术标准和标识应用标准三部分。基础通用标准在物联网统一编码标识体系中作为其他标准的基础;标识技术标准解决的是物联网标识的关键技术,包括编码体系、数据标识、中间件和解析发现服务等部分内容;标识应用标准是行业应用涉及的编码标识规范,例如,农业物联网应用中,有农产品追溯编码标识规范、农资编码标识规范、农产品分类编码规范等。

基于识别目标、应用场景、技术特点等不同,物联网标识可以分成对象标识、通信标识和应用标识三类。一套完整的物联网应用流程需由这三类标识共同配合完成。

1. 对象标识

对象标识主要用于识别物联网中被感知的物理或逻辑对象,例如人、动物、茶杯、文章等。

该类标识的应用场景通常为基于其进行相关对象信息的获取,或者对标识对象进行控制与管理,而不直接用于网络层通信或寻址。

根据标识形式的不同,对象标识可进一步分为自然属性标识和赋予性标识两类。

2. 通信标识

通信标识主要用于识别物联网中具备通信能力的网络节点,例如,手机、读写器、传感器等物联网终端节点以及业务平台、数据库等网络设备节点。这类标识的形式可以是 E.164 号码、IP 地址等。通信标识可以作为相对或绝对地址用于通信或寻址,用于建立到通信节点连接。

对于具备通信能力的对象,例如物联网终端,可既具有对象标识也具有通信标识,但两者的应用场景和目的不同。

3. 应用标识

应用标识主要用于对物联网中的业务应用进行识别,例如,医疗服务、金融服务、农业应用等。在标识形式上可以为域名、URI 等。

7.2.3 物联网标识解析

物联网标识解析是指将物联网对象标识映射至通信标识、应用标识的过程。例如,通过对某物品的标识进行解析可获得存储其关联信息的服务器地址。

标识解析是在复杂网络环境中能够准确而高效地获取对象标识对应信息的重要支撑系统。

7.2.4 物联网标识管理

对于物联网中的各类标识,其相应的标识管理技术与机制必不可少。标识管理主要用于实现标识的申请与分配、注册与鉴权、生命周期管理、业务与使用、信息管理等，对在一定范围内确保标识的唯一性、有效性和一致性具有重要意义。

依据实时性要求的不同，标识管理可以分为离线管理和在线管理两类。标识的离线管理指对标识管理相关功能（如标识的申请与分配、标识信息的存储等）采用离线方式操作，为标识的使用提供前提和基础。标识的在线管理是指标识管理相关功能采用在线方式操作，并且通过与标识解析、标识应用的对接，操作结果可以实时反馈到标识使用相关环节。

物联网标识和解析技术涉及不同的标识体系、不同体系的互操作、全球解析或区域解析、标识管理等。

7.3 安全和隐私技术

7.3.1 物联网安全性概述

物联网使得所有的物体都连接到全球互联网中，并且它们可以相互进行通信，因此物联网除了具有传统网络的安全问题外，产生了新的安全性和隐私问题。例如，对物体进行感知和交互的数据的保密性、可靠性和完整性，未经授权不能进行身份识别和跟踪等。

物联网容易遭受攻击的原因有以下三点，首先是感知节点多数部署在无人监控的场合中，人们会将基本的日常管理统统交给人工智能去处理，但是，如果哪天物联网遭到病毒攻击，也许就会出现工厂停产、社会秩序混乱的现象，甚至直接威胁人类的生命安全；其次是在物联网的感知末端和接入网中，绝大部分采用了无线传输技术，很容易被偷听；最后是由于物联网末梢设备的能源和处理能力有限，不能采用复杂的安全机制。

隐私的概念已经深深地融入到当今的文明社会当中，但是对隐私的保护严重影响了物联网技术的应用。人们对隐私的关心的确是合理的，事实上，在物联网中数据的采集、处理和提取的实现方式与人们现在所熟知的方式是完全不同的，在物联网中收集个人数据的场合相当多，因此，人类无法亲自掌控私人信息的公开。此外，信息存储的成本在不断降低，因此信息一旦产生，将很有可能被永久保存，这使得数据遗忘的现象不复存在。

实际上物联网严重威胁了个人隐私，而且在传统的互联网中多数是使用互联网的用户会出现隐私问题，但是在物联网中，即使没有使用任何物联网服务的人也会出现隐私问题。所以确保信息数据的安全和隐私是物联网必须解决的问题，如果信息的安全性和隐私得不到保证，人们将不会将这项新技术融入他们的环境和生活中。

7.3.2 物联网安全的层次

安全和隐私技术包括安全体系架构、网络安全技术、"智能物体"的广泛部署对社会生活带来的安全威胁、隐私保护技术、安全管理机制和保证措施等。

网络管理技术重点包括管理需求、管理模型、管理功能和管理协议等。

为实现对物联网广泛部署的"智能物体"的管理，需要进行网络功能和适用性分析，开发适合的管理协议。

在分析物联网的安全性时，也相应地将其分为三个逻辑层，即感知层、传输层和处理层。除此之外，在物联网的综合应用方面还应该有一个应用层，它是对智能处理后的信息的利用。

对物联网的几个逻辑层，目前已经有许多针对性的密码技术手段和解决方案。但需要说明的是，物联网作为一个应用整体，各个层独立的安全措施简单相加不足以提供可靠的安全保障。

1. 感知层的安全需求

感知信息要通过一个或多个与外界网连接的传感节点，我们称之为网关节点（sink 或 gateway），所有与传感网内部节点的通信都需要经过网关节点与外界联系，因此在物联网的传感层，人们只需要考虑传感网本身的安全性即可。

感知层可能遇到的安全挑战包括如下几种情况。

（1）网关节点被敌手控制（安全性全部丢失）。

（2）普通节点被敌手控制（敌手掌握节点密钥）。

（3）普通节点被敌手捕获（但由于没有得到节点密钥，而没有被控制）。

（4）节点（普通节点或网关节点）受来自于网络的 DOS 攻击。

（5）接入到物联网的超大量节点的标识、识别、认证和控制问题。

感知层的安全需求可以总结为如下几点。

（1）机密性，多数网络内部不需要认证和密钥管理，如统一部署的共享一个密钥的传感网。

（2）密钥协商，部分内部节点进行数据传输前需要预先协商会话密钥。

（3）节点认证，个别网络（特别当数据共享时）需要节点认证，确保非法节点不能接入。

（4）信誉评估，一些重要网络需要对可能被敌手控制的节点行为进行评估，以降低敌手入侵后的危害（某种程度上相当于入侵检测）。

（5）安全路由，几乎所有网络内部都需要不同的安全路由技术。

2. 传输层的安全需求

物联网传输层将会遇到下列安全挑战。

（1）DoS 攻击、DDoS 攻击

DoS（Denial of Service）攻击是指故意的攻击网络协议实现的缺陷或直接通过野蛮手段残忍地耗尽被攻击对象的资源，目的是让目标计算机或网络无法提供正常的服务或资源访问，使目标系统服务系统停止响应甚至崩溃。

DDoS 是（Distributed Denial of Service）的缩写，即分布式阻断服务，黑客利用 DDoS 攻击器控制多台机器同时攻击来达到"妨碍正常使用者使用服务"的目的，这样就形成了 DDoS 攻击，随着互联网的不断发展，竞争越来越激烈，各式各样的 DDoS 攻击器开始出现。就以 2014 年最新的闪电 DDoS 来说，它的 DNS 攻击模式可放大 N 倍进行反射攻击。不少公司雇用黑客团队对自己的竞争对手进行 DDoS 攻击。

（2）假冒攻击、中间人攻击等。

（3）跨异构网络的网络攻击。

物联网传输层对安全的需求概括为以下几点。

（1）数据机密性，需要保证数据在传输过程中不泄露其内容。

（2）数据完整性，需要保证数据在传输过程中不被非法篡改，或非法篡改的数据容易被检测出。

（3）数据流机密性，某些应用场景需要对数据流量信息进行保密，目前只能提供有限的数据流机密性。

（4）DDoS 攻击的检测与预防，DDoS 攻击是网络中最常见的攻击现象，在物联网中将会更突出。物联网中需要解决的问题还包括如何对脆弱节点的 DDoS 攻击进行防护。

（5）移动网中认证与密钥协商（AKA）机制的一致性或兼容性、跨域认证和跨网络认证，不同无线网络所使用的不同 AKA 机制对跨网认证带来不利。这一问题亟待解决。

3．处理层的安全需求

处理层的安全挑战和安全需求如下。

（1）来自于超大量终端的海量数据的识别和处理。

（2）智能变为低能。

（3）自动变为失控（可控性是信息安全的重要指标之一）。

（4）灾难控制和恢复。

（5）非法人为干预（内部攻击）。

（6）设备（特别是移动设备）的丢失。

4．应用层的安全需求

应用层设计是综合的或有个体特性的具体应用业务，它所涉及的某些安全问题通过前面几个逻辑层的安全解决方案可能仍然无法解决。

在这些问题中，隐私保护就是典型的一种应用层的特殊安全需求。物联网的数据共享有多种情况，涉及到不同权限的数据访问。此外，在应用层还将涉及到知识产权保护、计算机取证、计算机数据销毁等安全需求和相应技术。

应用层的安全挑战和安全需求是如何根据不同访问权限对同一数据库内容进行筛选？如何提供用户隐私信息保护，同时又能正确认证？如何解决信息泄露追踪问题？如何进行计算机取证？如何销毁计算机数据？如何保护电子产品和软件的知识产权？

越来越多的信息被认为是用户隐私信息，是需要保护的。例如，移动用户既需要知道（或被合法知道）其位置信息，又不愿意非法用户获取该信息；用户既需要证明自己合法使用某种业务，又不想让他人知道自己在使用某种业务，如在线游戏；病人急救时需要及时获得该病人的电子病历信息，但又要保护该病历信息不被非法获取；许多业务需要匿名性，如网络投票等。

随着信息化时代的发展，特别是电子商务平台的使用，人们已经意识到信息安全更大的应用在商业市场。信息安全技术，包括密码算法技术本身，是纯学术的东西，需要公开研究才能提升密码强度和信息安全的保护力度。物联网的发展，特别是物联网中的信息安全保护技术，需要学术界和企业界协同合作来完成。信息安全绝对不是政府和军事等重要机构专有的东西。

7.4　物联网的服务平台技术

物联网将对信息进行综合分析并提供更智能的服务。物联网应用平台子集与共性支撑平台之间的关系、共性服务平台的开放性与规范性是物联网应用部署所要研究的关键问题。

面向泛在融合的物联网的可管可控可信服务平台架构、保证业务质量和体验质量、支持泛在异构融合多种商业模式、提供签约协商等管理功能和保护用户数据隐私等是物联网服务平台方面的关键技术。物联网服务平台技术向上层应用提供开放的接口，向下层屏蔽各种不同接入方式的差异，提供通用的标识、路由、寻址、管理、业务提供、业务控制与触发、QoS控制、安全性、计费等功能，这些功能通过中间件（Midd lew are）技术、对象名称解析服务（Object Name Service，ONS）技术、物理标记语言（Physical Markup Language，PML）等关键技术来实现。

物联网的通用平台或中间件实现公共信息的交换以及公共管理功能，各个行业的具体应用通过子应用的方式来实现。

7.5 物联网标准

在国际标准化方面，与物联网、泛在网和传感网研究相关的标准化组织非常多。有遍布全世界的 Auto-ID 实验室各分支机构、欧洲委员会及欧洲标准化组织、ITU、ISO 以及其他一些标准联盟，如 IETF、EPCg Lobal 等。

目前，关于 RFID 技术的标准化研究进展缓慢，研究重点主要是 RFID 工作频率、阅读器和标签之间的通信协议以及标记和标签的数据格式，研究 RFID 系统的主要机构有EPCgloba、IETSI 和 ISO。

欧洲电信标准协会（ETSI）专门成立了一个专项小组（M2M TC）研究机器对机器（M2M）技术标准化。M2M 是走向物联网的真正领先典范，但是相关的标准却很少，在市场上各种解决方案都是使用标准的互联网技术、蜂窝网技术以及 Web 技术等。因此，ETSIM2M 委员会的目标包括：M2M 端到端体系结构的开发与维护（其中蕴含着端到端 IP 的理念），加强M2M 系统的标准化工作（其中包括传感器网络集成、命名、寻址、定位、QoS、安全、计费、管理、应用及硬件接口的标准化）。可以看到，IETF 积极展开了物联网相关的工作，成立了6LoWPAN 工作小组。6LoWPAN 定义了一系列协议，它将 IPv6 技术与无线传感器网络进行融合，采用分层结构的网络体系，使无线传感器网络与 Internet 之间实现了无缝连接。为了适应 IEEE 802.15.4 帧包短的特点，6LowPAN 将 IPv6 和 UDP 协议头进行了压缩，得到了一种非常高效的 IP。

思考与练习

一、简述题
1. 简述物联网标识的作用。
2. 物联网编码标识标准体系总体框架包括哪三部分？
3. 一套完整的物联网应用流程需由哪三类标识共同配合完成？
4. 简述物联网标识解析的含义。
5. 简述物联网容易遭受攻击的原因。
6. 简述物联网感知层可能遇到的安全挑战。
7. 简述物联网传输层将会遇到的安全挑战。
8. 简述物联网处理层的安全挑战和安全需求。
9. 简述物联网应用层的安全挑战和安全需求。

二、单选题

1. 物联网编码标识标准体系总体框架包括基础通用标准、（　　）、标识应用标准三部分。

    A. 标识技术标准　　　　　　　　　　B. 解析技术标准

    C. 编码技术标准　　　　　　　　　　D. 识别技术标准

2. 对象标识主要用于识别物联网中被感知的物理或（　　）对象。

    A. 现实　　　　　　　　　　　　　　B. 虚拟

    C. 逻辑　　　　　　　　　　　　　　D. 客观

3. 通信标识主要用于识别物联网中具备（　　）能力的网络节点。

    A. 感知　　　　　　　　　　　　　　B. 通信

    C. 识别　　　　　　　　　　　　　　D. 读写

4. 应用标识主要用于对物联网中的（　　）应用进行识别。

    A. 商业　　　　　　　　　　　　　　B. 工业

    C. 业务　　　　　　　　　　　　　　D. 农业

5. 物联网标识解析是指将物联网（　　）标识映射至通信标识、应用标识的过程。

    A. 客观　　　　　　　　　　　　　　B. 对象

    C. 虚拟　　　　　　　　　　　　　　D. 物理

三、多选题（在每小题列出的几个选项中至少有两个符合题目要求，请将其选项序号填写在题后括号内）

1. 物联网编码标识技术体系由（　　）、网络解析、发现服务、应用等共同构成的完整技术体系。

    A. 编码（代码）　　　　　　　　　　B. 数据载体

    C. 数据协议　　　　　　　　　　　　D. 信息系统

    E. 网络解析

2. 网络管理技术重点包括（　　）等。

    A. 管理需求　　　　　　　　　　　　B. 管理模型

    C. 管理功能　　　　　　　　　　　　D. 管理协议

    E. 管理方法

3. 在国际标准化方面，与物联网、泛在网和传感网研究相关的标准化组织非常多。主要包括（　　）等。

    A. Auto-ID 实验室各分支机构　　　　B. 欧洲标准化组织

    C. ITU　　　　　　　　　　　　　　D. ISO

    E. IETF

4. 物联网的中国标准组织有（　　）。

    A. 电子标签国家标准工作组　　　　　B. 传感网络标准工作组

    C. 泛在网技术工作委员会　　　　　　D. 中国物联网标准联合工作组

5. （　　）是目前物联网的困境。

    A. 管理　　　　　　　　　　　　　　B. 地址

    C. 频谱　　　　　　　　　　　　　　D. 核心技术标准化

    E. 识别

第 8 章 物联网应用设计基础

本章主要内容

本章主要介绍了物联网开发必备知识、建议的学习方法、物联网开发流程以及物联网开发资源。

本章建议教学学时

本章教学学时建议为 2.5 学时。

- 物联网开发流程   1 学时；
- 物联网开发资源   1.5 学时。

本章教学要求

要求了解物联网学习的特点与学习方法、熟悉物联网的开发流程、熟悉物联网开发资源。

8.1 实践是最好的学习

8.1.1 推荐的学习模式

现在，大学围绕人才培养目标和培养模式，提出了"强化基础，注重实践，着眼能力，设计创新"的思想，强调实践动手能力的培养，但是，在校生由于有许多实践条件的限制，导致实践动手的锻炼机会很少，有些工科的硕士生也因实践环境不具备，也缺少动手研究的机会。而物联网系统设计的学习，必须自己动手实践，所以，要想学习物联网设计技术就要从个人的知识背景和现实条件出发。订立适合自己的阶段目标，在允许的条件下多动手多思考。

一般情况下，在开始学习物联网设计技术时，硬件设备一般比较短缺。所以，可以从软件方面和嵌入式系统开发模式上下功夫。由于物联网设计技术内容很多，所以建议从嵌入式系统开发设计开始，一定要对嵌入式系统开发用到的知识与开发工具要有一个较全面的了解，然后，一步一步努力把基础打扎实。最容易上手的是 Linux 下的 C 语言编程，无论对于初学者还是自以为是高手的人来说，编程水平（这可不受硬件条件限制）绝对是没有止境的，有了较高的编程水平（嵌入式编程语言主要是 C 语言，C++、Java 也是发展趋势），等到有机会的时候及时地补充硬件知识，会很快地成为嵌入式系统开发的高手，然后，在嵌入式系统的基础上学习联网技术（主要是无线联网技术），构造小型物联网原型项目。

在硬件学习方面，熟悉各种嵌入式芯片、存储器等电子器件，运用 Protel 99 或其他 PCB 设计工具来进行电路设计，电路板制作。建议从 51 系列开始，因为电路的设计内容较多，51 系列有比较经典的电路与代码供我们学习模仿。

在此基础上积累各个芯片详细资料和使用经验，学习软件工程知识和项目管理知识。在理论方面，最好钻研一下下面领域的内容进行修炼。例如，分析一种 RTOS 的源代码，建议分析 μCOS 源代码，它拥有 5000 多行源代码，容易入门。分析一种通信协议栈的实现方式，例如，TCP/IP，它最常用。彻底搞懂一种单片机的开发集成环境，例如，Keil C、ADS 1.2 或 IAR，因为它们在今后的学习与研究过程中，也是最常用。在此基础上，掌握一种 DSP 的开发集成环境，例如，TI CCS2.1，精华在其内带的 RTOS。熟练掌握一种系统建模语言和工具，例如，Telelogic TAU SDL/UML suite。熟练掌握一种算法仿真工具，例如，Matlab Simulink 最便宜。最后熟练掌握一种实用 PCB 设计工具，例如，Protel 99（或它的升级版 AD 软件）、Orcad、Cadence、Pads 等，练熟一个就可以了，剩下是编程。

总之，在大学学习阶段，尤其是理工科的学生不能仅仅只注重知识的学习，还需要实践，实践才能提升能力。知识是学出来的，能力是练出来的。

8.1.2　能力的培养

1. 能力篇

（1）流程意识。做任何事情，都要有流程意识，例如在进行一个嵌入式软件项目开发时，第一个阶段是项目架构设计（需求分析、架构设计、特色列表），这部分工作主要由架构部门和项目主管去完成；第二阶段是各模块的设计（需求分析、接口设计、详细设计、模块测试），这部分工作主要由研发人员去完成；第三阶段是集成测试（集成、测试、调试安装），这部分工作主要由测试人员进行，同时研发人员负责调试安装。每个阶段结束都会进行 EAR（End Approve Review），由项目委员会投票决定该阶段是否顺利结束。在项目的初始阶段，研发人员还必须参与 FMEA（Failure Mode and Effects Analysis）、列出项目计划等工作。

（2）质量意识。主要包括文档质量和代码质量。每一篇文档编写完毕，必须进行审查，才能正式发表。代码也必须进行审查和代码检测工具的检查，才能算通过。

（3）设计能力。这是最难修炼的一个能力，一般需要很多的项目实际经验加以提炼才能设计出好的模块。不过常见的模块都有一些共同的东西，比如缓存控制、状态控制、出错控制等。一般代码的划分主要依据是对上对下的接口、自己的内部实现，或者按此模块的功能来划分。

（4）代码编写能力。一般而言，设计做好了，代码编写并不难。但在实际编写过程中，也有一些注意事项，诸如代码编写规范，一些不能犯的错误，一些小的技巧等，都需要实际经验的积累和总结。

（5）调试能力。该工作主要需要极强的逻辑思维和问题分析、解决能力。不过在集成阶段发现的问题一般比较隐蔽，很难查。这个时候，需要使用各种调试工具（如 Trace，Trace32，ETM 等），来对问题进行分析和定位。不过就驱动软件问题而言，一般也有其思路。先查硬件、各个管脚信号（供电、复位、中断），再根据现象，分析出具体是软件哪个模块出了问题（比如替代法：有的模块用旧的，有的模块用新的，确定问题出现的范围）。一般新手先做这个，也有一些国外公司的技术支持主要做这方面的工作。

2．经验篇

就是指做过的实际项目经验。就手机驱动软件来讲，主要可以分为以下几类。

（1）多媒体技术。它主要包括音频与视频。这是手机目前最主要的模块之一。视频方面的工作主要是 LCD、传感器的移植，视频编解码的驱动程序编写，因为一般编解码由硬件实现，所以需要对其编写驱动以便上层应用程序调用。需要对 MPEG4、H.263、H.264 等编码方式有一定的了解。

（2）接口。接口包括 UART、USB、BlueTooth 这些新的技术。一般而言，手机的 USB、蓝牙等协议栈都由第三方提供，手机公司主要做集成和接口程序编写。这也是公司专业化的体现，做自己擅长的事情。

（3）存储。它主要包括 nand Flash、nor Flash、SDRAM 等驱动的移植。还有基于它们之上的文件系统。不过一般而言，专业的文件系统一般也由第三方提供。这是手机驱动里面的基础，只有这些工作做好了，剩下的工作才能进行。

（4）电源管理。它主要包括充电、省电以及给各模块供电等功能。随着手机功能越来越复杂，在没有更高能量的电池出现之前，省电（power saving）也显得越来越重要。省电的原理也很简单：谁不工作的时候就不给谁供电，但做起来很复杂。

（5）ARM 相关的知识。还有一些共有的经验，就是对嵌入式 CPU 的熟悉和了解，如 ARM，PPC，MIPS 等。也有一些共性的东西，比如 GPIO 的配置、EXTINT 的配置、Memory 的配置等。还有 ARM 与其他芯片的连接接口，常见的有 UART、IIC、SPI 等。不同的接口有不同的协议特性，这些都需要熟悉和了解。

3．其他一些非技术能力

（1）领导力。如何带领和激励团队，如何制定目标和严格执行，如何人尽其才，让团队中的每个人都发挥他应有的作用，如何在团队中确立权威和声望，如何和每一个人和谐相处等等。

（2）团队协作。有很多工作需要几个人一起完成。这时候需要与别人的合作。比如跟驱动工程师常打交道的包括上层软件开发人员、硬件设计人员、DSP 开发人员、ASIC 开发人员等。只有跟大家关系搞好了，才能把工作做好。

（3）自我激励。严格按照计划进行工作，每天要填项目管理，记录当天工作的主要内容，工作是提前完成还是要迟后，工作时专心致志，积极思考。

8.2 物联网开发流程

8.2.1 物联网开发概述

物联网产品，与普通电子产品一样，开发过程都需要遵循一些基本的流程，都是一个从需求分析到总体设计，详细设计到最后产品完成的过程。但是，与普通电子产品相比，它的开发流程又有其特殊之处。它包含了硬件和软件两大部分，针对物联网软件的开发，在普通的电子产品开发过程中，是不需要涉及的。物联网产品的研发流程主要是，首先研究需求、然后将自己的思路与设计想法转换为图纸、快速搭建软硬件系统（这时候的硬件系统可能是利用成熟的通用嵌入式开发板），样品试制成功后，再修改嵌入式平台，完成原始产品向物联网云端的迁移，最后是产品测试与市场销售。

8.2.2 物联网产品需求分析

在这一个阶段，我们需要弄清楚的是产品的需求从何而来，一个成功的产品，需要满足哪些需求。只有需求明确了，产品开发目标才能明确。在产品需求分析阶段，我们可以通过以下这些途径获取产品需求。

（1）市场分析与调研，主要是看市场有什么需求，站在做一款产品的角度审视该产品前沿的技术是什么。

（2）客户调研和用户定位，从广大客户那里获取最准确的产品需求，重点分析产品市场，还要考虑产品生命周期以及升级是否方便等因素。

（3）研究产品的利润，搞清楚成本预算，成本不能只考虑元器件硬件成本，还要考虑产品的软件开发成本、人力资源成本、生产成本，搞清楚商品定价与销售价的关系。

（4）如果是外包项目，则需要客户提供产品的需求，直接从客户那里获取，让客户签协议。当一个项目做完的时候，如果客户突然又增加需求，增加功能，这将导致该项目周期严重拖延，成本剧烈上升，并且测试好的产品可能要全部重新测试，原来的设计可能将不会满足当前的要求，所以做项目之前，最好要跟客户把需求确定下来，并且签定一份协议，否则，你辛苦了的多少个日日夜夜，得到的将是一个无法收拾的烂摊子。

学生物联网创业或初创物联网公司，需要注意不要以为有个好的想法，做出了样品，就可以创业开公司了，有样品（有的可能还是个想法）这还只是第一步。对于自己构建的产品，我们自己既不是专家，也不是目标用户，所以样品要做上面的调查分析。

当自己进入到某一新领域的时候，在做决策的时候一定要克服达克效应（D-K effect）。达克效应全称为邓宁-克鲁格效应（Dunning-Kruger effect）。它是一种认知偏差现象，指的是能力欠缺的人在自己欠考虑的决定的基础上得出错误结论，但是无法正确认识到自身的不足，辨别错误行为。这些能力欠缺者们沉浸在自我营造的虚幻的优势之中，常常高估自己的能力水平，却无法客观评价他人的能力。因此在开始开发产品之前，一定要对自己产品的创意进行尽职调查。要全面了解市场，了解竞争对手，熟悉客户的性格特征，知道自己所提供的产品价值该为哪些客户服务，了解自己的产品是否能够为客户带来价值。

总之，在构建一款成熟的产品之前，从产品、市场、以及竞争对手的角度来看，很多创意想法都是需要进行验证的。如果自己已经有了某个产品，不妨可以先销售给潜在客户，并以此了解他们的反应。自己可以针对市场、产品、以及竞争对手做一个完整的链式断裂假设清单。事实上，所谓链式断裂假设，就是那些可以让自己公司成功或失败的假设条件。自己可以根据假设发生的概率把这个清单进行排序，这样就会更好地规避风险了。你自己可以自上而下进行假设验证，然后一点一点实现目标。

作为一家初创公司，自己的资源是非常有限的。因此，如果能够识别或解决好一个问题，就已经足够了，千万不要希望尝试一口吃个大胖子。构建一家成功的初创公司并不容易，而构建一家成功的硬件初创公司更是难上加难。开发一款原型产品只是创建硬件初创公司万里长征的第一步。真正的挑战是接下来的产品设计、生产工厂、加工制造，成品分销，以及市场营销/销售。所以，自己最好能有良好的人脉关系。此外，硬件产品验证和迭代周期比软件的时间更长，获得资金的难度相对更大，风投会考虑硬件初创公司的固有风险，因此通常需要硬件初创公司自身就具备一些竞争力。

不仅如此，管理现金流也很困难，因为在你的产品销售给客户之前，就需要提前几个月给供应商付款了。

8.2.3　物联网产品规格说明

在产品需求分析阶段，搜集了产品的所有需求，那么在产品规格说明阶段，我们的任务是将所有的需求，细化成产品的具体的规格，例如产品的外观、产品支持的操作系统、产品的接口形式和支持的规范等等诸如此类，切记，在形成了产品的规格说明后，在后续的开发过程中，必须严格地遵守，没有 200%的理由，不能随意更改产品的需求。否则，产品的开发过程必将是一个反复无期的过程。产品规格说明主要从以下几方面进行考虑。

（1）考虑该产品需要哪些硬件接口。

（2）产品用在哪些环境下，要做多大，耗电量如何。如果是消费类产品，还要考虑设计美观和产品是否便于携带，以确定 PCB 板大小的需求，还要考虑是否防水等。

（3）产品成本要求。

（4）产品性能参数的说明，产品性能参数的不同，就会影响到我们设计考虑的不同，那么产品的规格自然就不同了。

（5）需要适应和符合的国家标准、国际标准或行业标准。

8.2.4　物联网产品总体设计

在完成了产品规格说明以后，还需要针对这一产品，了解当前有哪些可行的方案，通过几个方案进行对比，包括从成本、性能、开发周期、开发难度等多方面进行考虑，最终选择一个最适合自己的产品总体设计方案。

在这一阶段，除了确定具体实现的方案外，还需要综合考虑，产品开发周期，投入多少人与工作量，需要哪些资源或者外部协助，以及开发过程中可能遇到的风险及应对措施，形成整个项目的项目计划，指导项目的整个开发过程。

完成了总体设计后，再进行产品概要设计，产品概要设计主要是在总体设计方案的基础上进一步细化，具体从硬件和软件两方面进行。

硬件模块概要设计，主要从硬件的角度出发，确认整个系统的架构，并按功能来划分各个模块，确定各个模块的大概实现。首先要依据产品到底要哪些外围功能以及产品要完成的工作，来进行 CPU 选型，注意 CPU 一旦确定，那么产品的外围硬件电路，就要参考该 CPU 厂家提供的方案电路来设计；然后再根据产品的功能需求选芯片，比如是外接 AD还是用片内 AD，采用什么样的通信方式，有什么外部接口，还有最重要的是要考虑电磁兼容。

一般一款 CPU 的生存周期是 5～8 年，在考虑选型的时候要注意，不要选用快停产的CPU，以免出现这样的结局：产品辛辛苦苦开发了 1～2 年，刚开发出来，还没赚钱，CPU又停产了，又得要重新开发。很多公司就死在这个上面。

软件模块概要设计主要是依据系统的要求，将整个系统按功能进行模块划分，定义好各个功能模块之间的接口，以及模块内主要的数据结构等。

8.2.5　物联网产品详细设计

在完成了总体与概要设计后，再进行产品详细设计。

首先是硬件模块详细设计，主要是具体的电路图设计和一些具体要求制定，包括 PCB 和外壳尺寸参数的设计。接下来，就需要依据硬件模块详细设计文档的指导，完成整个硬件的设计，包括原理图和 PCB 的绘制。

原理设计和 PCB 设计是设计人员最主要的两个工作之一，在原理设计过程中，需要规划硬件内部资源，如系统存储空间，以及各个外围电路模块、通信模块的实现。另外，对系统主要的外围电路，如电源、复位等也需要仔细地考虑，在一些高速设计或特殊应用场合，还需要考虑 EMC/EMI 等。

电源是保证硬件系统正常工作的基础，设计中要详细地分析：系统能够提供的电源输入；单板需要产生的电源输出；各个电源需要提供的电流大小；电源电路效率；各个电源能够允许的波动范围；整个电源系统需要的上电顺序等。

为了系统稳定可靠地工作，复位电路的设计也非常重要，如何保证系统不会在外界干扰的情况下异常复位，如何保证在系统运行异常的时候能够及时复位，以及如何合理地复位，才能保证系统完整地复位，这些也都是我们在原理设计的时候需要考虑的。

同样的，时钟电路的设计也是非常重要的一个方面，一个不好的时钟电路设计，可能会引起通信产品的数据丢包，产生大的 EMI，甚至导致系统不稳定。

原理图设计中要有"拿来主义"。现在的芯片厂家一般都可以提供参考设计的原理图，所以要尽量借助这些资源，在充分理解参考设计的基础上，做一些自己的发挥。

原理图设计好之后，再进行 PCB 设计阶段，即是将原理图设计转化为实际的可加工的 PCB 线路板，目前主流的 PCB 设计软件有 Protel 99 以及它的一系列升级版 Altium Desiger、PADS、Candence 等几种。

PCB 设计，尤其是高速 PCB，需要考虑 EMC/EMI，阻抗控制，信号质量等，对 PCB 设计人员的要求比较高。为了验证设计的 PCB 是否符合要求，有的还需要进行 PCB 仿真。并依据仿真结果调整 PCB 的布局布线，完成整个 PCB 的设计。

PCB 绘制完成以后，需要生成加工厂可识别的加工文件，即常说的光绘文件，将其交给加工厂打样 PCB 空板。一般 1～4 层板可以在一周内完成打样。

其次是软件模块详细设计，软件模块详细设计包括功能函数接口定义，该函数功能接口完成的功能、数据结构、全局变量、完成任务时各个功能函数接口调用流程、通信协议与模块设计等内容。在完成了软件模块详细设计以后，就可以进入具体的编码阶段，在软件模块详细设计的指导下，完成整个系统的软件编码。

在软件设计中，一定要注意需要先完成模块详细设计文档以后，软件才进入实际的编码阶段，硬件才进入具体的原理图、PCB 实现阶段，这样才能尽量在设计之初就考虑周全，避免在设计过程中反复修改。为了提高开发效率，不要图一时之快，在没有完成详细设计之前，就开始实际的设计步骤。

8.2.6　物联网产品调试与验证

在拿到加工厂打样后的 PCB 空板以后，需要检查 PCB 空板是否和自己设计预期一样，是否存在明显的短路或断痕，检查通过后，则需要将前期采购的元器件和 PCB 空板交由生产厂家进行焊接，如果 PCB 电路不复杂，也可以直接手工焊接元器件。

当 PCB 焊接完成后，在调试 PCB 之前，一定要先认真检查是否有可见的短路和管脚搭锡等故障，检查是否有元器件型号放置错误，第一脚放置错误，漏装配等问题，然后用万用表测量各个电源到地的电阻，以检查是否有短路故障，这样可以避免贸然上电后损坏单板。调试的过程中要有平和的心态，遇见问题是非常正常的，要做的就是多做比较和分析，逐步地排除可能的原因，直至最终调试成功。

在硬件调试过程中，需要经常使用到的调试工具有万用表、示波器和逻辑分析仪等，用于测试和观察板内信号电压和信号质量，信号时序是否满足要求。

当硬件产品调试通过以后，还需要对照产品的需求说明，一项一项进行测试，确认是否符合预期的要求，如果达不到要求，则需要对硬件产品进行调试和修改，直到符合产品需求。

硬件产品完成后，主要是调整硬件或代码，修正其中存在的问题和 BUG，使之能正常运行，并尽量使产品的功能达到产品需求规格说明要求。

在软件部分，主要验证软件单个功能是否实现，验证软件整个产品功能是否实现。除了功能测试、性能测试外，还要进行其他专业测试，例如抗干扰测试、产品寿命测试、防潮湿测试、高温和低温测试等。有的设备，电子元器件在特殊温度下，参数就会异常，导致整个产品出现故障或失灵现象的出现；有的设备，零下几十摄氏度的情况下，根本就启动不了，开不了机；有的设备，在高温下，电容或电阻值就会产生物理的变化，这些都会影响到产品的质量。

通过上一阶段完整测试验证，即得到了自己开发成功的产品。在此阶段，可以将实际的产品和最初形成产品规格说明进行比较，经过一个完整的开发过程后，产品是否完全符合最初的产品规格说明，又或者，中途发现产品规格说明存在问题，对它进行了多少修改。

8.3 物联网开发资源

8.3.1 电子电路基础

模拟/数字电路的分析和设计。它的主要内容包括分离元件和运放的信号放大，滤波，波形产生、稳压电源、逻辑运算与化简、基本触发器、基本计数器、寄存器、脉冲产生和整形、ADC、DAC 和锁相环等。要能定性和定量地分析和设计电路的功能和性能，比如说稳定性、频率特性等。应该了解数字电路和模拟电路，尤其数字电路的 555 以及其他集成电路部分；模电需要精通三极管放大器的原理和使用条件，注意，三极管不都是用来放大的；明白电容和电感的原理和作用。然后就是设计了，现在大部分是集成电路，就是 CPU 的引脚直接接到所需芯片上就可以了，这个需要模电和数电的结合。

熟悉计算机组成原理和结构，尤其是嵌入式系统的工作原理，要清楚计算机是怎么工作的，软件在计算机内是怎么运行的，最好自己写一写程序在计算机上运行，要熟悉常用嵌入式系统的外围电路和接口，并且要明白 CPU 和外围电路是怎么协调工作的等等。最好能熟悉MCS-51，写程序不是问题，重要的是思路，但一定要做出来。

这里建议对于初学者来说，应该从 51 系列着手，一方面，51 系列还是入门级的芯片，作为初学者练手还是比较好的，可以将以上的概念走一遍；很多特殊的单片机也是在 51 的核的基础上增加了一些 I/O 和 A/D、D/A；也为今后学习更高一级的单片机和 ARM 打下基础。例如，扩展 I/O 口和 A/D、D/A 等等，可以直接买带有 A/D、D/A 的单片机；或者直接使用ARM，它的 I/O 口多。可以使用 I^2C 接口的芯片，扩展 I/O 口和 A/D、D/A，使用 SPI 接口扩展 LED 显示，例如 MAX7219 等芯片等。

在逻辑电路与接口设计方面，要熟悉它们硬件描述语言 VHDL 或 Verilog HDL 语言。在国外这是要求掌握的基本技能，在国内也正在普及。它们主要是用来开发 FPGA/CPLD 器件和逻辑仿真，还有 IC 设计也常用 VHDL 作输入。

将设计好的电路草图，转化为 PCB，就需要利用实用电路设计软件，一般使用 Protel 99，Orcad，Cadence，Pads 等，练熟掌握一个就可以了。PCB 的设计基本要求是能够设计 4 层板，要了解 PCB 对 EMI、ESD 的影响并想办法避免。PCB 能做得既美观又没有问题是需要花时间来训练的。

剩下是编程，这个建议你买一个开发板，如果做 51 开发就买个普通 51 的开发板就可以了，一般几十到 200 元之间，如果想深入，搞嵌入式的话，这样需要买一个 ARM 开发板。在开发物联网应用时，多买现成的小硬件模块，现在是硬件开源时代，很多应用硬件是通用的，在硬件平台上，用软件实现不同的功能。

8.3.2　嵌入式系统基础

现代电子技术是物联网设计的硬件基础，尤其是嵌入式系统已经在很大程度改变了人们的生活、工作和娱乐方式，而且这些改变还在加速。物联网设计的硬件基础也是嵌入式技术。即使不可见，嵌入式系统也无处不在。嵌入式系统在很多产业中得到了广泛的应用并逐步改变着这些产业，包括工业自动化、国防、运输和航天领域。例如，神州飞船和长征火箭中就有很多个嵌入式系统，导弹的制导系统也是嵌入式系统，汽车中更是具有多个嵌入式系统，使汽车更轻快、更干净、更容易驾驶。一个高档汽车中也有多达几十个嵌入式系统。

在日常生活中，人们使用各种嵌入式系统，但未必知道它们。事实上，几乎所有带有一点"智能"的家电（如全自动洗衣机、电脑电饭煲、智能电冰箱等）都是嵌入式系统，嵌入式系统再加上联网功能就是物联网原型产品了。嵌入式系统广泛的适应能力和多样性，使得视听、工作场所甚至健身设备中到处都有嵌入式系统。

1．嵌入式系统的定义

嵌入式系统是指用于执行独立功能的专用计算机系统。它由包括微处理器、定时器、微控制器、存储器、传感器等一系列微电子芯片与器件，和嵌入在存储器中的微型操作系统、控制应用软件组成，共同实现诸如实时控制、监视、管理、移动计算、数据处理等各种自动化处理任务。

2．嵌入式的应用

我们常见的移动电话、掌上电脑、数码相机、机顶盒、MP3 等都是用嵌入式软件技术对传统产品进行智能化改造的结果。

嵌入式软件在中国的定位应该集中在国防工业和工业控制、消费电子、通信产业等领域方面。

3．嵌入式应用软件

嵌入式应用软件是针对特定应用领域，基于某一固定的硬件平台，用来达到用户预期目标的计算机软件。由于用户任务可能有时间和精度上的要求，因此，有些嵌入式应用软件需要特定嵌入式操作系统的支持。

嵌入式应用软件和普通应用软件有一定的区别，它不仅要求其准确性、安全性和稳定性等方面能够满足实际应用的需要，而且还要尽可能地进行优化，以减少对系统资源的消耗，降低硬件成本。

4．微控制器

微处理器是无线传感节点中负责计算的核心，目前的微处理器芯片同时也集成了内存、闪存、模数转化器、数字 IO 等，这种深度集成的特征使得它们非常适合在无线传感器网络中使用。

影响节点工作整体性能的微处理器关键性能包括功耗特性、唤醒时间（在睡眠/工作状态间快速切换）、供电电压（长时间工作）、运算速度和内存大小。

5．内置传感器

有许多传感器可供节点平台使用，使用哪种传感器往往由具体的应用需求以及传感器本身的特点决定。

需要根据处理器与传感器的交互方式，通过模拟信号或通过数字信号，选择是否需要外部模数转换器和额外的校准技术。

6．通信芯片

通信芯片是无线传感节点中重要的组成部分，在一个无线传感节点的能量消耗中，通信芯片通常消耗能量最多，在目前常用的节点上，CPU 在工作状态电流仅 500uA，而通信芯片在工作状态电流近 20mA。

通信芯片的传输距离是选择传感节点的重要指标。发射功率越大，接收灵敏度越高，信号传输距离越远。

常用 TI 通信芯片，CC1000 可工作在 433MHz、868MHz 和 915MHz；采用串口通信模式时速率只能达到 19.2kbit/s；CC2420 工作频率 2.4GHz，它是一款完全符合 IEEE 802.15.4 协议规范的芯片，传输率 250kbit/s；CC2530 是用于 2.4 GHz IEEE 802.15.4、ZigBee 和 RF4CE 应用的一个真正的片上系统（SoC）解决方案。它能够以非常低的总的材料成本建立强大的网络节点。

8.3.3　嵌入式操作系统

1．嵌入式操作系统概念

嵌入式操作系统 EOS（Embedded Operating System）是一种用途广泛的系统软件，负责嵌入系统的全部软、硬件资源的分配、调度工作，控制、协调并发活动，它必须体现其所在系统的特征，能够通过装卸某些模块来达到系统所要求的功能。

现在国际上有名的嵌入式操作系统有 Windows CE、Palm OS、Linux、VxWorks、pSOS、QNX、OS-9、LynxOS 等，已进入我国市场的国外产品有 WindRiver、Microsoft、QNX 和 Nuclear 等。

我国嵌入式操作系统的起步较晚，国内此类产品主要是基于自主版权的 Linux 操作系统，其中以中软 Linux、红旗 Linux、东方 Linux 为代表。

2．嵌入式操作系统分类

目前流行的嵌入式操作系统可以分为两类，一类是从运行在个人电脑上的操作系统向下移植到嵌入式系统中，形成的嵌入式操作系统，如微软公司的 Windows CE 及其新版本，SUN公司的 Java 操作系统，朗讯科技公司的 Inferno，嵌入式 Linux 等。另一类是实时操作系统，如 WindRiver 公司的 VxWorks，ISI 的 pSOS，QNX 系统软件公司的 QNX，ATI 的 Nucleus，中国科学院凯思集团的 Hopen 嵌入式操作系统等，这类产品在操作系统的结构和实现上都针对所面向的应用领域，对实时性高可靠性等进行了精巧的设计，而且提供了独立而完备的系统开发和测试工具，较多地应用在军用产品和工业控制等领域中。

3．嵌入式支撑软件

支撑软件是用于帮助和支持软件开发的软件，通常包括数据库和开发工具，其中以数据库最为重要。

嵌入式数据库技术已得到广泛的应用，随着移动通信技术的进步，人们对移动数据处理提出了更高的要求，嵌入式数据库技术已经得到了学术、工业、军事、民用部门等各方面的重视。

4．传感器节点微型操作系统

（1）节点操作系统的发展

操作系统是传感器节点软件系统的核心，为适应传感器网络的特殊环境，节点操作系统与其他使用在计算机或服务器上的操作系统有极大的区别。

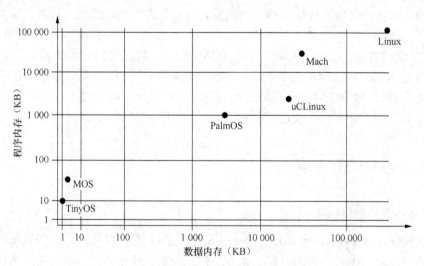

图 8.1 节点操作系统 VS 其他操作系统

由图 8.1 可清楚地看出，节点操作系统是极其微型化的。节点操作系统近年来得到了快速发展，主要发展过程如图 8.2 所示。

节点操作系统是极其微型化的。常用微型节点操作系统对比如表 8.1 所示。

图 8.2 节点操作系统发展史

表 8.1 常用微型节点操作系统对比一览表

	TinOS	Contiki	SOS	Mantis	Nano-RK	RETOS	LiteOS
发表会议（年份）	ASPLOS（2000）	EmNets（2004）	MobiSys（2005）	MONET（2005）	RTSS（2005）	IPSN（2007）	IPSN（2008）
静态/动态	静态	动态	动态	动态	静态	动态	动态
事件驱动/多线程	事件驱动&多线程 TOSThreads	事件驱动&多线程	事件驱动	多线程&事件驱动 TinyMOS	多线程	多线程	多线程
单核/模块化	单核	模块化	模块化	模块化	单核	模块化	模块化
网络层	主动消息	uIP, uIPv6, Rime	消息	"comm"层	套接字	三层架构	
实时支持	否	否	否	否	是	符合POSLX 1003.1b	否
语言支持	nesC	C	C	C	C	C	LiteC++

（2）TinyOS

TinyOS 由加州伯克莱分校开发,是目前无线传感网络研究领域使用最为广泛的节点操作系统。TinyOS 使用的开发语言是 nesC。nesC 语言是专门为资源极其受限、硬件平台多样化的传感节点设计的开发语言,使用 nesC 编写的应用程序是基于组件的,组件之间的交互必须通过使用接口。

5. 其他常见微型操作系统

（1）WinPE,Windows 预先安装环境（Microsoft Windows Preinstallation Environment,简称 Windows PE 或 WinPE）,它是简化版的 Windows XP、Windows Server 2003 或 Windows Vista。WinPE 是以光盘或其他可携设备作媒介。

（2）MenuetOS,MenuetOS 是英国软件工程师 Ville Mikael Turjanmaa 开发的,完全由 x86 汇编语言于 2000 年写成的一款开放源码的 32 位操作系统。最新的版本可以从其官方网站下载,全部使用汇编语言。

（3）SkyOS，SkyOS 拥有现代操作系统要求的多处理器支持，虚拟内存，多任务多线程等功能，更令人耳目一新的是它漂亮的 GUI 系统 SkyGI。

第一个 SkyOS 系统于 1997 年底发布。SkyOS 操作系统并不开放源代码，收费并且用户不可以自由地获取。

（4）ReactOS，ReactOS 完全兼容 Windows XP 操作系统。ReactOS 旨在通过使用类似构架和提供完整公共接口实现与 NT 以及 XP 操作系统二进制下的应用程序和驱动设备的完全兼容。简单地说，ReactOS 目标就是用您的硬件设备去运行您的应用程序。成为任何人都可以免费使用的 FOSS 操作系统！

（5）TriangleOS，TriangleOS 是荷兰人 Wim Cools 用 C 和汇编写出来的 32 位操作系统。

（6）Visopsys，Visopsys 由加拿大人 Andrew McLaughlin 开发，有独特的 GUI，开放源码。最新的 Visopsys 可以从其官方网站下载。

（7）Storm OS，Storm OS 是由立陶宛的 Thunder 于 2002 年开始开发的，有简单的 GUI，装在一张软盘上。

（8）实验室中的操作系统，这些系统多由高校中的实验室开发，作试验研究之用，如德国的 DROPS 等，可实现对传感器、执行器、处理器、通信模块、电源系统等的高度集成，是支撑传感器节点微型化、智能化的重要技术。

8.3.4 物联网解决方案示例

6LoWPAN 是一种低功耗的无线网状网络，其中每个节点都有自己的 IPv6 地址，允许其使用开放标准直接连接到互联网。利用解决方案，6LoWPAN 优势是开放式 IP 标准，开放标准包括 TCP、UDP、HTTP、COAP、MQTT 和 WebSocket，端到端 IP 可寻址节点，无需网关。路由器将 6LoWPAN 网络连接到 IP。

网状路由，可以实现一到多和多到一路由，可靠且可扩展，1000 多个节点，自愈能力强，网状路由器可将数据路由到其他目标，而主机能够休眠很长一段时间。

多重 PHY 支持，自由选择频段和物理层，在多个通信平台（如以太网/Wi-Fi/802.15.4/低于 1GHz ISM）之间使用，IP 级别的互操作性。

TI 的低于 1 GHz 和 2.4 GHz 6LoWPAN 解决方案，它是最低功耗、最全面的硬件和软件解决方案，为大城区的网络提供双频段支持。

节点（自愈网、路由器和主机），从灯泡到烟雾探测器，每个节点均携带一个 IPv6 地址。节点通常需要少量的存储空间和处理能力，并且可以使用无线 MCU 来实现。

EDGE 路由器，（简单 IP 路由器、无应用层的网关），经压缩的 IPv6 报头需要一个中间设备来提供 6LoWPAN 与标准 IP 报头之间的转换。EDGE 路由器可被看作是这种简化的"网关"。这可以是独立系统或附加系统。

互联网，连接到任何云。TI 正与许多云服务提供商合作提供一种连接到云的简单而直接的方式。

思考与练习

一、简述题

1. 谈谈如何进行物联网技术的学习。

2. 物联网开发如何进行能力培养？

3. 谈谈如何培养其他一些非技术能力。

4. 简述物联网开发流程。

5. 简述物联网开发资源。

6. 产品规格说明主要从哪几个方面进行考虑？

7. 硬件模块详细设计主要包括哪些内容？

8. 软件模块详细设计主要包括哪些内容？

二、单选题

1. 在逻辑电路与接口设计方面，使用的硬件描述语言是（　　）。

    A. Verilog 语言　　B. C 语言　　　　　　C. Java　　　　　　　D. C++

2. 主要是用来开发 FPGA/CPLD 器件和逻辑仿真，还有 IC 设计也常用（　　）作输入。

    A. C 语言　　　　　B. VHDL　　　　　　C. Java　　　　　　　D. C++

3. （　　）是用于 2.4-GHz IEEE 802.15.4、ZigBee 和 RF4CE 应用的一个真正的片上系统（SoC）解决方案。

    A. CC1000　　　　B. CC2530　　　　　C. CC2420　　　　　　D. CC2430

4. 从运行在个人电脑上的操作系统向下移植到嵌入式系统中，形成的嵌入式操作系统是（　　）。

    A. Windows CE　　B. VxWorks　　　　C. pSOS　　　　　　　D. QNX

5. 下面哪个操作系统是实时操作系统（　　）。

    A. Windows CE　　　　　　　　　　　　B. Java 操作系统

    C. Inferno　　　　　　　　　　　　　　D. VxWorks

三、多选题（在每小题列出的几个选项中至少有两个符合题目要求，请将其选项序号填写在题后括号内）

1. 我们可以通过以下（　　）途径获取产品需求。

    A. 市场分析与调研　　　　　　　　　　B. 客户调研和用户定位

    C. 研究产品的利润，搞清楚成本预算　　D. 外包项目

    E. 开发成本

2. 物联网产品的研发流程主要是（　　）。

    A. 研究需求　　　　　　　　　　　　　B. 图纸设计

    C. 快速搭建软硬件系统　　　　　　　　D. 样品试制

    E. 产品测试与市场销售

3. PCB 设计，尤其是高速 PCB，需要考虑（　　）等。

    A. EMC/EMI　　　　　　　　　　　　B. 阻抗控制

    C. 信号质量　　　　　　　　　　　　　D. 线宽

    E. 过孔大小

4. 将设计好的电路草图，转化为 PCB，就需要利用实用电路设计软件，一般使用（　　）等开发工具。

    A. Protel　　　　　　　　　　　　　　B. Orcad

    C. Cadence　　　　　　　　　　　　　D. Pads

    E. CAD

5. 目前的微处理器芯片同时也集成了（　　　）等，这种深度集成的特征使得它们非常适合在无线传感器网络中使用。

A. 内存　　　　　　　　　　　　　B. 闪存

C. 模数转化器　　　　　　　　　　D. 数字 IO

E. 计时器

6. 现在国际上有名的嵌入式操作系统有（　　　）等。

A. Windows CE　　　　　　　　　　B. Palm OS

C. Linux　　　　　　　　　　　　　D. VxWorks

E. pSOS

第 **9** 章 物联网开发环境搭建

本章主要内容

本章主要介绍了开发环境 IAR Systems、TI ZStack 协议栈、烧写器 DEBUGGER 驱动、烧写软件 SmartRF Flash programmer、物联网开发平台调试助手等软件的安装方法；介绍了串口通信软件配置方法；最后介绍了 GenericApp 项目工程配置的使用方法。

本章建议教学学时

本章教学学时建议 2 学时。

- 开发环境安装与功能介绍　　　　　　　　　0.5 学时；
- 物联网开发平台调试助手　　　　　　　　　0.5 学时；
- GenericApp 项目工程配置与实验　　　　　　1　学时。

本章教学要求

要求了解物联网常用开发工具和安装方法，熟悉基于 TI ZStack 协议栈的物联网开发流程。

9.1　开发环境 IAR Systems 安装

在下面的物联网应用开发实验中，所使用的物联网综合实验开发平台与配套光盘由武汉盛德物联科技有限公司提供。物联网实验开发工具是 IAR 开发工具和 TI 公司提供的 ZigBee 通信协议栈 ZStack，它们在配套光盘的"IAR Embedded Workbench for 8051 7.60"目录下，在进行开发时，首先进行 IAR 开发工具的安装，搭建好开发环境。在环境搭建好之后，只需要调用 API 接口函数就可以进行物联网应用程序的开发。

打开 Windows 资源管理器，找到配套光盘中的开发工具集存放的目录 C（这个目录的名称为"CD-EW8051-7601"），在此目录下存放着 IAR 开发工具的安装程序。安装文件所在目录如图 9.1 所示。

进入该目录后，可以看到图 9.2 所示的目录里面有个"autorun.exe"安装程序，双击运行此程序即可开始安装 IAR 开发工具。

接着，可以看到一个弹出页面，如图 9.3 所示，选择其中的"Install IAR Embedded Workbench"开始安装 IAR 开发工具。

单击"Next"开始安装。

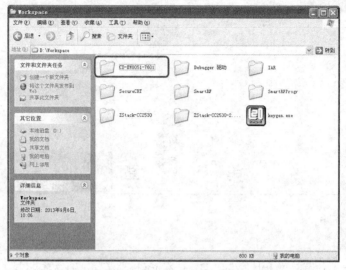

图 9.1　安装文件所在目录（1）

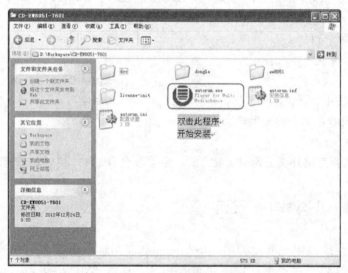

图 9.2　安装文件所在目录（2）

图 9.3　安装菜单

在图 9.4 所示的许可证协议界面上，选中 "I accept the terms of the license agreement"，接受许可证协议条款，再单击 "Next" 进行下一步安装。

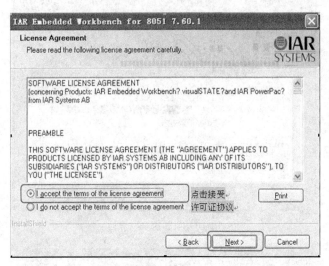

图 9.4　许可证协议

在图 9.5 所示信息界面中，填写用户信息。"Name" 处填写用户名，"Company" 处填写单位名。"License#" 填写许可证号。

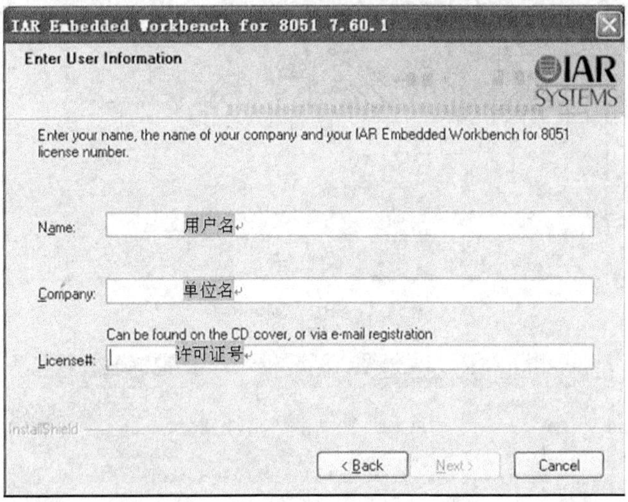

图 9.5　信息界面

然后再单击 "Next" 进入下一步安装。在图 9.6 所示的 License Key 界面中，在 "License Key" 文本框里面，将 keygen.exe 程序生成的注册码复制进来。

注意，这里的注册码必须跟许可证号是相对应的，即同一次操作产生的。然后再单击 "Next" 进行下一步安装。

在图 9.7 所示的 setup type 界面中，选择 "Custom" 选项，再单击 "Next" 继续安装。

在图 9.8 所示的安装组件界面中，保持默认选项不改动。直接单击 "Next" 进入下一步安装。

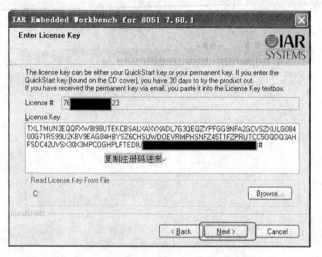

图 9.6　License Key 界面

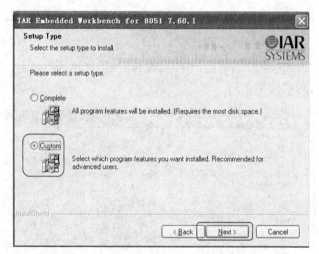

图 9.7　setup type 界面

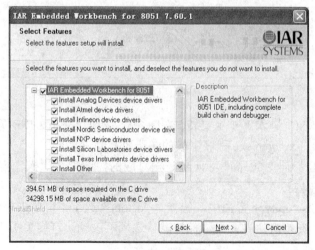

图 9.8　安装的组件界面

在图 9.9 所示的安装目录选择界面中，选择 IAR 开发工具的安装目录，单击"Change"更改安装目录。

在图 9.10 所示的选择安装目录界面中，输入安装目录为 D：\Workspce\IAR。单击"Next"进入下一步安装。

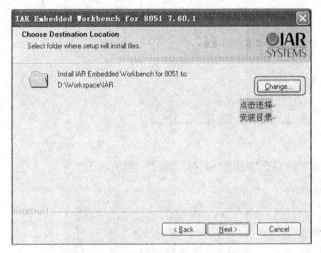

图 9.9　安装目录选择界面　　　　　　　　　　图 9.10　安装目录界面

在图 9.11 所示的选择程序目录界面中，此处为 IAR 程序目录名，不用改动。单击"Next"进入下一步安装。

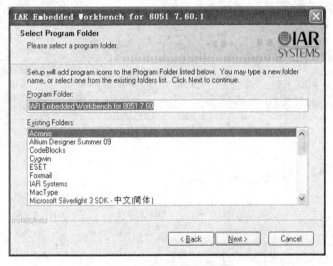

图 9.11　选择程序目录界面

在图 9.12 所示的程序安装界面中，单击"Install"按钮确认开始安装。

安装结束后，单击"Finish"按钮完成 IAR 的安装。所弹出来的界面即为 IAR 开发环境，如图 9.13 所示。

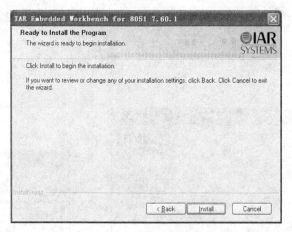

图 9.12　程序安装界面

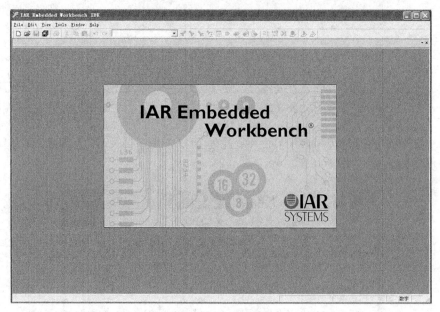

图 9.13　IAR 开发环境

9.2　TI ZStack 协议栈安装

　　下面的实验都将基于 TI 公司提供的 ZStack 协议栈进行，所使用的版本为 ZigBee2007/PRO。进入图 9.14 所示的工具集目录下的"ZStack-CC2530"目录，可以看到 ZStack 的安装程序"ZStack-CC2530-2.4.0-1.4.0.exe"。双击打开此程序，开始协议栈的安装。

　　在图 9.15 所示的 ZStack 安装界面中，单击"Next"开始安装。

　　在此后出现的安装界面中，选择"I accept the terms of the license agreement"，接受许可证协议条款，再单击"Next"进行下一步安装。选择"Custom"自定义选项，再单击"Next"进入下一步安装。

　　在此后出现图 9.16 所示的的路径选择安装界面中，单击"Browse"更改安装 ZStack 协议栈的目录。

图 9.14 "ZStack-CC2530" 目录界面

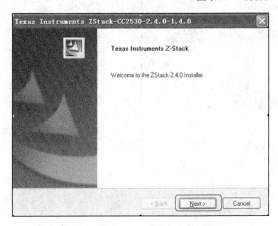

图 9.15 ZStack 安装界面

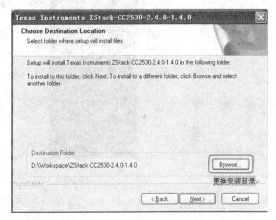

图 9.16 路径选择安装界面

在弹出图 9.17 所示的窗口下选择安装目录，此处的安装目录为 D:\Workspace\ZStack-CC2530-2.4.0-1.4.0。

此处为选择要安装的组件。保持默认选项不改动。直接单击"Next"进入下一步安装。直到出现图 9.18 所示的界面，单击"Finish"安装完成。

图 9.17 选择安装目录界面

图 9.18 完成安装界面

9.3　烧写器 DEBUGGER 驱动安装

将烧写器 DEBUGGER 通过 USB 下载线连接到电脑上，系统出现图 9.19 所示的提示界面，提示需要安装驱动。选择"是，仅这一次"，再单击"下一步"按钮进入驱动安装。出现界面后，选择"从列表或指定位置安装（高级）"，然后再单击"下一步"按钮进入驱动安装。在出现图 9.20 所示的搜索与安装选项界面后，选择"在这些位置上搜索最佳驱动程序"选项来确认驱动的所在位置。单击"浏览按钮"指定搜索的位置。

在弹出图 9.21 所示的窗口界面中，选择工具集所在目录下的"Debugger 驱动"目录，单击其下方的"Drivers"目录。烧写器驱动就存放在此目录下。确认好驱动目录后，单击"确定"及"下一步"按钮，开始驱动搜索安装。当出现完成了下列设备的软件安装界面后，单击"完成"按钮退出驱动安装界面。

图 9.19　硬件更新向导界面

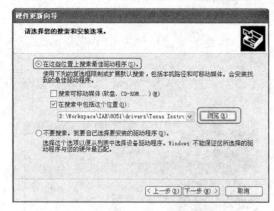

图 9.20　搜索与安装选项界面

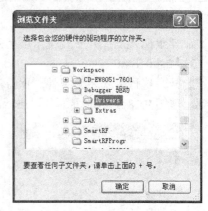

图 9.21　驱动目录界面

9.4　烧写软件 SmartRF Flash Programmer 安装

进入到图 9.22 所示的工具集目录下，在目录"SmartRFProgr"下找到烧写软件安装程序"Setup_SmartRFProgr_1.12.4.exe"。双击它进行程序安装。

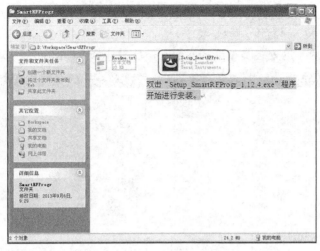

图 9.22　工具集目录

出现图 9.23 所示的安装界面。

图 9.23 Setup_SmartRFProgr_1.12.4.exe 运行界面

在随后出现的界面中，一直单击"Next"直到出现图 9.24 所示的更换烧写软件的安装目录界面，单击"Change"按钮更换烧写软件的安装目录。

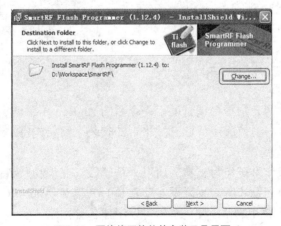

图 9.24　更换烧写软件的安装目录界面

在此处将烧写软件安装到目录 D：\Workspace\SmartRF 下。图 9.25 所示为烧写软件安装目录界面。单击"OK"进行下一步安装。

当出现图 9.26 所示的安装类型选择界面时，单击选择"Custom"选项进行安装。

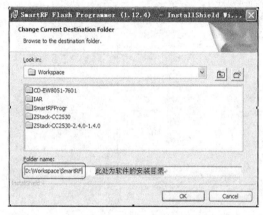

图 9.25　烧写软件安装目录界面

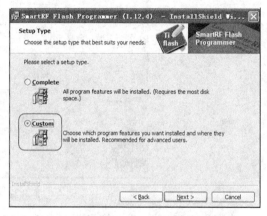

图 9.26　安装类型选择界面

当出现图 9.27 所示的安装组件选择界面时。保持默认选项不改动。直接单击"Next"进入下一步安装。

当出现图 9.28 所示的安装程序界面时，单击"Install"按钮开始安装。安装完成后，单击"Finish"按钮结束安装。

图 9.27　安装组件选择界面

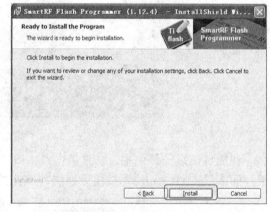

图 9.28　安装程序界面

9.5　物联网开发平台调试助手

此处的上位机物联网开发平台调试助手是今后的 ZigBee 传感器实验以及 ZigBee 组网通信等实验查看调试信息与通信所用。此开发平台的安装，需要先将 Android 操作系统下载到物联网综合实验开发平台上。

物联网必须要有操作系统作为支撑，所以，基于武汉盛德物联科技有限公司开发的该物联网综合实验开发平台开发的所有物联网实验都是 IAR 基于 Android 操作系统下进行开发的系统下，操作 ZigBee、RFID 等各种传感器可以组建各种网络，实现物联网完美互联。让读者体会到真正的物联网核心技术。

图 9.29 所示的即为物联网综合实验开发平台所使用的物联网调试助手主界面。在图 9.29 所示的界面中，占据较大区域的为"网络接收区"，ZigBee 各种组网方式接收到的信息都将在此处显示。在接收区下面的即为"网络发送区"，单击此处即可进入输入界面，通过输入界面完成指令的输入。最下方的分别为"网络清除发送区""网络清除接收区"和"发送"三个按钮。

完成指令的输入后，单击"发送"按钮，即可将指令通过 ZigBee 各种组网方式发送到下位机上面。

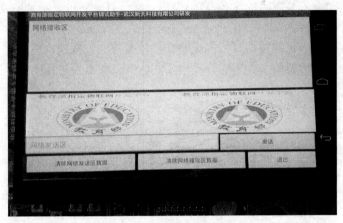

图 9.29 物联网调试助手主界面

9.6 串口通信软件配置

为了更好更方便查看和调试 ZigBee 各种网络实验，可以利用自主研发的串口调试软件，串口通信软件可以用来帮助我们做串口通信实验时，查看串口通信信息。

该软件无需安装，在此处只进行对该软件的一些配置。进入工具集目录下的"DNW"目录。进入到该目录里面后，双击运行"ZhongXiaoleiDNW.exe"通信软件，就会出现图 9.30 所示的串口通信软件窗口的界面。

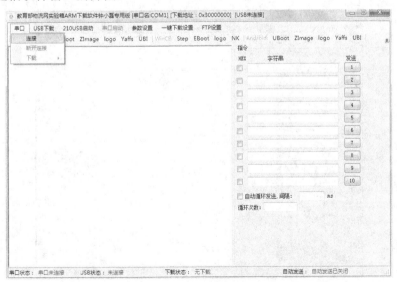

图 9.30 串口通信软件窗口的界面

9.7 GenericApp 项目工程配置

下面将对 GenericApp 项目工程的一些基本配置进行修改，以方便以后的实验与应用开发工作。

9.7.1 工程目录简介

首先，进入到前面安装完成的 ZStack 协议栈，在该目录下可以看到图 9.31 目录界面。协议栈目录下有 4 个子目录，其中，在 Components 目录下，存放协议栈文件和硬件底层驱动文件；在 Documents 目录下，存放协议栈的说明文档，有关协议栈操作的说明等；在 Projects 目录下，存放协议栈的工程架构，今后的开发也都在这些工程里面进行；在 Tools 目录下，提供了查看网络拓扑的工具。

再进入如下目录，目录界面如图 9.32 所示。以后要进行开发的基础工程就在此目录下。

图 9.31 ZStack 协议栈目录

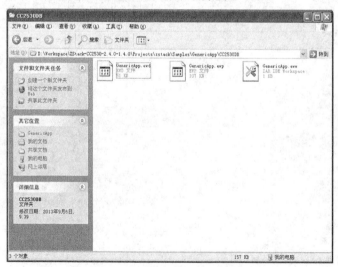

图 9.32 Projects 目录下的界面

双击此目录下的"GenericApp.eww"文件，出现如图 9.33 所示的工程界面。

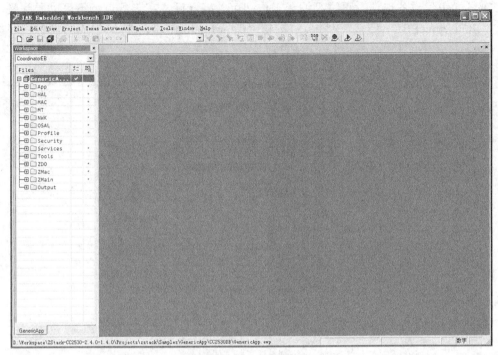

图 9.33　工程界面

这个工程，主要涉及的有 APP 应用层目录、HAL 硬件层目录、NWK 网络层目录、OSAL 协议栈操作系统、Tools 工程配置目录和 ZMain 主函数目录。

9.7.2　生成设备程序

在左侧的工程目录中，有个"CoordinatorEB"选项，如图 9.34 所示。单击该选项后，可以看到有"CoordinatorEB""RouterEB""EndDeviceEB"三个选项，它们分别对应于协调器设备、路由器设备、终端节点设备。选择相应的选项后编译程序，则可生成对应设备的程序文件。

有三种方式选择编译，第一种是单击工具栏按钮里面的"Make"按钮即可编译生成程序；第二种是通过右键单击 GenericApp 工程，选择"Make"选项编译程序，如图 9.35 所示；第三种也可以通过键盘上的 F7 按钮进行编译生成程序。

编译程序后，可以看到工程目录下增加了"CoordinatorEB"和"settings"两个子目录，如图 9.36 所示。

在"CoordinatorEB"目录下，存放着生成的协调器设备程序文件。进入该目录下的"Exe"目录，这个目录里面存放的就是具体的设备程序文件。

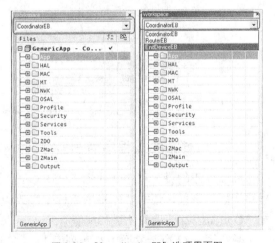

图 9.34　"CoordinatorEB"选项界面图

同样的，如果要生成终端设备程序文件，则应先在 IAR 里面将工程配置选项修改为"EndDeviceEB"设备选项，再进行编译工作即可。编译后，在工程目录下可以看到又多了一个"EndDeviceEB"目录，该目录结构与"CoordinatorEB"一样，生成的设备程序都在其"Exe"目录下。

图 9.35 "Make"选项编译界面

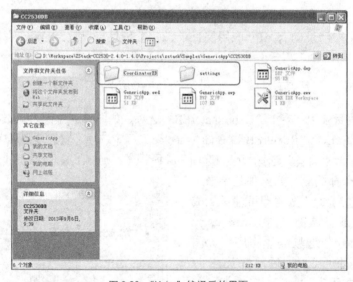

图 9.36 "Make"编译后的界面

9.7.3 修改生成程序为 HEX 文件

前面生成的设备程序文件都为 d51 格式，这个格式还不能让烧写软件烧写程序到 ZigBee 模块上面。所以，还需要先将生成程序修改为 hex 格式才行。右键单击工程 GenericApp，选择"Options..."选项开始进行配置。

单击图 9.37 所示界面中左侧列表中的"Linker"选项，在图 9.37 所示界面中右方的配置信息中，将"Output file"里面程序文件后缀改为 hex，"Format"格式选为"Other"选项。

完成以上操作后，单击"OK"按钮确认配置。再重新编译生成设备文件。可以看到在"CoordinatorEB"目录下的"Exe"目录中增加了一个"GenericApp.hex"，此文件即为可以烧写的设备程序文件。

以上的这些操作都是在"CoordinatorEB"配置选项下进行的。如果要生成其他设备的程序文件，则需要先在 IAR 环境里面选择其他配置选项，再进行同样的操作，即可生成其他设备的程序文件。

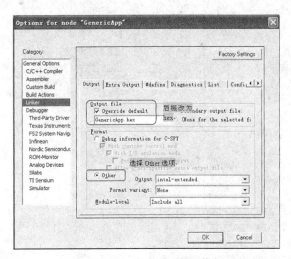

图 9.37 "Linker"选项配置信息

9.7.4　代码添加

1. ZigBee_conf.h 代码添加

在本章 9.2 节中可以看到，在 Zstack-CC2530 安装后，ZigBee_Conf.h 就在目录文件中了。而且，已经将 ZigBee_conf.h 文件加入工程里面了，接下来就完善其实现代码。

```
1    #ifndef __ZIGBEE_CONFIG_H__
2    #define __ZIGBEE_CONFIG_H__
3
4    #include "ZComDef.h"
5
6    // 模块头文件包含
7
8    // 设定终端模块类型，改变此处的宏定义即可为指定模块生成 HEX 文件
9    #define END_MODULE          MODULE_LED
10
11   // 模块列表 1--主要传感器列表
12   #define MODULE_TEMP          0x01  // 温度传感器
13   #define MODULE_SHT           0x02  // 湿度传感器
14   #define MODULE_TEMP_SHT      0x03  // 温度+湿度传感器
15   #define MODULE_IR            0x04  // 人体红外模块
16   #define MODULE_GAS           0x05  // 气体传感器 MQ3
17   #define MODULE_FLAME         0x06  // 火焰传感器
18   #define MODULE_RAIN          0x07  // 雨滴传感器
```

```
19   #define MODULE_SMG              0x08 // 数码管模块+蜂鸣器
20   #define MODULE_RELAY            0x09 // 继电器模块+MOS 管
21   #define MODULE_DC               0x0A // 直流电机模块
22   #define MODULE_STEP             0x0B // 步进电机模块
23   #define MODULE_VIB              0x0C // 振动传感器
24   #define MODULE_LIGHT            0x0D // 光照传感器
25   #define MODULE_WG               0x0E // WG26 协议门禁卡模块
26   #define MODULE_RFID             0x0F // 13.56M RFID IC 卡模块
27
28   // 模块列表 2--外设测试列表
29   #define MODULE_LED              0x20 // LED 灯测试
30   #define MODULE_KEY              0x21 // KEY 按键测试
31   #define MODULE_IRQ              0x22 // KEY 按键中断测试
32
33   // 协调器设备
34   #define MODULE_COOR                  0x30
35
36   // 配置节点描述符用
37   #define GENERICAPP_ENDPOINT          10
38
39   #define GENERICAPP_PROFID            0x0F04
40   #define GENERICAPP_DEVICEID          0x0001
41   #define GENERICAPP_DEVICE_VERSION    0
42   #define GENERICAPP_FLAGS             0
43   #define GENERICAPP_MAX_CLUSTERS      1
44   #define GENERICAPP_CLUSTERID         1
45
46   /* 事件 */
47   #define ZIGBEE_SEND_EVENT                0x01 // 周期发送事件
48   #define ZIGBEE_无线传输_EVENT            0x02 // 无线传输接收事件
49   #define ZIGBEE_无线传输_ERR_EVENT        0x04 // 无线传输错误事件
50
51   extern byte GenericApp_TaskID;               // 任务优先级
52
53   extern void GenericApp_Init(byte task_id);
54   extern unsigned short GenericApp_ProcessEvent(byte task_id,
55       unsigned short events);
56
57   void ZMODULE_init(void);                      // 终端节点设备模块初始化
58
59   #endif
```

2. ZigBee_coor.c 代码添加

在本章 9.2 节中可以看到已经将 ZigBee_coor.c 文件加入工程里面了，接下来就完善其实现代码。

```
1    #include <stdio.h>
2    #include <string.h>
3    #include <stdlib.h>
4
```

```
5    #include "OSAL.h"
6    #include "osal_nv.h"
7    #include "AF.h"
8    #include "ZDApp.h"
9    #include "ZDObject.h"
10   #include "ZDProfile.h"
11   #include "DebugTrace.h"
12   #include <ioCC2530.h>
13
14   #include "ZigBee_conf.h"
15
16   const cId_t GenericApp_ClusterList[GENERICAPP_MAX_CLUSTERS] = {
17           GENERICAPP_CLUSTERID
18   };
19
20   const SimpleDescriptionFormat_t GenericApp_SimpleDesc = {
21           GENERICAPP_ENDPOINT,                   // int Endpoint;
22           GENERICAPP_PROFID,                     // uint16 AppProfId[2];
23           GENERICAPP_DEVICEID,                   // uint16 AppDeviceId[2];
24           GENERICAPP_DEVICE_VERSION,             // int   AppDevVer: 4;
25           GENERICAPP_FLAGS,                      // int   AppFlags: 4;
26           GENERICAPP_MAX_CLUSTERS,               // byte  AppNumInClusters;
27           (cId_t*) GenericApp_ClusterList,       // byte *pAppInClusterList;
28           0,                                     // byte  AppNumInClusters;
29           (cId_t*) NULL                          // byte *pAppInClusterList;
30   };
31
32   endPointDesc_t GenericApp_epDesc;         // 节点描述符
33   byte GenericApp_TaskID;                   // 任务优先级
34   byte GenericApp_TransID;                  // 数据发送序列号
35
36   devStates_t GenericApp_NwkState;          // 节点状态变量
37   afAddrType_t GenericApp_DstAddr;          // 目的设备的地址
38
39   // 消息处理函数
40   void GenericApp_MessageMSGCB(afIncomingMSGPacket_t *pckt);
41   // 数据发送函数
42   void GenericApp_SendTheMessage(void);
43
44
45   // 任务初始化函数
46   void GenericApp_Init(byte task_id)
47   {
48           GenericApp_TaskID   = task_id;
49           GenericApp_NwkState = DEV_INIT;
50           GenericApp_TransID  = 0;
51
52           // Device hardware initialization can be added here
53           //     or in main() (Zmain.c).
54           // If the hardware is application specific - add it here.
55           // If the hardware is other parts of the device add it in main().
```

```
56
57          GenericApp_DstAddr.addrMode = (afAddrMode_t)AddrNotPresent;
58          GenericApp_DstAddr.endPoint = 0;
59          GenericApp_DstAddr.addr.shortAddr = 0;
60
61          // Fill out the endpoint description.
62          GenericApp_epDesc.endPoint = GENERICAPP_ENDPOINT;
63          GenericApp_epDesc.task_id = &GenericApp_TaskID;
64          GenericApp_epDesc.simpleDesc =
65              (SimpleDescriptionFormat_t *)&GenericApp_SimpleDesc;
66          GenericApp_epDesc.latencyReq = noLatencyReqs;
67
68          // Register the endpoint description with the AF
69          afRegister(&GenericApp_epDesc);
70
71          ZDO_RegisterForZDOMsg(GenericApp_TaskID, End_Device_Bind_rsp);
72          ZDO_RegisterForZDOMsg(GenericApp_TaskID, Match_Desc_rsp);
73
74          // 模块及外设初始化配置
75  }
76
77  // 事件处理函数
78  unsigned short GenericApp_ProcessEvent(byte task_id, unsigned short events)
79  {
80          unsigned int i;
81          afIncomingMSGPacket_t *MSGpkt;
82          (void)task_id;   // Intentionally unreferenced parameter
83
84          if (events & SYS_EVENT_MSG) {
85                  MSGpkt = (afIncomingMSGPacket_t *)
86                          osal_msg_receive(GenericApp_TaskID);
87              while(MSGpkt) {
88                      switch(MSGpkt->hdr.event) {
89                      case AF_INCOMING_MSG_CMD:
90                          GenericApp_MessageMSGCB(MSGpkt);
91                          break;
92                      default:
93                          break;
94                      }
95                      // Release the memory
96                      osal_msg_deallocate((uint8 *)MSGpkt);
97                      // Next
98                      MSGpkt = (afIncomingMSGPacket_t *)
99                          osal_msg_receive(GenericApp_TaskID);
100             }
101             // return unprocessed events
102             return (events ^ SYS_EVENT_MSG);
103         }
104
105     // Discard unknown events
106     return 0;
```

```
107  }
108
109
110  // 消息处理函数，当无线收到数据后将会调用此函数
111  void GenericApp_MessageMSGCB(afIncomingMSGPacket_t *pkt)
112  {
113         unsigned char buf[70];
114         switch(pkt->clusterId) {
115         case GENERICAPP_CLUSTERID:
116                // 将收到的数据读取复制到 buf 数组中
117                osal_memcpy(buf, pkt->cmd.Data, 70);
118                break;
119         }
120  }
121
122
123  // 无线发送数据函数
124  void GenericApp_SendTheMessage(void)
125  {
126         /// 此数组为将要发送的数据
127         unsigned char theMessageData[70] = "Hello ZIGBEE ## COOR\r\n";
128         afAddrType_t my_DstAddr;              // 目的设备的地址
129
130         my_DstAddr.addrMode = (afAddrMode_t)AddrBroadcast;    // 广播模式
131         my_DstAddr.endPoint = GENERICAPP_ENDPOINT;           // 端口号
132         my_DstAddr.addr.shortAddr = 0xFFFF;                  // 目标地址
133
134         if(AF_DataRequest(&my_DstAddr, &GenericApp_epDesc,
135              GENERICAPP_CLUSTERID,
136              70,
137              (byte *)&theMessageData,
138              &GenericApp_TransID,
139              AF_DISCV_ROUTE, AF_DEFAULT_RADIUS) == afStatus_SUCCESS) {
140                // Successfully requested to be sent.
141         } else {
142                // Error occurred in request to send.
143         }
144  }
```

3. ZigBee_end.c 代码添加

在本章 9.2 节中可以看到我们已经将 ZigBee_end.h 文件加入工程里面了，接下来我们就完善其实现代码。

```
1   #include <stdio.h>
2   #include <string.h>
3   #include <stdlib.h>
4
5   #include "OSAL.h"
6   #include "osal_nv.h"
7   #include "AF.h"
```

```
8    #include "ZDApp.h"
9    #include "ZDObject.h"
10   #include "ZDProfile.h"
11   #include "DebugTrace.h"
12   #include "OnBoard.h"
13   #include <ioCC2530.h>
14
15   #include "ZigBee_conf.h"
16
17   const cId_t GenericApp_ClusterList[GENERICAPP_MAX_CLUSTERS] = {
18         GENERICAPP_CLUSTERID
19   };
20
21   const SimpleDescriptionFormat_t GenericApp_SimpleDesc = {
22         GENERICAPP_ENDPOINT,                  // int Endpoint;
23         GENERICAPP_PROFID,                    // uint16 AppProfId[2];
24         GENERICAPP_DEVICEID,                  // uint16 AppDeviceId[2];
25         GENERICAPP_DEVICE_VERSION,            // int   AppDevVer: 4;
26         GENERICAPP_FLAGS,                     // int   AppFlags: 4;
27         0,                                    // byte AppNumInClusters;
28         (cId_t*) NULL,                        // byte *pAppInClusterList;
29         GENERICAPP_MAX_CLUSTERS,              // byte AppNumInClusters;
30         (cId_t*) GenericApp_ClusterList       // byte *pAppInClusterList;
31   };
32
33   endPointDesc_t GenericApp_epDesc;          // 节点描述符
34   byte GenericApp_TaskID;                    // 任务优先级
35   byte GenericApp_TransID;                   // 数据发送序列号
36
37   devStates_t GenericApp_NwkState;           // 节点状态变量
38   afAddrType_t GenericApp_DstAddr;           // 目的设备的地址
39
40   // 消息处理函数
41   void GenericApp_MessageMSGCB(afIncomingMSGPacket_t *pckt);
42   // 数据发送函数
43   void GenericApp_SendTheMessage(void);
44
45
46   void GenericApp_Init(byte task_id)
47   {
48         GenericApp_TaskID = task_id;
49         GenericApp_NwkState = DEV_INIT;
50         GenericApp_TransID = 0;
51
52         GenericApp_DstAddr.addrMode = (afAddrMode_t)AddrNotPresent;
53         GenericApp_DstAddr.endPoint = 0;
54         GenericApp_DstAddr.addr.shortAddr = 0;
55
56         // Fill out the endpoint description.
57         GenericApp_epDesc.endPoint = GENERICAPP_ENDPOINT;
58         GenericApp_epDesc.task_id = &GenericApp_TaskID;
```

```
59          GenericApp_epDesc.simpleDesc =
60              (SimpleDescriptionFormat_t *)&GenericApp_SimpleDesc;
61          GenericApp_epDesc.latencyReq = noLatencyReqs;
62
63          // Register the endpoint description with the AF
64          afRegister(&GenericApp_epDesc);
65
66          // 模块及外设初始化配置
67  }
68
69
70  unsigned short GenericApp_ProcessEvent(byte task_id, unsigned short events)
71  {
72          afIncomingMSGPacket_t *MSGpkt;
73
74          // Data Confirmation message fields
75          (void)task_id;   // Intentionally unreferenced parameter
76
77          if(events & SYS_EVENT_MSG) {
78                  MSGpkt = (afIncomingMSGPacket_t *)
79                      osal_msg_receive(GenericApp_TaskID);
80              while(MSGpkt) {
81                      switch(MSGpkt->hdr.event) {
82                      case ZDO_STATE_CHANGE:
83                          GenericApp_NwkState = (devStates_t)
84                              (MSGpkt->hdr.status);
85                          if(GenericApp_NwkState == DEV_END_DEVICE) {
86                              // Start sending "the" message in
87                              // a regular interval.
88                              osal_set_event(GenericApp_TaskID,
89                                      ZIGBEE_SEND_EVENT);
90                          }
91                          break;
92
93                      case AF_INCOMING_MSG_CMD:
94                          GenericApp_MessageMSGCB(MSGpkt);
95                          break;
96                      default:
97                          break;
98                      }
99
100                     // Release the memory
101                     osal_msg_deallocate((uint8 *)MSGpkt);
102                     // Next
103                     MSGpkt = (afIncomingMSGPacket_t *)
104                         osal_msg_receive(GenericApp_TaskID);
105             }
106
107             // return unprocessed events
108             return (events ^ SYS_EVENT_MSG);
109         }
110
111     // 无线周期发送事件, 周期为最后一个参数, 单位ms
```

```
112            if (events & ZIGBEE_SEND_EVENT) {
113                GenericApp_SendTheMessage();     // 无线发送数据
114                // 设定一个定时事件, 每 4s 产生一个 ZIGBEE_SEND_EVENT 事件
115                osal_start_timerEx(GenericApp_TaskID, ZIGBEE_SEND_EVENT,
116                            4000);
117                return (events ^ ZIGBEE_SEND_EVENT);
118            }
119        // Discard unknown events
120        return 0;
121    }
122
123
124    // 消息处理函数, 当无线收到数据后将会调用此函数
125    void GenericApp_MessageMSGCB(afIncomingMSGPacket_t *pkt)
126    {
127        unsigned char buf[70];
128        switch(pkt->clusterId) {
129        case GENERICAPP_CLUSTERID:
130            // 将收到的数据读取复制到 buf 数组中
131            osal_memcpy(buf, pkt->cmd.Data, 70);
132            break;
133        }
134    }
135
136
137    // 无线发送数据函数
138    void GenericApp_SendTheMessage(void)
139    {
140        unsigned char theMessageData[70] = "Hello ZIGBEE ## END\r\n";
141    afAddrType_t my_DstAddr;
142
143    my_DstAddr.addrMode = (afAddrMode_t)Addr16Bit; // 单播模式
144    my_DstAddr.endPoint = GENERICAPP_ENDPOINT;       // 端口号
145    my_DstAddr.addr.shortAddr = 0x0000;              // 目标地址, 协调器
146
147        if(AF_DataRequest(&my_DstAddr, &GenericApp_epDesc,
148            GENERICAPP_CLUSTERID,
149            70,
150            (byte *)&theMessageData,
151            &GenericApp_TransID,
152            AF_DISCV_ROUTE, AF_DEFAULT_RADIUS) == afStatus_SUCCESS) {
153            // Successfully requested to be sent.
154        } else {
155            // Error occurred in request to send.
156        }
157    }
```

通过右键单击左侧工程列表中的 "GenericApp" 工程, 选择 "Make" 选项编译程序。编译完程序后, 就可以将其烧写到 ZigBee 模块上, 观察实验现象。

烧写程序方法如下。

将烧写器 DEBUGGER 插到对应的 ZigBee 模块上, 然后打开烧写软件 SmartRF, 可以看到图 9.38 所示的界面。在该界面中, "1" 为显示烧写器相关信息, 需要连接上 ZigBee 模块

才有显示，如果连接上后仍没有信息，则按一下烧写器上的复位按钮，或者重新拔插烧写器上的 USB 接口插头。"2" 为选择要烧写的程序路径，格式必须为 HEX。"3" 读取 ZigBee 模块上的 IEEE 地址，单击后，地址在右侧文本框中显示。"4" 为烧写按钮，当连接上 ZigBee 模块，并选择好要烧写的文件后，单击此按钮开始烧写。

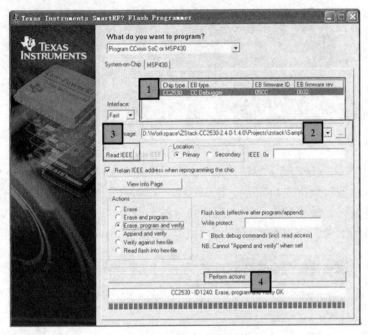

图 9.38 SmartRF 软件界面

9.7.5 实验现象及讲解

协调器模块上电后，打开物联网开发平台调试助手，可以看到图 9.39 所示的界面。

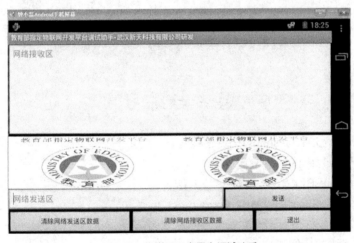

图 9.39 物联网开发平台调试助手

将终端设备模块上电后，此处为 ZigBee_Vibration_Sensor 模块，在调试助手里面输入振动测量指令 "REQ.VIB"，如图 9.40 所示。

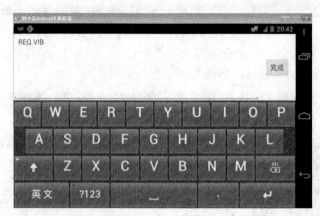

图 9.40 物联网开发平台调试助手输入界面

单击"发送"按钮发送指令，等待片刻后，即可收到终端设备返回的信息。如图 9.41 所示。

当终端节点设备收到指令后，会点亮 LED1，开始进行一个时长为 2s 的振动检测，检测完毕后，LED1 熄灭。最终将检测期内测到的方波个数及时长打包发送到协调器上，由上位机将此数据包显示出来。tim 代表下降沿总时长，单位为 ms；cnt 为检测到的下降沿个数。

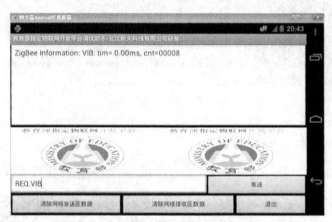

图 9.41 物联网开发平台调试助手收到信息界面

思考与练习

1. 简述开发环境 IAR Systems 安装过程。
2. 简述 TI ZStack 协议栈安装过程。
3. 简述烧写器 DEBUGGER 驱动安装方法。
4. 简述烧写软件 SmartRF Flash programmer 安装方法。
5. 简述物联网开发平台调试助手的作用和安装方法。
6. 串口通信软件如何配置？
7. 简述 GenericApp 项目工程配置方法。
8. 简述烧写程序方法。

第 **10** 章 物联网组网实训

本章主要内容

本章主要介绍了 ZigBee 组网实训、有线网络控制实训、Wi-Fi 控制实训和短信控制实训的主要内容与实训方法。

本章建议教学学时

本章教学学时建议为 8 学时。

- ZigBee 组网实训   2 学时；
- 有线网络控制实训   2 学时；
- Wi-Fi 控制实训   2 学时；
- 短信控制实训   2 学时。

本章教学要求

要求了解 ZigBee 组网实训、有线网络控制实训、Wi-Fi 控制实训和短信控制实训的基本原理与实训方法。

10.1 ZigBee 组网实训

10.1.1 进入 ID 修改模式

在物联网综合实验开发平台上，保持按下 ZigBee 模块上 KEY1 按键的状态，然后打开 ZigBee 模块电源（非协调器），在此过程中，会发现 LED2 快速闪烁，表明正在进入 ID 修改模式，直到 LED1 隔 1s 闪烁一次时，表明进入 ID 修改模式成功，这时才能松开 KEY1 按键。

10.1.2 动态修改个域网 ID

在动态修改个域网 ID 前，需要使所有的终端模块进入 ID 修改模式。首先在 Android 操作系统界面中打开 ZigBee 测试程序进入模块搜索界面，单击搜索，系统会以广播的形式发送组网命令，ZigBee 测试程序界面如图 10.1 所示。

在图 10.1 所示界面中，单击"搜索"，这时协调器会在网络中搜索出如图 10.1 所示的 6 种终端模块节点，这 6 种终端模块节点分别是数码管模块、温度模块、颜色传感器模块、步进电机模块、直流电机模块和 ADC 模块。如果 6 种终端模块节点都加入了网络，每个模块前面就会出现一个绿色的对钩，如图 10.2 所示的显示界面。

图 10.1 ZigBee 测试程序界面（1）

图 10.2 ZigBee 测试程序界面（2）

此时，便可以开始动态修改个域网 ID 了，修改步骤如下。

（1）首先修改协调器的个域网 ID，在输入框中输入您需要的个域网 ID，例如，数值 5（该数值只能为 0～16383），单击"设置协调器 ID"，成功后再次单击"搜索"。

如果修改成功，就会发现界面中"协调器 PAN_ID"这段字符后面数值变成刚刚输入的数值，否则就是修改失败了，需要重复上述步骤再次修改。

（2）修改协调器个域网 ID 成功后，便可以进行下一步操作，即进行修改终端的个域网 ID，协调器的个域网 ID 表示的是协调器创建的网络的 ID，终端的个域网 ID 表示的是终端将要加入的网络的 ID。同样在数字输入框中输入数值 5，单击"设置传感器 ID"。

成功后需要等待几秒后再次单击"搜索"，如果修改成功，就会发现搜索到的终端设备模块，例如"温度模块：PAN_ID"字符后面的数值变成了数值 5。

注意，如果在修改终端个域网 ID 时，输入的数值与在设置协调器 ID 输入的数值不一样时，例如，在修改终端 ID 设为数值是 6，而不是 5，那么，当单击"搜索"后，将搜索不到任何终端模块，因为已经将终端 ID 设为数值 6 了，即终端只能加入网络 ID 为 6 的 ZigBee 网络，而在前面将协调器 ID 设为 5，即创建的 ZigBee 网络的网络 ID 为 5，因此搜索不到模块。

（3）无论是修改协调器 ID，还是修改传感器 ID，一旦修改 ID 成功，模块就会重启，以便新的个域网 ID 能够生效，因此，在设置传感器 ID 成功后，由于有 6 个传感器模块，所以需要稍微等待几秒后，等到所有的传感器模块重新加入网络后，再次单击"搜索"，这样才能将所有模块搜索出来，否则只能搜索到几个最先加入网络的设备。

10.1.3 测试终端模块

用于实训的物联网综合实验平台一共有 6 个可选择的终端,它们分别是温度传感器终端、电压传感器终端、数码管终端、步进电机终端、直流电机终端和温度传感器终端。

如果在同一实验平台上使用多个同样的终端（例如,2 个温度传感器终端）,系统对它们的操作只会有一个终端有响应。

1. 测试颜色传感器

颜色传感器有 3 基色的颜色滤波器,即红色滤波器、绿色滤波器、蓝色滤波器。当选择红色滤波器时,入射光中只有红色可以通过,蓝色和绿色都被阻止,这样就可以得到红色光的光强;同理,选择其他的滤波器,就可以得到蓝色光和绿色光的光强。颜色传感器将红、绿、蓝三种光强转换成频率输出,这样就可以通过在一定时间内（如 10ms）测得三种光强的频率值,即可得到 RGB～值（此时并不是最终的 RGB 值,故此暂称为 RGB～值）。一般黑色的 RGB 值为 0x000000,但在实际中颜色传感器测得黑色的 RGB～值不为 0x000000,所以,在实际操作过程中需要进行白平衡,白平衡计算公式如下:

R＝（R～-R～（黑））＊255／（R～（白）-R～（黑））

R 表示当前测试颜色的理论 R 值

R～表示当前测试颜色的实际 R 值

R～（黑）表示测得黑色的实际 R 值

R～（白）表示测得白色的实际 R 值

测试步骤如下。

（1）单击开始颜色校准,即白平衡,先放纯黑色物体,再放纯白色物体。

（2）单击读取黑色,将纯黑色物体放在颜色传感器模块上方,然后单击该按钮,读取基准黑色值。

（3）单击读取黑色按钮,如果颜色传感器终端设备存在于网络中,那么按下该按钮后,颜色传感器模块上的照明灯会亮约 500ms,用于读取颜色数据时所需的光照。

（4）单击读取白色按钮,读取黑色成功后,开始读取白色基准值。

这时如果颜色传感器上方存在黑色物体,则会出现文字提示"读取黑色成功",如果没有黑色物体存在,则会文字提示"读取黑色失败"。

黑色基准值获取成功后,需要再获取白色基准值,这次就需要将白色物体放在颜色传感器上方,单击读取白色按钮。

这时如果颜色传感器上方存在白色物体,则会出现文字提示"读取白色成功",如果没有白色物体存在,则会文字提示"读取白色失败"。将黑白的基准值获取成功后,便可以测试识别各种颜色了。

（5）单击获取颜色按钮,白平衡完成,现在可以开始颜色测试。图 10.3 所示为颜色传感器识别红色之后的显示结果。

2. 测试电压传感器

在主测试界面中,单击 ADC 测试按钮,进入如图 10.4 所示的 ADC 测试界面。单击"读取 ADC"按钮,这时界面显示框中显示此次读取的电压值,扭动电压传感器模块上旋转按钮,再次单击"读取 ADC"按钮，这是界面显示框的值会发生变化，也可以用万用表来验证测试结果。也可以采用自动读取电压的方式测试。

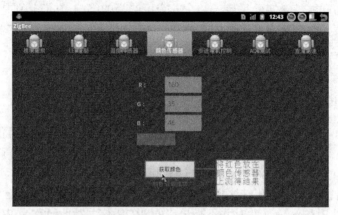

图 10.3　颜色传感器识别红色之后的显示结果

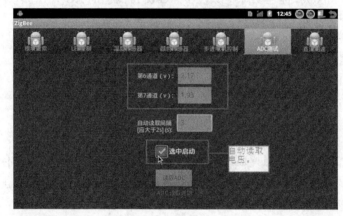

图 10.4　ADC 测试界面

3. 数码管显示模块

在主测试界面中，单击 LED 控制按钮，进入图 10.5 所示的 LED 测试界面。

图 10.5　LED 测试界面

在测试界面上，单击"Beep"这个单选框，同时移动"Beep 音量控制"进度条，蜂鸣器会发出不同频率的声音。在"请输入要显示的数"后的输入框中输入要显示的数字，然后单击"数字显示"按钮，如果操作成功后，就会发现数码管上显示你刚刚输入的数字。

图 10.6 所示，显示了测试界面的数字，通过网络发送到数码管显示模块上显示出来。图 10.7 所示为显示结果。

图 10.6 测试界面

图 10.7 数码管测试显示结果

4．测试温度传感器

在主测试界面中，单击温度传感器按钮，进入图 10.8 所示温度传感器测试界面。

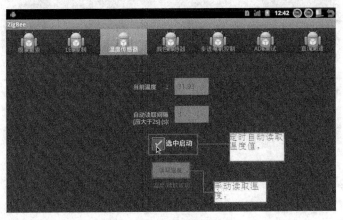

图 10.8 温度传感器测试界面

在温度传感器测试界面中，单击读取温度按钮，上电第一次读取温度值是复位值 85 度，这是温度传感器芯片上电后温度寄存器内的值，第二次读取的才是测量的温度值。

5．步进电机控制模块

在主测试界面中，单击步进电机控制按钮，进入图 10.9 所示步进电机控制测试界面。

步进电机模块的步进电机的一步为 7.5 度，所以要使步进电机转一圈，需要 48 步。

在步进电机控制测试界面中，如果输入框输入值为 48，单击正转，则步进电机刚好顺时针转一圈，单击反转，则逆时针转一圈。如果输入框输入值为"0"，则表示一直正转或反转。

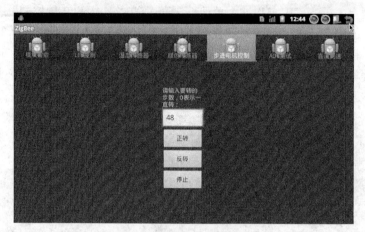

图 10.9　步进电机控制测试界面

6. 直流电机测速模块

在主测试界面中，单击直流调速按钮，进入图 10.10 所示直流电机测速控制测试界面。

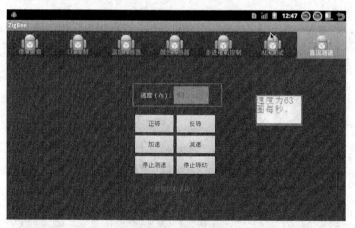

图 10.10　直流测速控制测试界面

在直流电机测速控制测试界面中，直流电机测试，单击正转，直流电机以最快速度顺时针转动，这时单击加速按钮，不会有效果，单击减速按钮，则会发现电机转速下降。单击反转，直流电机以最快速度逆时针转动，这时单击加速按钮，也不会有效果，单击减速按钮，则会发现电机转速下降。单击开始测速按钮，显示框会实时显示电机转速。

测试直流电机时，如果发现电机转动发出刺耳的声响，则可能是电机的转盘和红外对射管发生摩擦。遇到这种情况，只需要调整红外对射管位置就可以了，不过在调整位置的时候，一定要保证红外发射管和红外接收管在同一垂直平面，这样才能确保红外对射管能正常工作。

如果单击开始测试按钮后，界面显示框却没有变化，或者总是显示 0，遇到这种问题，首先需要检查红外对射管是否在同一垂直平面上，即要确保红外发射管发射的红外光线，红外接收管能够接收到。如果红外对射管在同一垂直平面，则需要查看红外发射管是否工作，启动直流电机，用手机摄像头拍摄红外发射管，如果有紫色光线，则表明红外发射管工作正常。

10.1.4 常见问题及解决方法

问题一，正常工作时，传感器终端模块上的 LED1 会以 6s 为周期闪烁，协调器模块上的 LED1 会以 2s 为周期闪烁，如果传感器模块上的 LED1 不再闪烁，则表明该传感器模块已经退出网络，正常情况只要一分钟左右，传感器模块会自动再次加入网络，这时传感器模块上 LED1 又会重新闪烁。如果传感器长时间不能连上网络，则可能需要重启传感器模块，或者是传感器的个域网 ID 与协调器的个域网 ID 不一致造成，这时则需要使模块进入 ID 修改模式，将传感器模块的个域网 ID 改为和协调器的个域网 ID 一致。

问题二，传感器模块进入 ID 修改模式修改个域网 ID 时，发现传感器模块上 LED1 正常闪烁，但单击搜索按钮时却怎么也搜索不到，这时需要检查附近是不是还有其他协调器存在，因为这种情况绝对是传感器模块加入了其他协调器创建的 ZigBee 网络，这时需要关闭其他协调器，并且重启该传感器模块，就可以修改个域网 ID 了。

10.2 有线网络控制实训

10.2.1 配置有线网络

不同的终端配置过程会有所不同，可以根据实际情况而定。如果终端有相关的杀毒软件或者其他安全软件，它可能会将收发的数据拦截下来，所以，在进行测试时，请尽量停用相关的安全软件。

在开始时，先配置客户端所有的设备终端，使它支持有线网络。选择进入配置，选中网络设置。如图 10.11 所示的配置界面。

在图 10.11 所示的配置界面中，先上右上角的选框，启用以太网，然后，单击以太网配置进入网络设置。如图 10.12 所示以太网配置界面。

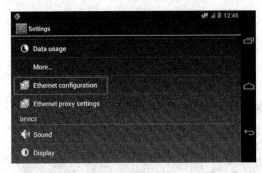

图 10.11 配置界面

图 10.12 以太网配置

图 10.13 所示网络设置信息，请根据自身的设备的实际情况来设置，设备那栏必须设置为 eth0，连接方式可以是 DHCP，也可以是静态，请视实际情况而定。可以看到此时右上的网络图标还是灰白色的。

这里使用 DHCP，选中后先等一会，可以看到图 10.14 所示状态栏中的网络图标变成了蓝色，表示已经可以上网了。

完成网络设置后，就可以打开浏览器上网了。

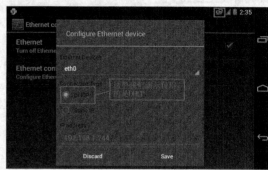

图 10.13 网络设置信息

图 10.14 状态栏

10.2.2 安装软件与软件设置

ZigBee 软件共有 2 个，分别为客户端（ZigBeeClient.apk）与服务器（ZigBeeServer.apk）。在使用前要分别对它们进行简单的配置。

1. 客户端

在另一个装有 Android 操作系统的终端（例如，Android 手机、平板或者是另一个实验箱）上安装了软件 ZigBeeClient 软件。方法与安装普通软件一样。

这里使用的是在实验箱上安装。详细的设置方法如图 10.15 所示。

2. 服务器

如图 10.16 所示，选择服务器参数，进行相关参数设置，短信回复的选项只在客户端使用短信测试时有效，与使用网络测试时无关。端口设置可以是任意一个没有被占用的端口，不过要与客户端设置的一致。设置完成后单击"设置"按钮，使设置生效。

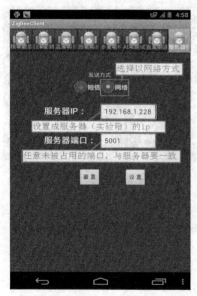

图 10.15 客户端安装

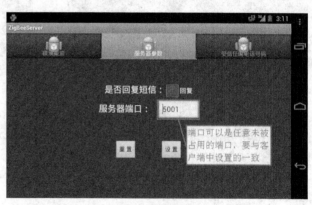

图 10.16 服务器安装

10.2.3　终端模块测试

物联网综合实验开发平台提供了 6 个可选择的终端。它们是温度传感器终端、电压传感器终端、数码管终端、步进电机终端、直流电机终端和温度传感器终端。

如果在同一物联网综合实验开发平台使用多个一样的终端（如 2 个温度传感器），则对它们的操作只会有一个响应。

1. 组网

在进行测试之前要先进行 ZigBee 的组网。进入图 10.17 所示的主界面，单击搜索按钮进行组网。在这里还可以远程关闭服务器。

2. 测试颜色传感器

在主测试界面中，单击颜色传感器按钮，进入测试界面（客户端）。测试之前先进行颜色的校验。因为只切换操作终端界面，不对终端进行操作是不会触发客户端界面的更新的，所以当选择颜色传感器终端界面时，服务器端并没有相关的变化。

单击开始校准，开始颜色校准（进行白平衡）。

（1）放一个黑色的物体到颜色传感器上，然后单击读取黑色。按下该按钮后，颜色传感器模块上的照明灯会亮约 500ms，用于提供读取颜色数据时所需的光照。如果颜色传感器上方存在黑色物体，则会出现文字提示"读取黑色成功"，如果没有黑色物体存在，则会文字提示"读取黑色失败"。

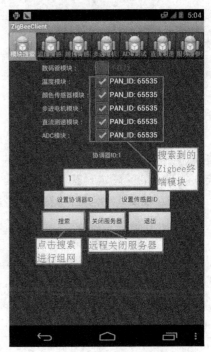

图 10.17　组网主界面

（2）黑色基准值获取成功后，需要再获取白色基准值，这次就需要将白色物体放在颜色传感器上方，单击读取白色按钮。如果颜色传感器上方存在白色物体，则会出现文字提示"读取白色成功"，以同样的方法进行白色校准后，便完成了整个颜色校准。

在完成了颜色校准之后便可以读取当前颜色了。将要测试的物体放到传感器上，单击获取颜色。此颜色的 RGB 分量与读取到此颜色本身就会在程序中显示出来。这里使用的是 RGB888 的格式。

注意，受外部环境与颜色校验（白平衡）时误差的影响，得出来的结果可能会与真实值有一点出入，属正常现象。

3. 测试电压传感器

在 ADC 测试界面中，单击读取 ADC 后，系统会返回当前 ADC 的值。勾选上"选中启动"后会自动启动周期性读取 ADC 的值。周期为"自动读取间隔"中设置的值，单位为"秒"。当设置的周期少于 2s 时，系统会强制自动设置成 2s。

注意"选中启动"选框的值不会在服务器端中体现出来。

测试电压传感器时，单击读取 ADC 按钮，这时界面显示框中显示此次读取的电压值，扭动电压传感器模块上旋转按钮。再次单击"读取 ADC"按钮，这是界面显示框的值会发生变化，可以用万用表来验证测试结果。也可以采用自动读取电压的方式测试。

4．测试数码管模块

在 LED 测试界面中，勾选对应的 LED 选框，数码管模块的对应的 LED 灯会点亮。

在 LED 测试界面中，单击"Beep"这个单选框，同时移动"Beep 音量控制"进度条，蜂鸣器会发出不同频率的声音。

在"请输入要显示的数"后的输入框中输入要显示的数字，然后单击数字显示按钮，如果操作成功后，会发现数码管上显示您刚刚输入的数字。

5．测试温度传感器

在温度测试界面中，单击读取温度按钮，上电第一次读取温度值是复位值 85 度，这是温度传感器芯片上电后温度寄存器内的值，第二次读取的才是测量的温度。选上"选中启动后"会根据设置的间隔定时获取温度值。

注意，如果选上"自动启动"，相应的值不会在服务器中体现出来。

6．测试步进电机模块

步进电机模块的步进电机的一步为 7.5 度。所以要使步进电机转一圈，需要 48 步。在步进电机测试界面中，如果输入框输入值为 48，单击"正转"，则步进电机刚好顺时针转一圈，单击"反转"，则逆时针转一圈。如果输入框输入值为"0"，则表示一直正转或反转。

7．测试直流测速模块

在直流电机测试界面中，单击正转，直流电机以最快速度顺时针转动，这时单击加速按钮，不会有效果，单击减速按钮，则会发现电机转速下降。单击反转，直流电机以最快速度逆时针转动，这时单击加速按钮，也不会有效果，单击减速按钮，则会发现电机转速下降。单击开始测速按钮，显示框会实时显示电机转速。这里显示的是速率，没有正负之分。

10.3　Wi-Fi 控制实训

以下的测试完全是在客户端中进行的。服务器端只需要进行简单的端口设置。

10.3.1　配置无线网络

在开始时，先配置客户端所有的设备终端，使它支持无线网络。注意不同的终端配置过程会有所不同，不同的终端请按实际情况而定。如果你的终端有相关的杀毒软件或者其他安全软件，它们可能会将实验收发的数据拦截下来，所以在进行测试时请尽量停用相关的安全软件。

10.3.2　安装软件与软件设置

ZigBee 软件共有 2 个，分为客户端（ZigBeeClient.apk）与服务器（ZigBeeServer.apk）。它们的界面是一样的。在使用前要分别对它们进行简单的配置。

1．客户端

在另一个装有 Android 操作系统的终端（Android 手机、平板或者是另一个实验箱）上安装了软件 ZigBeeClient 软件。方法与安装普通软件一样。这里使用的是一个手机，如图 10.18 所示。

安装后，打开软件，选择服务器设置。按图 10.19 所示进行设置。

图 10.18　手机界面

图 10.19　服务器设置

2．服务器

选择服务器参数，进行相关参数设置，短信回复的选项只在客户端使用短信测试时有效，与使用网络测试时无关。端口设置可以是任意一个没有被占用的端口，不过要与客户端设置的保持一致。

如图 10.20 所示，设置完成后单击"设置"，使设置生效。

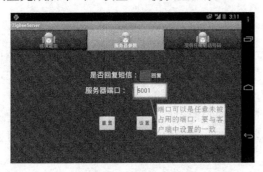

图 10.20　服务器参数设置

10.3.3　终端模块测试

1．组网

在进行测试之前，要先进行 ZigBee 的组网。进入图 10.21 所示主界面，单击搜索进行组

图 10.21　组网主界面

网。在这里还可以远程关闭服务器。

2．测试颜色传感器

进入测试界面（客户端），测试之前，先进行颜色的校验。因为只切换操作终端界面，不对终端进行操作，所以不会触发客户端界面的更新的。所以当选择颜色传感器终端界面时，服务器并没有相关的变化。

单击开始校准，开始颜色校准（进行白平衡）。

放一个黑色的物体到颜色传感器上，然后单击读取黑色。那么按下该按钮后，颜色传感器模块上的照明灯会亮约 500ms，用于提供读取颜色数据时所需的光照。

这时如果颜色传感器上方存在黑色物体，则会出现如上图的文字提示"读取黑色成功"，如果没有黑色物体存在，则会出现文字提示"读取黑色失败"。

黑色基准值获取成功后，需要再获取白色基准值，这次就需要将白色物体放在颜色传感器上方，单击读取白色按钮。

这时如果颜色传感器上方存在白色物体，则会文字提示"读取白色成功"，如果没有白色物体存在，则会文字提示"读取白色失败"。

3．测试电压传感器

在 ADC 测试界面中，单击读取 ADC 后，系统会返回当前 ADC 的值。如果选中自动读取，它会按"自动读取间隔"所设置的，每隔一段时间自动读取 ADC 值一次。

注意，自动读取的值不会在服务器中体现。

单击读取 ADC 按钮，这时界面显示框中显示此次读取的电压值，扭动电压传感器模块上旋转按钮，再次单击读取 ADC 按钮，这时界面显示框的值会发生变化，可以用万用表来验证测试结果。也可以采用自动读取电压的方式进行测试。

4．测试数码管模块

在 LED 测试界面中，勾选对应的 LED 选框，数码管模块上的对应的 LED 灯会亮。

数码管测试，在界面上单击"Beep"这个单选框，同时移动"Beep 音量控制"进度条，蜂鸣器会发出不同频率的声音。

在"请输入要显示的数"后的输入框中输入您要显示的数字，然后单击数字显示按钮，如果操作成功后，会发现数码管上显示您刚刚输入的数字，如图 10.22 所示。

5．测试温度传感器

温度测试，单击"读取温度"，上电第一次读取温度值是复位值 85 度，这是温度传感器芯片上电后温度寄存器内的值，第二次读取的才是测量的温度。选上选中启动后，会根据设置的间隔，定时获取温度值。温度传感器测试界面如图 10.23 所示。

注意，如果选上"选中启动"，相应的值不会在服务器中体现出来。

图 10.22 测试数码管

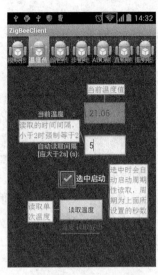

图 10.23 温度传感器测试界面

6. 测试步进电机模块

步进电机模块的步进电机的一步为 7.5 度。所以要使步进电机转一圈，需要 48 步。如果输入框输入值为 48，单击"正转"，则步进电机刚好顺时针转一圈，单击"反转"，则逆时针转一圈。如果输入框输入值为"0"，则表示一直正转或反转。步进电机测试界面如图 10.24 所示。

7. 测试直流测速模块

直流电机测试，单击正转，直流电机以最快速度顺时针转动，这时单击"加速"按钮，不会有效果，单击"减速"按钮，则会发现电机转速下降。单击反转，直流电机以最快速度逆时针转动，这时单击"加速"按钮，也不会有效果，单击"减速"按钮，则会发现电机转速下降。单击"开始测速"按钮，显示框会实时显示电机转速。直流电机测试界面如图 10.25 所示。

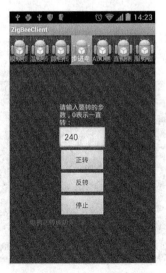

图 10.24 步进电机测试界面

图 10.25 直流电机测试界面

10.4　短信控制实训

在开始时，先配置客户端所在的终端，使它可以收发短信。验证实验箱的信息收发是不是正常。

注意：不同的终端配置过程会有所不同，这里以笔者的环境做介绍。不同的终端请按实际情况而定。

如果终端有相关的杀毒软件或者其他安全软件，它可能会将收发的数据拦截下来，所以在进行测试时请尽量停用相关的安全软件。

信息收发会很慢，延时比较严重。有时候甚至一个上午都收不到信息。也有可能信息暂时阻塞，阻塞过后服务器或者客户端一下来了很多条信息，使得处理非常混乱。

ZigBee 周期性读取的功能都会引起大量信息收发，可能会使手机卡内的钱很快花完。所以这一类功能请谨慎使用。

10.4.1　安装软件与软件设置

1. 客户端设置

在另一个装有 Android 操作系统的终端（如，Android 手机、平板或者是另一个实验箱）上安装 ZigBeeClient 软件。方法与安装普通软件一样。

这里笔者使用的是一个开发板。安装后进行软件设置，选择发送方式为"短信"方式。发送方式设置界面如图 10.26 所示。

2. 服务器设置

按实验箱的主板上的 home 键，屏的下方会弹出一个添加的选项。如图 10.27 所示。

注意：这里 home 键是指实验箱键盘中的 home 键，它靠近 GPS 天线那一列，而不是电脑键盘的 home 键。

图 10.26　发送方式设置界面

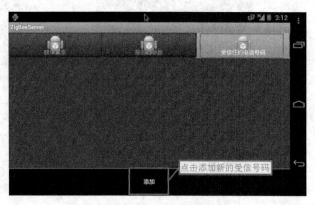

图 10.27　服务器设置界面

　　按图 10.28 所示的界面上的要求，填写姓名和电话号码。姓名只是客户端的一个标识，可以是任意字符串，电话号码填写客户端对应的电话号码，只有这个号码发送的信息它才会处理。

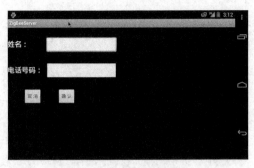

图 10.28　姓名与电话设置界面

　　图 10.29 所示的界面信息是设置好的一组受信号码，如有需要可以继续添加受信号码。在图 10.30 所示界面信息中，在是否回复短信选项中选回复，在服务器端口填写"5001"。

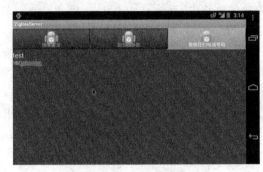

图 10.29　设置好的一组受信号码

图 10.30　短信与端口设置

10.4.2　终端模块测试

　　实验箱一共有 6 个可选择的终端。它们是颜色传感器终端、电压传感器终端、数码管终端、步进电机终端、直流电机终端、温度传感器终端。

　　如果在同一实验箱使用多个一样的终端（如 2 个温度传感器），对它们的操作只会有一个响应。

1．组网

　　在进行测试之前，要先进行 ZigBee 的组网进入。在图 10.31 所示的主界面中，单击搜索按钮，进行组网。在这里还可以远程关闭服务器。在服务器端，同时出现图 10.32 所示的测试界面。

图 10.31　客户端测试主界面

图 10.32　服务器端测试主界面

2. 测试颜色传感器

首先进入测试界面（客户端）。

测试之前，首先进行颜色的校验。因为只切换操作终端界面，不对终端进行操作，所以是不会触发客户端界面的更新的。所以当选择颜色传感器终端界面时，服务器并没有相关的变化。

在图 10.33 所示的颜色传感器测试界面中，单击开始校准按钮，开始颜色校准（进行白平衡）。可以看到下面显示信息已发送。

过一段时间后系统收到来自服务器的应答，会进入下一个界面。放一个黑色的物体到颜色传感器上，然后单击读取黑色。那么按下该按钮后，颜色传感器模块上的照明灯会亮约 500ms，用于提供读取颜色数据时所需的光照。这时如果颜色传感器上方存在黑色物体，则会出现如上图的文字提示"读取黑色成功"，如果没有黑色物体存在，则会文字提示"读取黑色失败"。

黑色基准值获取成功后，需要再获取白色基准值，这次就需要将白色物体放在颜色传感器上方，单击读取白色按钮。

这时如果颜色传感器上方存在白色物体，则会出现如上图的文字提示"读取白色成功"，如果没有白色物体存在，则会文字提示"读取白色失败"。将黑白的基准值获取成功后，便可以测试识别各种颜色了。

3. 测试电压传感器

如图 10.34 所示的客户端 ADC 测试界面中，单击读取 ADC 按钮后，系统会返回当前 ADC 的值。如果选中自动读取，它会按"自动读取间隔"所设置的时间值，每隔一段时间自动读取 ADC 值一次。

注意，自动读取的值不会在服务器中体现。

图 10.33 颜色传感器测试界面

图 10.34 客户端 ADC 测试界面

单击读取 ADC 按钮，这时界面显示框中显示此次读取的电压值，扭动电压传感器模块上旋转按钮，再次单击读取 ADC 按钮，这时界面显示框的值会发生变化，可以用万用表来验证测试结果，也可以采用自动读取电压的方式测试。

4．测试数码管模块

在客户端 LED 测试界面中，单击"Beep"这个单选框，同时移动"Beep 音量控制"进度条，蜂鸣器会发出不同频率的声音。在"请输入要显示的数"后的输入框中输入您要显示的数字，然后单击"数字显示"按钮，如果操作成功后，会发现数码管上显示您刚刚输入的数字。如图 10.35 所示。

5．测试温度传感器

在客户端温度测试界面中，单击读取温度，上电第一次读取温度值是复位值 85 度，这是温度传感器芯片上电后温度寄存器内的值，第二次读取的才是测量的温度。选上选中启动后，会根据设置的间隔定时获取温度值。

注意：如果选上"选中启动"，相应的值不会在服务器中体现出来。而且会不断的收发信息，很快电话卡就会没有钱。所以在使用信息测试时请慎重使用。

6．测试步进电机模块

步进电机模块的步进电机的一步为 7.5 度。所以要使步进电机转一圈，需要 48 步。如果输入框输入值为 48，单击正转，则步进电机刚好顺时针转一圈，单击反转，则逆时针转一圈。如果输入框输入值为"0"，则表示一直正转或反转。

7．测试直流测速模块

在如图 10.36 所示的客户端直流电机测试界面中，直流电机测试，单击"正转"，直流电机以最快速度顺时针转动，这时单击"加速"按钮，不会有效果，单击"减速"按钮，则会发现电机转速下降。单击"反转"，直流电机以最快速度 逆时针转动，这时单击"加速"按钮，也不会有效果，单击"减速"按钮，则会发现电机转速下降。单击"开始测速"按钮，显示框会实时显示电机转速。

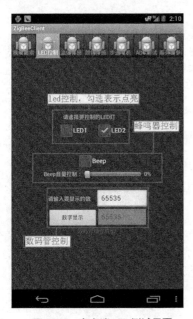

图 10.35　客户端 LED 测试界面

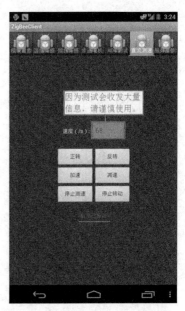

图 10.36　客户端直流电机测试界面

注意：因为测速时每隔 1s 会发送一次信息，时间长了会收发大量的信息，很容易造成电话卡没钱的情况。所以请谨慎使用些功能。

思考与练习

1. 简述 ZigBee 组网实训的内容和方法。
2. 简述有线网络控制实训的内容和方法。
3. 简述 Wi-Fi 控制实训的内容和方法。
4. 简述短信控制实训的内容和方法。
5. 思考如何自己设计一个简单的物联网控制系统，用上述方法实现简单的控制。

第11章 物联网设计实践

本章主要内容

本章主要以物联网智能家居实践项目开发为例，主要介绍了智能家居主要功能分析、智能家居的系统设计和智能家居的实现等主要内容。

本章建议教学学时

本章教学学时建议 2 学时。

- 智能家居主要功能分析   0.5 学时；
- 智能家居的系统设计   0.5 学时；
- 智能家居的实现   1 学时。

本章教学要求

要求了解物联网项目设计方法与使用的工具。

11.1 智能家居概述

11.1.1 智能家居的概念

根据中国智能家居网 2009 年 4 月 15 日的定义，智能家居是以住宅为平台，利用综合布线技术、网络通信技术、安全防范技术、自动控制技术、音视频技术将家居生活有关的设施集成，构建高效的住宅设施与家庭日程事务的管理系统，提升家居安全性、便利性、舒适性、艺术性，并实现环保节能的居住环境。

智能家居最常见的称法还包括智能住宅，在英文中常用 Smart Home。与智能家居的含义近似的还有家庭自动化（Home Automation）、电子家庭（Electronic Home、E-home）、数字家园（Digital family）、家庭网络（Home networking）、网络家居（Network Home），智能家庭/建筑（Intelligent home/building）等标识。

11.1.2 智能家居的发展

20 世纪 80 年代初，随着大量采用电子技术的家用电器面市，住宅电子化出现。80 年代中期，将家用电器、通信设备与安保防灾设备各自独立的功能综合为一体后，形成了住宅自动化概念。80 年代末，由于通信与信息技术的发展，出现了对住宅中各种通信、家电、安保设备通过总线技术进行监视、控制与管理的商用系统，这在美国称为 Smart Home，也就是现在智能家居的原型。

智能家居兴起于 90 年代的末期。建筑智能化技术与应用的成熟催生智能家居市场。最早以智能小区住宅智能化系统面目出现。用户需求未被有效激发，基本应用占主导。个性化、艺术化特点不明显。多种技术和解决方案并存，产品竞争上升到标准竞争。随着移动互联网与移动智能终端的发展，智能家居的应用研究提出了更新更多的要求。

近年来，智能手机在全球范围内迅速普及，市场研究公司 Gartner 发布的数据显示，2011年前三季度，全球智能手机销量同比增长超过 55%，智能手机正在占据越来越多的手机市场份额；随着社会经济的快速发展，人们的生活水平提高到一个新的层次，对生活环境的要求越来越高，正在兴起的基于物联网技术的智能家居使人们逐渐迈入以数字化和网络化为平台的智能化社会。

11.2　智能家居主要功能分析

随着社会信息化的快速发展，人们的工作、生活和通信、信息的关系日益紧密。信息化社会在改变人们生活方式与工作习惯的同时，也对传统的住宅提出了挑战，社会、技术以及经济的进步更使人们的观念随之巨变。人们对家居的要求早已不只是物理空间，人们更为关注的是一个安全、方便、舒适的居家环境。家居智能化技术是以家为平台进行设计的。

智能家居控制系统的总体目标是通过采用计算机技术、网络技术、控制技术和集成技术建立一个由家庭到小区乃至整个城市的综合信息服务和管理系统，以此来提高住宅高新技术的含量和居民居住环境水平。一般智能家居有以下的功能需求。

1. 视频对讲

视频对讲主要功能是：
（1）用作门禁系统，通过实时图像和声音来和他人进行远程交流；
（2）住户之间通过网络传输实现点对点呼叫；
（3）主人不在时可留影留言，具有免打扰功能。

2. 安防布控

用户自定义布防模式，可以设置外出、在家和就寝等 3 种模式；模式设置后，系统通过传感器、图像采集等设备来监控家中各种设备，当情况出现异常时，以响铃和短信等方式及时报警；房主亦可通过短信、网络等发送指令来控制设备，联动抓拍实况，以便为事后分析与破案提供事实依据。

3. 自动控制

智能家居的控制方法，有本地控制、远程控制、联动控制和定时控制等 4 种控制方法。本地控制，例如，利用遥控器进行控制；远程控制，例如，利用电话、网络、手机进行控制；联动控制，例如，回家开门后，灯光打开、窗帘开启、空调开启联动工作。定时控制，例如，早上 7：30 闹钟响起，窗帘缓缓开启，音乐开始播放。

控制对象有灯光情景控制，电器控制（如，空调、电视机、影碟机、功放等）和窗帘控制系统以及室内温度的控制。

4．物业信息

通过小区管理软件，物业管理者可以编辑信息，例如，文字、图片、视频、天气等各种信息，实时地将信息发送至业主家中的智能网关上，业主可以通过智能网关提示来浏览中心服务器上的各类信息。

5．记录复现

记录来电信息、收到短信、电话留言、门禁留影留言以及发出的安防指令、报警信息等。

6．设备自检和远程维护

实时查询网关本身信息和与各种外接设备的连接状态，确保设备正常工作；当网关出现故障时，可通过电脑直接登陆网关进行故障判断和排除。

7．其他功能

在家时，可以利用信息终端实现以下功能：
（1）通过 Wi-Fi 可直接登陆网络，浏览网页、收发 E-mail；
（2）实现电子相册功能，实时浏览 SD 卡、MMC 卡图片；
（3）可播放 MP3、MP4 等外部存储设备。

11.3　智能家居的系统设计

11.3.1　系统设计目标

智能家居系统设计的目标主要有以下几点。
1．舒适丰富的生活环境，能满足人们的身心健康，个性化的需求。
2．安全有效的防御体系，能满足防火、盗、抢、毒、漏的基本需求。
3．方便灵活的生活方式，能满足多种控制需要，例如，单一监控、远程监控、医疗等。
4．高效可靠的工作模式，满足资料收集、整理、分析、决策、保存和信息交流等的需求。
设计和实现一个满足智能家居管理功能需求，安全可靠，使用简洁明了，部署方便、快捷、易学、易用并且扩展性好的智能家居管理系统，是本次开发设计的目的。

11.3.2　总体设计

智能家居系统主要由智能信息终端（家庭网关）、视频监控与对讲子系统、安防控制子系统、灯光照明子系统、窗帘控制子系统、背景音乐子系统、气候子系统等组成。如图 11.1 所示。

智能家居系统以智能信息终端（家庭网关）为核心，通过 Internet 网、Wi-Fi 无线路由、GSM/3G 移动公网实现与外界进行信息交流，通过 ZigBee 传感网与居室进行信息采集与控制。如图 11.2 所示。

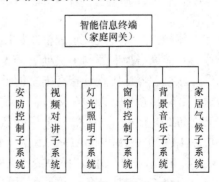

图 11.1　智能家居系统组成框图

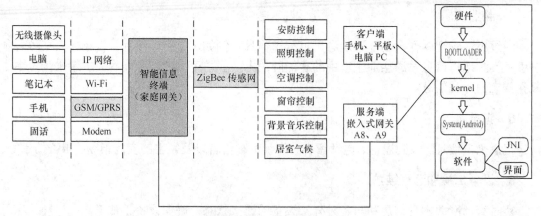

图 11.2　智能家居系统网络结构图

　　智能家居控制器是整个智能家居系统的总控制器，它是控制中心，对整个家庭中的电视、照明设备等家用电器进行控制。照明设备、红外家电、各种传感器的控制命令，通过控制中心上的人机交互控制界面实现对家居设备的便捷智能控制。系统中传感器设置有温度传感器、烟雾传感器、光强度传感器，这些传感器以及 ZigBee 家具设备根据自身工作特性通过特定的电路模块与子控制器（ZigBee 模块）相连。系统实时采集设备运行状态信息，进行分析，如果有异常情况发生，将状态信息和异常分析结果发送到控制中心，并"蜂鸣"报警提醒用户。这样用户就可以及时知晓发生的状况，并在第一时间做出反应。

　　相关的软件设计主要有网络控制协议即 ZigBee 模块之间通信协议的设计，ZigBee 模块间相关程序的设计，模块对家居照明电源开关控制程序的设计，ZigBee 模块对各种传感器驱动程序的设计，Android 智能手机端应用程序设计。

11.3.3　硬件系统设计

　　智能家居是一个综合网络系统，需要有操作系统做支撑，单片机尽管在信号采集方面具有优势，但在网络与运行操作系统上，单片机不具备优势，要完成一个典型的智能家居系统，需要具备网络通信与控制功能，因此，选择基于 ARM 系列的 Cortex-A8 微处理器组成的嵌入式系统作为智能家居的中央处理器是必须的。

　　在通信方面，基于 ZigBee 的无线传感组网方式，满足智能家居的数据采集与无线传输的要求。利用智能手机作为智能家居的终端控制器，可以方便随时随地对家中的电气设备进行监控。

　　智能信息终端硬件组成框图如图 11.3 所示。处理器模块采用嵌入式 Cortex-A8 微处理器作为智能家居控制器的中央处理器。

　　微处理器周围设计接有丰富的外围设备与接口，它们是 ZigBee 无线网络通信接口、多路输入和输出接口、AC97 接口、有线视频采集模块、无线视频采集模块、大容量可更换的存储设备 SD 卡接口、两路 TTL Uart 接口、调试程序用的 JTAG 口、串口、USB Host/Device、板载 10/100M DM9000AEP 以太网、100M Ethernet RJ45 接口、Camera 接口、常用总线接口、CAN、IIC、GSM/GPRS 模块接口、SDIO Wi-Fi 接口、VGA 接口、AV 输出端子和 S 端子输出、板载 1W 喇叭等等，这些外设足以满足智能家居系统的硬件要求。并且板载丰富的主流移动互联/物联网应用接口，包括 3G 通信、Wi-Fi、GPS、蓝牙、ZigBee、RFID 等通信模块。

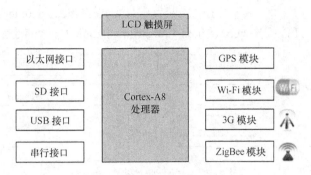

图 11.3 智能信息终端硬件组成框图

11.3.4 系统软件架构设计

由上面硬件设计可知,智能家居控制器主要由基于 Cortex A8 的 CPU 组成的核心板、基于 ZigBee 技术的无线传感模块以及 Wi-Fi 模块构成。无线传感模块负责完成传感器数据采样和计算任务,接收和发送 ZigBee 节点的数据,核心板负责对数据进行预处理,并将数据通过 Wi-Fi 模块与智能手机通信,接收智能手机发送的控制信号,对家电进行控制或查询家电的工作状态。

在智能家居系统的无线传感节点模块软件设计中,不需采用操作系统,而采用循环方式即可,在循环中调用中断服务程序来完成响应的操作。但该系统的智能家居控制器,需要提供人机交互界面以及高性能的数据处理功能,因此,需要采用一个高性能的操作系统来完成。目前常用的的嵌入式操作系统有:Linux、WinCE、Android、uCOS-ii 等操作系统,在该系统中选择 Android 操作系统主要考虑以下几点。

(1) Android 操作系统在数码设备中的广泛应用,有利于智能家居系统的普及,而且,开源操作系统能降低项目开发成本;

(2) 系统有良好的扩展性,便于本系统今后的应用升级;系统实用性强、可靠性好,能在多种硬件平台上进行移植;

(3) 在 Androfd 应用程序市场上,应用程序丰富,增强了设备的家用娱乐功能。

该智能家居系统的软件系统是在基于 Android 系统下实现的,整体结构基本上符合 MVC 模式。MVC 是一个设计模式,它强制性的使应用程序的输入、处理和输出分开。使用 MVC 应用程序被分成三个核心部件:模型(M)、视图(V)、控制器(C)。Android 下的应用程序也可采用分层的模块化结构设计,分为表示层、控制层、业务层以及数据处理,其软件总体架构如 11.4 图所示。

表示层负责展现给用户图形操作界面,用于显示模型的状态信息、控制信息以及其他信息。这里向用户展示了智能家居系统中各模块的操作界面。用户操作的每个界面都对应于一个 Activity,其实现方法为 layout 下的 XML 布局文件生成以及在程序代码中硬实现。

控制层负责表示层和业务逻辑层之间的流程控制。在 Android 系统中主要是通过监听事件、Activity 之间的跳转以及 Androidmanifest.xml 的控制信息完成。

AndroidManifest.xml 是每个 Android 程序中必须的文件。它位于整个项目的根目录,描述了 package 中暴露的组件(activities、services,等等),它们各自的实现类,各种能被处理的数据和启动位置。除了能声明程序中的四大组件（Activities、ContentProviders、Services 和 Intent Receivers），还能指定 permissions 和 instrumentation（安全控制和测试）。

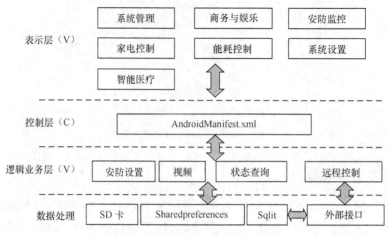

图 11.4　智能家居系统软件总体构架图

业务逻辑层对于接收的数据进行相应的处理。这里主要通过 Android 中的 Activity 和一些专门负责数据处理的类实现。Activity 会将处理后的结果显示给用户，并且将需要记录的数据写入相应的存储器中。

数据处理对 Sharedpreferences、数据库 Sqlite 文件进行操作。这里对于系统中的各种状态都使用 SharedPreferences 存储，而对于像需要存储空间大的视频等数据都存在 SD 卡中。

智能家居系统信息终端软件构架如图 11.5 所示，系统软件平台全部采用开源技术，自主研发的基于 Android 平台的智能家居管理应用程序，软件平台主要包括 Android 操作系统，sqlite 数据库，Java 编程语言，Eclipse+Android 编程环境，IAR Systems 物联网开发环境，TI ZStack 网络协议栈，上位机利用武汉盛德物联网公司的调试助手软件。

该系统与当前的物联网家居系统方案相比较，本系统有如下特点。

（1）无线传输方式，该系统网络通信采用 Wi-Fi+GSM/3G+ ZigBee 模块无线通信的方式。内部采用 ZigBee 模块，外部采用 Wi-Fi 模块，适合大众手机的连接，且减少布线麻烦，GSM/3G 模块能远程发送短信通知用户，达到远程报警目的。

（2）Android 嵌入式操作系统，Android 作为现如今最热门的操作系统，有着大量的用户群，其有大量免费的程序可供利用，可以实现更强大的应用功能。因为智能网关采用最新的 Android 4.4 操作系统，兼容性更好、开发更快、系统更稳定，所以网关的功能扩展强大且与手机客户端通信更容易。

（3）安全机制，安全是网络之间传输很重要的一块，本系统对于安全的保障主要分为两个部分。首先当有 Wi-Fi 接入到路由器时，路由器就可以设置一定的安全保障，接着就是手机连接网关时采用基于 SSL 的分级加密的方式，可以保证在连接时加密，一旦连接成功数据之间的传输可能不需要高的级别，既保障安全又能保证效率。

（4）实现物联网定义思想，实现物联网定义中人与物之间信息的传递、识别、交互，而这种信息的交互不受时间和空间的限制，这种思想就是物联网中的云管端的思想，如图 11.6 所示。

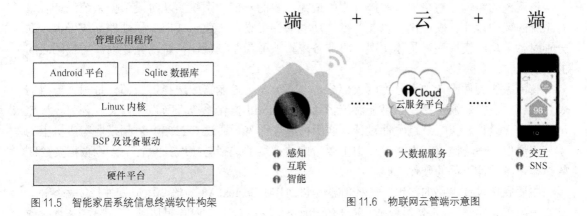

图 11.5 智能家居系统信息终端软件构架   图 11.6 物联网云管端示意图

11.4 智能家居的实现

11.4.1 系统硬件实现

该智能家居系统是一种基于 Android 系统的物联网家居系统，由客户端、嵌入式网关和无线感知网络 3 大部分构成。无线感知网络能感知外界环境的变化并将信息汇总。嵌入式网关是系统的中间环节，也是最重要的一环，它既能将无线感知网络收集的信息进行分析、存储再传至客户端，也能将客户端下达的指令传递给无线感知网络。客户端能将信息直观地展现在用户面前，而用户体验效果与其 APP 的优劣是分不开的。在传输的安全方面，主要采用基于 SSL 的分层加密技术，利用 Android 技术与无线通信技术两者之间的相互融合，最终设计出物联网家居系统的简易模型。智能家居系统操作控制节点的具体流程如图 11.7 所示。

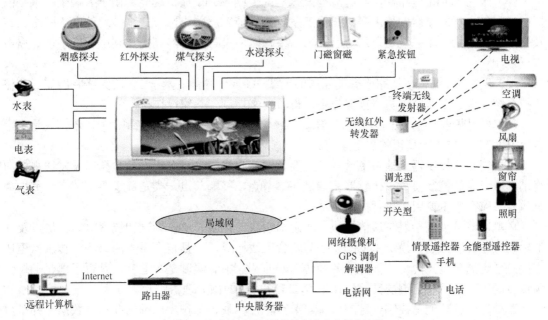

图 11.7 智能家居系统操作控制节点的具体流程

该系统的实现是整个项目实施过程中最为重要的一部，系统实现阶段依据系统设计阶段对系统的架构设计、硬件设计以及各模块功能的详细设计，建立智能家居硬件系统平台，并分别对各个功能模块进行具体实现，将业务逻辑映射为系统操作，进而完成设计与代码之间的映射工作。

智能家居硬件设计主要分为两大部分，一部分是主控制器的选择，一部分是相关节点的硬件设计。主控制器选择原则是能够流畅运行 Android 操作系统。节点设计又可分为环境监测节点硬件设计和执行节点硬件设计，这两种节点都需要通过 CC2530 射频模块与主机上的主节点通信，环境监测节点在设计中主要考虑传感器的选择与接线；执行节点则根据要控制的终端设备设计不同的硬件电路。

主要硬件设计电路的实现——控制器是以 ARM Cortex-A8 为核心组成硬件控制系统的。核心板配置 SAMSUNG 公司最强 ARM Cortex-A8 核心 CPU，内存更达到了 1GB，并且板载丰富的主流嵌入式 3G 应用接口、Wi-Fi、GPS、蓝牙、ZigBee、RFID 等模块电路。在软件上采用 Google Android 操作系统，外围扩展板接口丰富，主要接口功能介绍如下。

（1）采用 DM9000AE 芯片外加接口电路部分组成网络通信电路，完成与计算机网络的通信功能。利用智能手机或者平板电脑，通过无线通信与智能家居控制器联系，通过智能家居控制器控制家电系统。

（2）采用 WM8960GEFL 外加接口电路部分组成，完成智能家居的语音输入与功率放大输出功能。音频电路完成家居系统 MP3 播放、视频播放、视频监控报警、视频聊天、语音通话、游戏等娱乐系统多媒体音箱功能。

（3）采用 TVP5150AM1 芯片与外围接口电路组成，完成智能家居的图像采集与监控的功能。把摄像头和智能家居系统进行整合，实现视频或图片抓拍、视频远程监控等功能。在外出上班时，设置外出模式，就可以利用摄像头监控系统实时监控家庭里老人和小孩的活动情况，当出现异常状况可以立即报警，保证家庭的安全。

（4）采用 Wi-Fi 电路模块，完成智能家居的无线 Wi-Fi 通信功能。由于人们生活水平的提高，近年来智能家居的使用得到了快速发展，智能家居的组网方式由传统的有线网络也普及到了无线网络。本系统可以通过 Wi-Fi，将智能手机与控制器连接，利用智能手机对家电进行控制。

（5）采用 3G 通信模块完成智能家居的无线 3G 通信功能。基于 3G 的无线智能家居防盗监控系统实现了对家庭的防盗预警作用，也可用来控制一些家电设备。

（6）采用基于 CC2530 芯片的 ZigBee 无线传感模块收发检测与控制信号，该模块是一个兼容 IEEE 802.15.4 的真正的片上系统。

在智能家居控制器一端是主节点，主要负责接收终端节点发送来的数据以及发送主机向终端节点发送的控制命令。传感器一端是终端节点，终端节点一类是环境监测节点，另一类是执行节点，它主要用于执行控制指令。

环境监测节点包括射频通信模块、传感器模块、电源模块、调试和烧写接口模块以及其他辅助电路。射频通信模块由 CC2530 与陶瓷天线构成，它是整个节点的核心。传感器模块主要是通过温湿度、雨滴、气体等各种传感器监测家中温湿度是否适宜、是否下雨、一氧化碳浓度等等，然后将监测的数据传递给 CC2530 内置的微处理器中。

微处理器的功能是控制本身的传感器节点正常休眠、工作，以及储存相关数据，并对数据进行一定处理。如果传感器监测到实际的数据超出或者低于设定的值，则将该数据以一定的格式发送到主节点中，再由主节点发送到家居智能控制器系统中，由系统进行处理。射频通信模块还负责接收主节点发来的控制命令，例如，查询命令，主要用于查询节点是否工作正常，如果不正常，以便及时更换节点，保证系统的正常运行。调试和烧写接口模块用来调试和烧写完成上述功能的软件。

执行节点与环境监测节点的区别在于，执行节点负责终端设备的操作而环境监测节点仅对家居内环境监测，将监测到的数据进行发送。执行节点主要由射频通信模块、继电器模块、过载保护模块和两组端子构成。这里需要说明的是根据终端设备的不同，执行节点的硬件结构也有所不同。如，继电器模块，它所能提供的是一个开关控制量，所以适用于灯光、浇花等系统的控制。若无继电器模块，该执行节点也可以控制电机，由电机控制窗帘的开关。

该系统由多个 ZigBee 模块使用树形结构的形式组织而成，即一个协调器控制多个终端的形式。ZigBee 协调器是 ZigBee 网络的创建者，同时给加入该网络的 ZigBee 模块随机分配网络地址，一个 ZigBee 网络中必须存在 ZigBee 协调器。协调器通过 SPI 接收来自系统（Android）的命令，并广播出去，终端接收到广播消息后，先通过 ID 判断是不是属于自己的消息，然后做出相应的处理。从而可以通过应用程序控制远程采集各个 ZigBee 传感器的数据。

该系统一共有 6 个可选择终端节点。例如，颜色传感器终端，电压传感器终端，数码管终端，步进电机终端，直流电机终端，温度传感器终端等。因为使用的是统一的接口，所以，不同终端所插的位置并没有要求。可以选择独立供电也可以与实验平台主板统一供电。如果在同一实验平台上使用多个一样的终端(如 2 个温度传感器)，对它们的操作只会有一个响应。

11.4.2 控制器软件设计与实现

在智能家居系统中，无论是终端节点还是主控制器，都需要软件系统的支持。因此，首先要搭建好 Android 系统的开发环境，然后依次进行移植，移植完 Android 系统，还要编写相应的模块驱动和网络程序，才能实现智能家居的模块控制和网络控制功能。

在终端节点与主控制器通信过程中，为了实现数据能够在终端节点和协调器之间准确无误地传输，需要设计一定的数据格式进行通信。而对于主控制器来说，需要设计整个智能家居软件系统。

1. 搭建 Android 系统应用程序开发环境

首先安装并配置 Java JDK，再安装 Eclipse，最后安装 Android SDK。

2. 无线节点开发环境搭建与驱动程序设计

在终端节点与主控制器通信过程中，为了实现数据能够在终端节点和协调器之间准确无误地传输，需要设计一定的数据格式进行通信。

TI 官网上为我们提供了不同版本的 Z-stack 所对应的 IAR 版本。这里所选用的无线收发模块是 CC2530，与之对应的版本为 IAR EW8051 7.51A。IAR EW 集成开发环境支持多达 35 种以上的 8 位/16 位/32 位的 ARM 结构处理器。为了能够在 IAR 上进行 CC2530 的开发，还需要对其进行必要的设置。此外还需要的软件为 SmartRF Flash programmer，用于测试和烧写 CC2530 程序。

节点软件设计是基于 TI / Chipcon 公司免费提供的 ZigBee2006 协议栈，以 ZStack-CC2530-2.3.1-1.4.1 版本中 GenericApp 例程为基础。GenericApp 例子基本功能很齐全，而且在 Z-Stack 上实现了无线网络数据传输。

ZigBee 无线网络协议是基于标准的七层开放式系统互联（OSI）模型，但仅对那些涉及 ZigBee 的层予以定义。IEEE802.15.4 标准定义了最下面的两层：物理层（PHY）和介质接入控制子层（MAC）。ZigBee 联盟提供了网络层和应用层（APL）框架的设计。其中应用层的框架包括了应用支持子层（APS）、ZigBee 设备对象（ZDO）和由制造商制订的应用对象。网络层和应用层（APL）框架如图 11.8 所示。

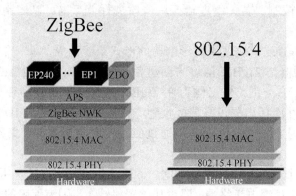

图 11.8　网络层和应用层(APL)框架

3. 应用层通信协议定义说明

应用层通信协议定义说明，上位机、协调器和终端模块应用层交互的通信数据包定义如表 11.1 所示。

表 11.1　　　　　　　　　　　　应用层通信协议定义说明

起始标志	数据包长度	数据包标识单元	模块单元	命令单元	数据单元（PDU）	校验单元

（1）起始标志：占一个字节，固定为 0xa5。

（2）数据包长度：占一个字节，不包括起始标志，校验单元的通信包数据字节总数，目前定义的数据包总长度不超过 252 个字节。

（3）数据包标识单元：占两个字节，预留。暂时固定填为 0x00。

（4）模块单元：占两个字节，第一个字节代表模块类型（见下表的定义）；第二个字节代表模块编号（目前暂固定为 0x00，表示在该系统中，一种类型的终端模块只有一块。）

（5）命令单元：占两个字节，第一个字节代表命令标识（见下表的定义），第二个字节代表应答标志。

（6）数据单元：占用字节为变长，数据单元由一个到多个监控对象构成，每一个监控对象标识一个监控参数的所有信息。

一个监控对象组成：由监控对象长度、监控对象标号和监控对象组成。在传输时低字节在前，高字节在后。如表 11.2 所示。

数据单元的监控对象定义，如表 11.3 所示。

（7）校验单元：占两个字节，第一个字节代表 CRC 校验码高字节，第二个字节代表 CRC 校验码低字节。

表 11.2 监控对象组成

监控对象长度（OL）	监控对象标号（OID）	监控对象内容（OC）
1 Byte	2 Byte	变长

表 11.3 数据单元的监控对象定义表

监控对象标号	监控对象标号描述	监控对象内容描述	传输比例
通用信息			
0x00A1	个域网 ID（PANID）	双字节无符号数,低 8 位在前，高 8 位在后	
0x00A2	ZigBee 系统模块信息	变长，根据实际	参考备注
查询量			
0x0302	空气质量	单字节无符号数	
0x0304	温度值	双字节有符号数	100
0x0305	湿度值	双字节无符号数	
0x0306	雨滴参数	三字节无符号数，首字节表示有无，后两字节为 AD 值	
0x0308	人体红外	单字节无符号数，0：无人 1：有人	
0x030A	火焰参数	三字节无符号数，首字节表示有无，后两字节为 AD 值	
0x030B	可燃气体参数	三字节无符号数，首字节表示有无，后两字节为 AD 值	
0x030C	压力值	双字节无符号数	
0x030D	大气气压值	四字节无符号数,xxx.xxxkPa	1000
0x030E	振动参数	双字节无符号数，单位时间振动脉冲数	
0x030F	光照值	四字节无符号数	
0x0310	125k RFID 参数	三字长无符号数	
0x0311	颜色 R 值	双字节无符号数	
0x0312	颜色 G 值	双字节无符号数	
0x0313	颜色 B 值	双字节无符号数	
0x0314	13.56M RFID 参数	四字长无符号数	
设置量			
0x0401	继电器开关	单字节无符号数，0：关 1：开	
0x0402	LED 开关	单字节无符号数，0：关 1：开	
0x0403	风扇速度控制	单字节无符号数，0：关，速度：1～5（档位）	
0x0404	步进电机状态	单字节无符号数 0：停止,1：正转 2：反转	
0x0405	步进电机速度	双字节无符号数，（定义值范围：1~3000）	
0x0406	步进电机步进步数	双字节无符号数	
0x0407	风扇运转时间	双字节无符号数，单位：秒。	
0x0408	数码管显示	四字节字节无符号数	

续表

监控对象标号	监控对象标号描述	监控对象内容描述	传输比例
		设置量	
0x0409	直流电机速度	双字节无符号数（范围暂定位 0～85）	
0x040A	直流电机状态	单字节无符号数 0：停止，1：正转 2：反转	
0x040B	直流电机速度检测	双字节无符号数	
0x040C	蜂鸣器开关	单字节无符号数，0：关 1：开	
0x040D	蜂鸣器声音 PWM 占空比	单字节无符号数，0～100	

（1）和上位机通信的 SPI 端口（在代码文件 TZigBee_spi.c 中）

```
64  //__interrupt void TSPI_ISR(void)
65  HAL_ISR_FUNCTION(TSPI_ISR, URX0_VECTOR)
66  {
67      URX0IF = 0;
68      TSPI_rbuf[TSPI_cnt] = U0DBUF;
69      if(TSPI_rbuf[0]!=TZigBee_PACK_HEAD)
70      {
71          TSPI_cnt=0;
72          return;
73      }
74      if ((TSPI_cnt >= 2) && (TSPI_rbuf[1] == (TSPI_cnt-2)))
75      {
76          TSPI_cnt=0;
77          AP_circleBuff_WritePacket(TSPI_rbuf, TSPI_rbuf[1]+3, SPI_PORT_NUM);
78      }
79      else
80      {
81        TSPI_cnt++;
82      }
83  }
```

该函数是 SPI 中断接收数据包函数。第 69 行，判断第一个字节是否通信包的头标志。如果不是，则继续等待头标志的出现。第 74 行，判断通信数据包是否收全一包完整的数据，如果是，则把该数据包拷贝到通信数据包循环区中，调用循环缓冲区函数 AP_circleBuff_WritePacket(…)，并在通信包最后字节放进该通信包的数据来源。如 SPI_PORT_NUM；等待通信数据包处理函数统一的读取和处理。

（2）和射频无线通信包数据端口（在代码文件 TZigBee_coor.c 中）

```
109 unsigned short GenericApp_ProcessEvent(byte task_id, unsigned short events)
110 {
111     afIncomingMSGPacket_t *MSGpkt;
112     (void)task_id;  // Intentionally unreferenced parameter
113
114     if(events & SYS_EVENT_MSG)
```

```
115    {
116        MSGpkt = (afIncomingMSGPacket_t *)osal_msg_receive(GenericApp_TaskID);
117
118        while(MSGpkt)
119        {
120            switch(MSGpkt->hdr.event)
121            {
122                case AF_INCOMING_MSG_CMD:
123                    GenericApp_MessageMSGCB(MSGpkt);// 射频无线收到数据
124                break;
125                default:
126                break;
127            }
128            osal_msg_deallocate((uint8 *)MSGpkt);// Release the memory
129            MSGpkt = (afIncomingMSGPacket_t *)osal_msg_receive(GenericApp_TaskID);
130        }
131        return (events ^ SYS_EVENT_MSG);
132    }
```

第 122 行：指示收到射频无线数据包，则调用数据包处理函数。终端模块是负责各种传感器的数据采样或者控制，并登陆到 PANID 相一致的协调器所组成的网络，共同组成一组独立的网络。如图 11.9 所示，为终端模块应用层的软件工程文件组成。

在应用层 App 的目录中，终端模块软件包括以下一些文件。

（1）TZigBee_end.c，终端模块应用初始化，无线数据包收包，辅助功能处理，包括 LED 灯和按键。

（2）OSAL_GenericApp.c，ZSTACK 协议栈各初始化文件。

（3）T_endComPacket_pro.c，终端模块通信包处理函数文件。

（4）T_ap_circleBuff.c（通信包循环缓冲区，在收到各端口的通信数据包后，先把它们统一保存在一个缓冲区，等待通信处理程序再统一处理）。

（5）T_sampleProcess.c（传感器采样和控制文件）。

（6）TZigBee_adc.c，TZigBee_DCMotor.c.....（各种传感器驱动模块文件，还有平台软件的文件）。

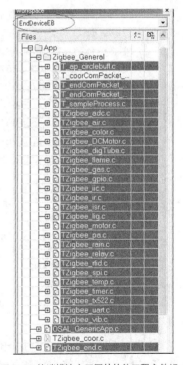

图 11.9 终端模块应用层的软件工程文件组成

下面主要以终端模块从应用层启动、传感器模块采样控制和数据包如何发送来说明终端模块软件的设计过程。在代码文件 TZigBee_end.c 中，下面的代码包括了终端模块处理软件开始处理的启动过程。

```
54  void GenericApp_Init(byte task_id)
55  {
56      unsigned char i;
```

```
57
58      GenericApp_TaskID = task_id;
59      GenericApp_NwkState = DEV_INIT;
60      GenericApp_TransID = 0;
61
62      GenericApp_DstAddr.addrMode = (afAddrMode_t)AddrNotPresent;
63      GenericApp_DstAddr.endPoint = 0;
64      GenericApp_DstAddr.addr.shortAddr = 0;
65      // Fill out the endpoint description.
66      GenericApp_epDesc.endPoint = GENERICAPP_ENDPOINT;
67      GenericApp_epDesc.task_id = &GenericApp_TaskID;
68      GenericApp_epDesc.simpleDesc =
69      (SimpleDescriptionFormat_t *)&GenericApp_SimpleDesc;
70      GenericApp_epDesc.latencyReq = noLatencyReqs;
71      // Register the endpoint description with the AF
72      afRegister(&GenericApp_epDesc);
73
74      TT3_init_1ms();//初始化定时器为1ms，暂时不启动，等待应用启动。
75      TLED_init();    //LED灯的I/O口初始化为输入状态和关闭状态。
76      TKEY_init(TKEY_SCAN);//按键检测采用扫描模式
77      TUART_init(BAUD_115200);//初始化UART串口
78      TUART_cnt = 0;//UART串口接收数据计数初始化为0
79      EA = 1;         //中断开启
80      AP_circleBuff_comBuff0_init();//初始化通信数据包循环缓冲区。
81      osal_set_event(GenericApp_TaskID, TZIGBEE_AP_EVENT);//设置应用层处理事件
82      //--上电LED1，LED2快闪几下，指示系统开始工作--
83      TLED2=0;
84      TLED1=0;
85      for(i=0;i<10;i++)
86      {
87          Tdelay_ms(100);
88          TLED2=~TLED2;
89          TLED1=~TLED1;
90      }
91  }
```

第 58~60 行，应用层任务的初始化。

第 74~81 行，终端模块 MCU 软件方面的初始化。

第 83~90 行，在初始化完毕后，进行 LED1，LED2 灯进行快闪 5 下，代表模块应用层软件开始工作。因为终端模块有十几种的类型，代码文件只有一个，设计时通过宏定义来选择编译的内容。首先是在文件 T_endComPacket_process.h 中，统一宏定义所有用到的终端模块类型，然后再定义本模块是什么类型的模块。图 11.10 所示是定义本模块为温湿度模块，如果要选择继电器模块，则屏蔽温湿度模块宏定义，再打开继电器模块宏定义即可，然后编译，编译出来的烧写文件就是相应模块的烧写文件。

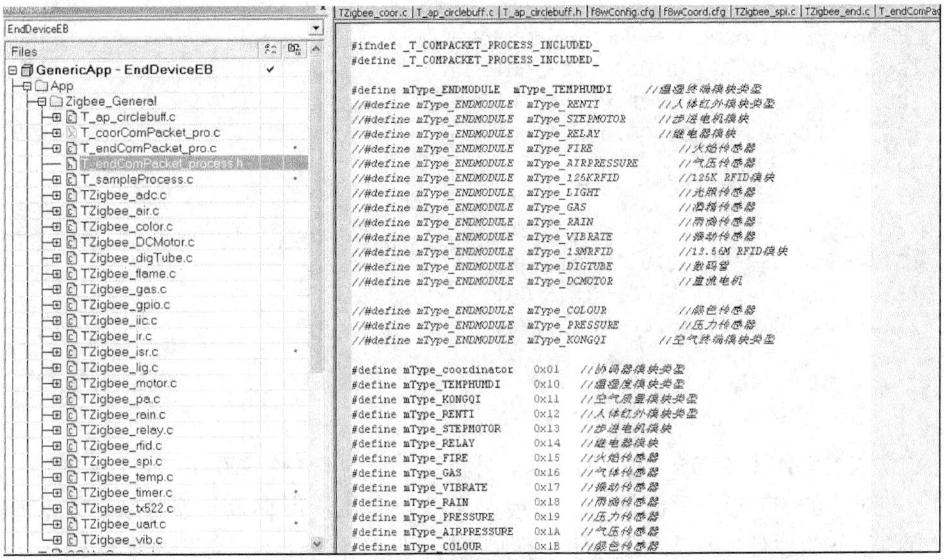

图 11.10　定义温湿度模块

首先定义模块的数据表格式如下。

```
10  typedef struct {
11    unsigned char    ol;        /* 监控对象长度 */
12    unsigned int   oid;        /* 监控对象标号 */
13    unsigned char    oc[4];      /* 监控对象内容 */
14    unsigned char    comflag;    /* 通信标志 */
15    unsigned char    option;     /* 配置 */
16  }T_MON_OBJ;
```

温湿度模块的监控量在监控对象定义文档中定义如下：

0x0304	温度值	双字节有符号数	100
0x0305	温度值	双字节无符号数	

在代码文件 T_sampleProcess.c 中，数据表定义如下。

```
116 #define MAX_DATA_NUM 4
117
118 const T_MON_OBJ g_moduleFlashData[MAX_DATA_NUM] =
119 #if (mType_ENDMODULE == mType_TEMPHUMDI)
120 {05,   0x0304, 00,00,00,00,01,00},
121 {05,   0x0305, 00,00,00,00,00,00},
122 #endif
123
124 #if (mType_ENDMODULE == mType_KONGQI)
125 {04,   0x0302, 00,00,00,00,00,00},
126 #endif
127
128 #if (mType_ENDMODULE == mType_RENTI)
129 {04,   0x0308, 00,00,00,00,00,00},
130 #endif
```

```
131
132  #if (mType_ENDMODULE == mType_STEPMOTOR)
133  {04,    0x0404, 00,00,00,00,01,00},
134  {05,    0x0405, 00,00,00,00,01,00},
135  {05,    0x0406, 00,00,00,00,01,00},
136  #endif
137
138  #if (mType_ENDMODULE == mType_RELAY)
139  {04,    0x0402, 00,00,00,00,01,00},
140  {04,    0x0403, 00,00,00,00,01,00},
141  {05,    0x0407, 00,00,00,00,01,00},
142
143  #endif
```

通过数据结构体 T_MON_OBJ 的定义，第 120 行，"05" 代表双字节，"0x0304" 代表温度值的监控对象的 ID 号。后面接着预留最大 4 个字节用于保存该监控对象的数据内容。最后两字节用于作为通信的标志和配置的选项功能。在实际设计中，可根据实际需求的变动情况来设计改动这些配置项，然后，依据这些配置项的内容做相应的处理。这是平台软件做到统一化设计的思路。其他模块的监控对象也类似处理。

```
267  void sample_process(void)
268  {
269      unsigned char  i;
270      UNION_2_BYTE tmp;
271      #if (mType_ENDMODULE == mType_STEPMOTOR)
272      unsigned char  u8_temp,comflag1,comflag2,comflag3;
273      #endif
274      #if (mType_ENDMODULE == mType_LIGHT)
275      long l_temp;
276      #endif
277      #if (mType_ENDMODULE == mType_13MRFID)
278      unsigned char  dat_buf[32];
279      #endif
280      #if (mType_ENDMODULE == mType_DCMOTOR)
281      unsigned char  u8_temp,comflag1,comflag2;
282      #endif
283      if(driveInitFlag==0)
284      {
285          mudule_init();
286          driveInitFlag=1;
287      }
288      //-------------温湿度模块处理开始--------------------//
289      #if (mType_ENDMODULE == mType_TEMPHUMDI)
290      if(g_moduleData[0].comflag==1)//只在通信时才开始采样一次, 平
291      {
292          g_moduleData[0].comflag=0;
293          i=search_table_index(0x0304);//温度处理
294          tmp.word=TDS_temp();
295          if(TDS_minus())//负数
296          {
```

```
297                tmp.word=~tmp.word+1;
298            }
299            g_moduleData[i].oc[0]=tmp.byte[0];
300            g_moduleData[i].oc[1]=tmp.byte[1];
301            i=search_table_index(0x0305);//湿度处理
302            tmp.word=TSHT_read_humi();
303            g_moduleData[i].oc[0]=tmp.byte[0];
304            g_moduleData[i].oc[1]=tmp.byte[1];
305        }
306    #endif
```

第 289 行，编译开关，根据宏定义，选择是否需要编译进去。

第 290 行，在本次设计中，如果采样量是上位机发来，在查询命令通信包后，再开始采样一次，平时不对传感器模块进行采样读取。因此需要判断是否有通信标志。

第 292 行，通信标志清零，平时采样任务是不做任何动作，基本是判断完标志后就退出采样任务。

第 293 行，搜索出温度的监控对象 ID 号是 "0x0304"，存于表格的序号，以便采样后把数据内容拷贝进去。

第 294～300 行，调用温度采样驱动函数，得出温度值，判断正负温度，然后把值保存在数据表格中。在通信任务中，查找对应的监控对象 ID 号，在该表格中获得需要的查询值。

系统实现完成后就要进行系统部署，系统部署是整个系统设计和实施的最后一步。由于系统采用星状架构进行设计，以基于 Cortex A8 的 CPU 做智能家居控制器，智能家居传感器部署在相关家电设备上或周边，利用 ZigBee 无线通信技术组成无线传感网，以智能手机做智能家居的客户端控制器。系统部署比较简单，首先系统在智能家居控制器上部署 Android 操作系统和驱动程序代码，然后再部署应用程序代码。在基于 Android 操作系统的智能手机上部署客户端应用程序代码。图 11.11 描述了系统的部署图。完成部署后，系统就可以工作了。

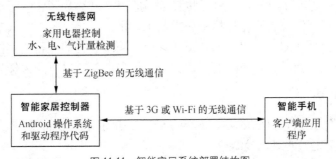

图 11.11　智能家居系统部署结构图

　　武汉盛德物联科技有限公司依托华科物联网研发团队以及曾任职一些大型 IT 公司的华工毕业生，开发了一款功能强大的物联网和无线传感网络开发平台，平台由当今流行的三星 Cortex-A8/A9 的 S5PV210/S5P4418 芯片和德州仪器的 CC2530F256 芯片组成，平台带有 3G 网络、GPS、Wi-Fi 蓝牙等，全面支持 ZigBee、RFID 无线通信协议。同时配置一百多个 ZigBee、RFID 模块，方便用户轻松掌握当今的物联网和无线传感网络的开发应用。每个传感器都可以采用 ZStack ZigBee、Contiki IPv6、Wi-Fi、蓝牙、GPS、3G 六种无线协议传输。

　　该物联网综合应用开发平台提供了三个层次实验，循序渐进，逐步加深。第一层是基础实验，包括 IAR 的裸机实验、数据库调用实验、传感器实验等等。第二层是基于操作系统下的实验，该层次的实验室最重要的也是最复杂的，由于涉及多网融合所以必须要有操作系统的支撑，该层次的实验有：安卓下的传感器实验、安卓下的各类模块控制管理实验，各类服务器移植安装实验、ZigBee 协议栈实验、利用安卓系统下的 ZigBee 协议本身的网络特点，实现多种组网的实验。第三层是基于各种通信方式的网络实验，用于锻炼学生的综合知识运用的能力，实验主要包括：IPV4/IPv6、Wi-Fi、蓝牙、3G、NFC、红外通信等方面的组网实验，以及将这些网络融合在一起进行信息交互的实验，这些多网融合的实验才真正体现了物联网万物互联的思想。

　　物联网综合应用开发实验平台样机图如附图 1.1 所示。

　　本平台在软件上采用 Google Android 操作系统，采用独有的项目化案例教学方法，让课程资源更加丰富，同时教学内容更加的形象生动。该平台具有以下几大优势。

1. 硬件主要优势

　　（1）采用三星公司出品的 Cortex-A8 核心的 S5PV210 芯片作为主控 CPU（主频高达 1GHz）和全国唯一 8 颗内存芯片设计的核心板；

　　（2）内存：标配 1GBytes DDR Ⅱ 内存，兼容性更好，性价比更高；4GB eMMc；大容量的内存更加适合物联网和 Android 平台的运行，DDR2 运行速度更快。

　　（3）板载专业电源管理芯片，配合系统的电源管理在教学上还可以模仿手机、平板等功能进行教学与设计。

　　（4）底板采用拨码开关用于实现多路串口的切换，比用插针+跳帽的方式更加人性化，同时不用担心跳帽丢失的情况，并且切换效率高，稳定性强；支持 485 和 232 电平切换、支持 232 和 GPRS 功能切换、支持 232 和 GPS 功能切换。

　　（5）模块丰富，而且可扩展性强，可以外接各种无线传感模块，满足不同应用场合的需要。

（6）将 RFID、无线传感网、嵌入式系统、3G 移动通信全部集成在一个硬件平台上，完成了真正物联网的实验教学所需的硬件环境。

2．软件优势

（1）站在当前电子计算机行业前沿，首创同时支持嵌入式课程、3G 移动互联网应用开发课程、Android 课程和物联网应用课程 3 类课程的实验平台，一套实验箱多种用法。

（2）采用最先进的 Cortex-A8 处理器，实验平台集成丰富的应用接口及嵌入式、3G、物联网模块，真正做到多系统多项目集成化为一体。

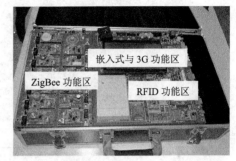

附图 1.1　物联网综合应用开发实验平台样机图

（3）使用 Android 作为实验平台主系统，让物联网技术与移动互联网技术无缝融合，体现了最先进的教学体系。

（4）基础教学+企业级项目实训+学生工程实训全方位保障高校的教学工作，拓展学生对真实产品的认知能力，增强竞争力。

（5）首家在实验箱平台上能够实现最新最完整功能的 Android 4.0.4，完整地实现了智能手机的全套功能：使用 3G 模块或 GPRS 模块拨打电话、接听电话、收发短信、3G 或 GPRS 上网、Wi-Fi 上网，板块的休眠唤醒。

（6）首家在实验箱平台上实现了将各种网络完美地融为一体的应用开发：可以利用手机、平板电脑或别的实验箱，通过 Wi-Fi 或有线或 3G 网络和 ZigBee 网络进行交互或控制 ZigBee 网络中的各个设备节点，完美地再现了物联网的各种特性。更直接符合企业未来最紧缺人才的培养需求。

（7）首家在实验箱平台上能够完整实现最新 Linux 系统下所有程序开发，包括系统、网络、所有驱动、应用开发层次，完整将嵌入式商业项目集成于一体。

3．教学优势

完善的教学体系，从嵌入式技术、3G 移动通信到物联网技术形成一个完整的知识群。根据教育部对物联网课程建设的要求建设课程并完善课程内容，并结合现代 IT 技术发展的最新技术与成果融入教材，形成理论与实践相结合的教学体系。

4．开发平台软件

（1）支持 Android、wince、Linux 三大系统（主推 Android 和 Linux），同时支持多系统切换。

（2）开发环境软件包。

（3）开发环境工具包。

（4）通信驱动源码。

（5）Android 中间件源码软件包：摄像头、Keyboard、Ethernet、Wi-Fi、Bluetooth、3G（电话协议层）、GPS、Camera、音视频解码。

（6）提供 Linux/Windows 下智能 USB 下载所有固件。

（7）含源代码及协议包，并提供详细的指导手册和实验指导书。

参考文献

1. 杜春雷. ARM 体系结构与编程. 北京：清华大学出版社，2003.
2. 三恒星科技. ARMP 原理与应用设计. 北京：电子工业出版社，2009.
3. 梅方权. 智慧地球与感知中国——物联网的发展分析. 农业网络信息，2009（12）.
4. 朱文和. 基于物联网技术实现供应链全过程的智能化物流配送服务. 物流技术，2010（13）.
5. 易舒. 基于 RFID 的食品供应链管理系统. 物流技术，2009（03）.
6. 肖慧彬. 物联网中企业信息交互中间件技术开发研究. 北京：北方工业大学，2009.
7. 李霞. 浅谈物流信息技术与物联网. 商场现代化，2010（612）：48～49.
8. 孔晓波. 物联网概念和演进路径. 电信工程技术与标准化，2009（12）.
9. 施鸣. 浅谈第三次信息革命"物联网"的起源与发展前景. 信息与电脑（理论版），2009（10）.
10. 刘志硕，魏凤，柴跃廷，沈喜生. 关于我国物联网发展的思考. 综合运输，2010（02）.
11. 侯殿有. ARM 嵌入式 C 编程标准教程. 北京：人民邮电出版社，2010.
12. 程昌南. ARM Linux 入门与实践. 北京：北京航空航天大学出版社，2008.
13. （美）Mark G. Sobell. 杨明军译. Linux 命令、编辑器与 Shell 编程. 北京：清华大学出版社，2007.
14. （美）Karim Yaghmour. O'Reilly TaiWan 公司译. 构建嵌入式 Linux 系统. 北京：中国电力出版社，2004.
15. 韦东山. 嵌入式 Linux 应用开发完全手册. 北京：人民邮电出版社，2008.
16. 李俊. 嵌入式 Linux 设备驱动开发详解. 北京：人民邮电出版社，2008.
17. 宋宝华. Linux 驱动程序开发详解. 北京：人民邮电出版社，2008.
18. 刘云浩. 物联网导论. 北京：科学出版社，2011.
19. 彭力. 基于案例的物联网导论. 北京：化学工业出版社，2012.
20. 王志良，王粉花. 物联网工程概论. 北京：机械工业出版社，2011.
21. 詹青龙，刘建卿. 物联网工程导论. 北京：清华大学出版社，2012.
22. 吴功宜，吴英. 物联网工程导论. 北京：高等教育出版社，2012.
23. 教育部高等学校计算机科学与技术教学指导委员会编制
《高等学校计算机科学与技术专业公共核心知识体系与课程》（清华大学出版社，2008 年 10 月）
《高等学校计算机科学与技术专业专业能力构成与培养》（机械工业出版社，2010 年 3 月）
《高等学校物联网工程专业实践教学体系与规范（试行）》（机械工业出版社，2012 年 7 月）
《高等学校物联网工程专业发展战略研究报告暨专业规范（试行）》（机械工业出版社，2012 年 7 月）
24. 张凯，张雯婷. 物联网导论. 北京：清华大学出版社，2012.
25. 桂小林. 物联网技术导论. 北京：清华大学出版社，2013.
26. 徐立冰. 腾云-云计算和大数据时代网络技术揭秘. 人民邮电出版社，2013.